R. Gneh

Taschenbuch für die Färberei
mit Berücksichtigung der Druckerei

Zweite Auflage, vollständig umgearbeitet
und herausgegeben
von
Dr. R. von Muralt
dipl. Ing.-Chemiker, Zürich

Mit 50 Abbildungen im Text
und auf 16 Tafeln

Berlin
Verlag von Julius Springer
1924

ISBN-13:978-3-642-98643-7   e-ISBN-13:978-3-642-99458-6
DOI: 10.1007/978-3-642-99458-6

Softcover reprint of the hardcover 1st edition 1924

Alle Rechte, insbesondere das der Übersetzung
in fremde Sprachen, vorbehalten

Berlin
Verlag von Julius Springer
1924

Vorwort zur ersten Auflage.

Die erste Anregung zur Abfassung des Werkchens hat der Herausgeber durch den Laboratoriumsunterricht erhalten.

Die hier regelmäßig gepflegten Übungen im Färberei- und Druckereilaboratorium können in der für diesen Zweck verfügbaren Zeit nur dann mit Aussicht auf Erfolg betrieben werden, wenn dem Praktikanten der Arbeitsgang in Form typischer Beispiele vorgezeichnet wird. Eine geeignete Zusammenstellung solcher fehlt bis jetzt; diese Lücke soll das kleine Taschenbuch ausfüllen. Der bei Benützung einer derartigen Anleitung etwa auftretenden Gefahr rein mechanischer Nacharbeit ist durch passende Auswahl und Behandlung des Stoffes tunlichst vorgebeugt.

Der ursprüngliche, durch vorstehende Zeilen skizzierte Plan hat dann allerdings bei mehrfacher Überprüfung eine nicht unwesentliche Erweiterung erfahren.

Es stellte sich bei näherer Überlegung als wünschenswert heraus, auch die Spinnfasern und die in der Färberei, Druckerei und Appretur gebrauchten Stoffe mit in Betracht zu ziehen, soweit sie dem angehenden Chemiker beim Studium und im Laboratorium begegnen können. Äußere Umstände, namentlich auch Rücksicht auf Raumverhältnisse, nötigten andererseits zum Maßhalten. Aus diesem Grunde sind z. B. nur wenige Hilfs- und Zwischenprodukte aufgenommen und die Formeln der Farbstoffe weggelassen worden.

Mit dieser Ausdehnung und durch Hinzufügen von Handelsnotizen, die wichtigsten Spinnfasern und Rohprodukte betreffend, nebst Auszügen aus Patentgesetzen, dürfte das Büchlein eine Gestalt angenommen haben, in der es auch dem in der Praxis stehenden Chemiker bescheidene Dienste zu leisten imstande ist.

Bei Beschaffung der Handelsnotizen haben mehrere Industrielle und namentlich Herr Dr. Niggli, Sekretär der Züricher Seidenindustrie-Gesellschaft, durch Beantwortung von Fragen in wertvoller Weise mitgewirkt. Es sei denselben und im besonderen auch Herrn H. Surbeck, als Mitarbeiter, an dieser Stelle der beste Dank ausgesprochen.

Zürich, Juni 1902.

R. Gnehm.

Vorwort zur zweiten Auflage.

Nachdem Herr Professor Dr. R. Gnehm mir in sehr freundlicher Weise die Neubearbeitung dieses Büchleins anvertraut hatte, habe ich gesucht, in dieser zweiten Auflage allen auf dem Gebiete der Farbenfabrikation gemachten Fortschritte möglichst Rechnung zu tragen. Die Druckerei habe ich noch etwas genauer behandelt als es in der ersten Auflage geschehen ist, um auch auf diesem Gebiete einige Anhaltspunkte zu liefern. Es kann sich hier natürlich nur um das Prinzip der Sache handeln, und es soll dies auch nur ein kleines Orientierungsbüchlein sein, das sonst keine Ansprüche hat.

Obgleich heutzutage die Bestimmung der Farbstoffe auf der Faser größtenteils nach den Greenschen Tabellen ausgeführt wird, habe ich bei den in der Tabelle aufgenommenen Farbstoffen doch noch die Farbenumschläge derselben auf der Faser mit Schwefel- und Salpetersäure angegeben, da diese für den Farbstoffchemiker für Vergleichszwecke von Interesse sind. Fast alle angegebenen Reaktionen wurden von mir selbst ausgeführt.

Meine Arbeit wurde mir sehr erleichtert durch das freundliche Entgegenkommen zahlreicher Farbstoffabriken, die mir Material zur Verfügung stellten, so die Basler Firmen: J. R. Geigy, die Gesellschaft für chemische Industrie, die Chemische Fabrik vorm. Sandoz, Durand-Huguenin; dann die Badische Anilin- und Sodafabrik, die Höchster Farbwerke, die Firma Cassella & Co., die Farbenfabriken vorm. Friedr. Bayer, die Aktiengesellschaft für Anilinfabrikation, die Firma Kalle & Co., die Chemische Fabrik Griesheim-Elektron, sowie die Société Anonyme des Matières colorantes de St. Denis, denen ich allen zu großem Danke verpflichtet bin.

Die Tabellen, die sich am Schluß der ersten Auflage befinden, werden hier fortgelassen, da sie jetzt an so vielen Orten vertreten sind.

Zürich, im Herbst 1924.

R. von Muralt.

Inhaltsverzeichnis.

Seite

Abkürzungen VIII

Gespinstfasern.

I. Zusammenstellung und Charakteristik der Gespinstfasern . . .   1

Vegetabilische Fasern   1

A. Samenhaare   1
   a) Baumwolle 1. — b) Bombaxwolle 3. — c) Asklepias 3.

B. Bastfasern   4
  1. Bastfasern dikotyler Pflanzen   4
    a) Flachs, Lein 4. — b) Hanf 4. — c) Jute 5. — d) Ramie 5.
    — e) Chinagras 5. — f) Sunn 5. — g) Hibiskus, Gambo-
    hanf 6. — h) Apocineenfasern 6.
  2. Monokotyle Bastfasern   6
    a) Neuseelandflachs 6. — b) Manilahanf 6. — c) Pita,
    Aloëfaser 6. — d) Ananasfaser 7. — e) Kokosnußfaser,
    Coir 7.

Animalische Fasern   7

A. Tierische Haare   7
   a) Schafwolle 7. — b) Mohair, Angorawolle 8. — c) Kaschmir 9. — d) Alpaka 9. — e) Vicuña 9.

D. Natürliche Seiden   9
   a) Maulbeerspinnerseide 9. — b) Wilde Seiden 10.

II. Prüfung der Gespinstfasern 11

A. Chemische Prüfung der Gespinstfasern 11
  1. Verhalten der Fasern gegen Reagenzien 11
    a) Charakteristische Färbungen gegen Reagenzien 11. —
    b) Einwirkung von alkalischen Flüssigkeiten 11. — c) Ein-
    wirkung verschiedener Salzlösungen 12. — d) Einwirkung
    von Säuren 13. — e) Unterscheidung von Zellulose und Oxy-
    zellulose 13. — f) Unterscheidung von Baumwolle und mer-
    zerisierter Baumwolle 14. — g) Unterscheidung von Baum-
    wolle und Lein 14.
  2. Untersuchung eines Gemisches von Fasern 15
  3. Untersuchung beschwerter Seide 16

B. Mikroskopische Prüfung der Gespinstfasern 18

C. Bestimmung des Décreusage der Seide 18

Inhaltsverzeichnis.

	Seite
D. Künstliche Fasern	18
Abbildungen	20—22
Übersicht der zur Unterscheidung von Natur- und Kunstseide dienenden Reaktionen	24

Untersuchung der Appreturmittel 26
I. Organische Farbstoffe 28
  A. Künstliche organische Farbstoffe 28
    Das Probefärben 28
    Das Färben der Wolle 31
      Basische Farbstoffe 32. — Saure Farbstoffe 32. — Salzfarben 33. — Beizenfarbstoffe 33. — Küpenfarbstoffe 35. — Anthrachinonküpenfarbstoffe 36. — Indigosol D. H. 36. — Hydronwollfarbstoffe 36. — Schwefelfarbstoffe 36.
    Das Färben der Seide 37
      Seidenerschwerung 38. — Basische Farbstoffe 38. — Saure Farbstoffe 39. — Färben im fetten Seifenbade 39. — Substantive Farbstoffe 39. — Beizenfarbstoffe 39. — Tiefschwarz auf Seide 40. — Küpenfarbstoffe 41. — Schwefelfarbstoffe 41.
    Das Färben der Baumwolle 41
      Basische Farbstoffe 42. — Substantive Farbstoffe 42. — Entwicklungsfarben 43. — Färben von p-Nitranilinrot 45. — Entwicklungsfarbstoffe mit Naphthol AS, BS. 46. — Eisschwarz (Gr. E.) 46. — Echtbasen Gr. E. 47. — Mineralfarben auf Baumwolle 48. — Anilinschwarz 49. — Beizenfarbstoffe 50. — Türkischrot 51. — Küpenfarbstoffe 52. — Indigosol D. H. 53. — Anthrachinonküpenfarbstoffe 54. — Hydronfarbstoffe 54. — Schwefelfarbstoffe 55.
    Das Färben des Flachses 56
    Das Färben der Ramie 56
    Das Färben der Jute 56
    Das Färben der Kunstseide 56
    Das Färben der Azetatseide 57
    Das Färben der Azonine 58
    Das Färben von Federn 58
    Das Färben von Stroh 58
    Druckerei 58
    Verdickungsmittel 59
    Gummiverdickungen 61
    Der Baumwolldruck 63
      Basische Farbstoffe 63. — Substantive Farbstoffe 63. — Beizenfarbstoffe 64. — Küpenfarbstoffe 67. — Anthrachinonküpenfarbstoffe 67. — Indigofarbstoffe 68. — Indigosol D.H. 69. — Schwefelfarbstoffe 70. — Griesheimerrot 70. — Rapidechtfarben 71. — Nitrosoblau 72. — Anilinschwarz 72. — Diphenylschwarz 73. — Albumindruck 74.
    Ätzdruck 74

Inhaltsverzeichnis.

                                                                        Seite
Reservedruck 77
Basische Farbstoffe 77. — Beizenfarbstoffe 77. — Küpenfarbstoffe 78. — Indigosol D. H. 79. — Schwefelfarbstoffe 79. — Eisfarben 80. — Anilinschwarz 81.
Wolldruck 81
Präparieren der Wolle 81. — Direkter Druck 82. — Ätzdruck 84.
Der Seidendruck 84
Einige Reagenzien, die in der Färberei und Druckerei Verwendung finden 87
Aluminiumverbindungen 87. — Ammoniumverbindungen 88. — Antimonverbindungen 88. — Calciumverbindungen 89. — Chromverbindungen 89. — Eisenverbindungen 90. — Kaliumverbindungen 90. — Magnesiumverbindungen 90. — Natriumverbindungen 91. — Hydrosulfitpräparate 92. — Vanadiumverbindungen 93. — Zinkverbindungen 93. — Zinnverbindungen 93.
Seifen, Fette, Öle 94
Türkischrotöl 94. — Rizinusölseife 96. — Monopolseife 96. — Tetrapol 96. — Chloröl 96. — Lizarol (M) 96. — Paraseife 96. — Azetin N 96. — Gerbstoffe 97. — Diverse Produkte 97. — Protectol Agfa 97. — Katanol 97. — Diastafor 97. — Ludigol 97. — Eulan F 97. — Echtheitsproben 98. — Kolorimetrie 100.
Allgemeiner Gang für die chemische Untersuchung von Farbstoffen 101
Spektroskopische Untersuchung der Farbstoffe 102
Farbstofftabelle 103
Basische Farbstoffe 103. — Saure Farbstoffe 108. — Substantive Baumwollfarbstoffe 136. — Beizenfarbstoffe 162. — Küpenfarbstoffe 177. — Schwefelfarbstoffe 188.
Unterscheidung von Pararot und Türkischrot 194
Unterscheidung von Griesheimerrot und Türkischrot . . . 194
Wertbestimmung von Indigo 194
Unterscheidung von Indigo und Indanthrenblau 195

II. Natürliche organische Farbstoffe 195
Blauholz 195. — Färben von Katechu 198.

III. Anorganische Farbstoffe 199
Blaue Farbstoffe 199. — Gelbe Farbstoffe 202. — Grüne Farbstoffe 204. — Rote Farbstoffe 205. — Braune Farbstoffe 208. — Schwarze Farbstoffe 208. — Weiße Farbstoffe 209.

Atomgewichte 211
Nachtrag über Färben von Acetatseide 212
Sachverzeichnis 213

Abkürzungen.

(A)	bedeutet	Aktiengesellschaft für Anilinfabrikation, Berlin.
(B)	,,	Badische Anilin- und Sodafabrik, Ludwigshafen a. Rh.
(By)	,,	Farbenfabriken vorm. Friedr. Bayer & Co., Leverkusen bei Köln a. Rh.
(C)	,,	Leopold Cassella & Co., G. m. b. H., Frankfurt a. M.
(DH)	,,	Durand & Hugenuin A.-G., Basel und Huningue (Ht. Rhin).
(G)	,,	J. R. Geigy, A.-G., Basel und Grenzach (Baden).
(Gr. E.)	,,	Chemische Fabrik Griesheim-Elektron, Frankfurt a. M.
(J)	,,	Gesellschaft für chemische Industrie, Basel.
(K)	,,	Kalle & Co., A.-G., Biebrich a. Rh.
(L)	,,	Farbwerk Mühlheim vorm. A. Leonhardt & Co., Mühlheim a. M.
(Lev)	,,	Levinstein Limited Blackley, Manchester.
(M)	,,	Farbwerke vorm. Meister Lucius & Brüning, Höchst a. M.
(t. M.)	,,	Chemische Fabriken vorm. Weiler-ter Meer, Uerdingen a. Rhein.
(P)	,,	Société Anonyme des Matières colorantes & Produits chimiques de St. Denis.
(S)	,,	Chemische Fabrik vorm. Sandoz, Basel.
(WDC)	,,	Wülfing, Dahl & Co., A.-G., Barmen.

Gespinstfasern.

I. Zusammenstellung und Charakteristik der Gespinstfasern.

Die Rohfasern zur Darstellung von Gespinsten und Geweben entstammen vornehmlich dem Pflanzen- und Tierreich. Die vegetabilischen und die animalischen Fasern besitzen die größte Spinn- und Webbarkeit und lassen sich verhältnismäßig leicht anfärben. Die mineralischen Gespinstfasern spielen eine weit geringere Rolle.

Zu den natürlichen organischen Gespinstfasern gesellen sich seit einigen Jahren Kunstprodukte.

Vegetabilische Fasern.

Die aus dem Pflanzenreiche stammenden Fasern bestehen aus Zellulose oder ihr nahestehenden Substanzen, enthalten somit C, H, O, während in den tierischen Fasern außerdem Stickstoff vorkommt. Die vegetabilische Faser verbrennt leicht zu einer weißen Asche, die tierische dagegen langsam mit unangenehmem, an verbrennendes Horn erinnerndem Geruch, schwillt dabei auf und hinterläßt eine dunkel gefärbte Asche. Auch gegen chemische Agenzien verhalten sich tierische und pflanzliche Fasern ganz verschieden.

A. Samenhaare.

a) Baumwolle.

Diese besteht aus den Samenhaaren verschiedener Gossypiumarten (Malvaceen), die in Nord-, Zentral- und Südamerika, Westindien, Ägypten, Indien, Kleinasien, Griechenland usw. kultiviert werden. Die Faser ist plattgedrückt, meist korkzieherartig gedreht und enthält im Inneren einen Längskanal, das Lumen, welches $1/4$—$2/3$ des Querdurchmessers beträgt. Die Zellwand besteht fast ausschließlich aus Zellulose. Nur die äußere Schicht, die sog. Kutikula, ist von letzterer verschieden; sie löst sich in Kupferoxydammoniak nicht auf. Durch den Bleichprozeß wird die Kutikula zerstört. Länge der Faser $2^{1}/_{2}$—6 cm; Querdurchmesser 0,011—0,037 mm.

Über das Verhalten der Baumwolle und der meisten übrigen vegetabilischen Fasern gegen chemische Agenzien gilt im wesentlichen dasselbe wie für Zellulose.

Wasser führt bei 200° Zersetzung herbei unter Bildung von Kohlensäure, Ameisensäure, Brenzkatechin und etwas Traubenzucker.

Alkalien. Diese sind bei Abschluß von Luft und Dampf ohne Einfluß, machen dagegen beim Kochen mit Luftzutritt das Gewebe mürbe.

Gegen Lauge vom spezifischen Gewicht 1,25 (25—30° Bé) verhält sich die rohe Baumwollfaser eigentümlich. Sie wird durchscheinend, die Wandungen quellen auf; die Kutikula verschwindet, ebenso das Lumen und die Drehung. Die Faser verkürzt sich und nimmt an Zugfestigkeit zu. Die Affinität zu Farbstoffen wird größer. Wird die Laugenbehandlung in gestrecktem Zustande, d. h. unter Bedingungen vollzogen, die ein Eingehen verhindern („Merzerisieren"), so werden Festigkeit und Glanz und die Affinität zu Farbstoffen erhöht.

Hierbei bildet sich zuerst ein Alkoholat: $(C_6H_{10}O_5)_2 \cdot NaOH$ oder $(C_6H_{10}O_5)_2 \cdot (NaOH)_2$. Wird nun abgesäuert, so entsteht eine andere Modifikation der Zellulose: die sog. Hydratzellulose. Es ist dies Zellulose, die gebundenes Wasser enthält: $2(C_6H_{10}O_5) + H_2O$. Viskosezellulose, die bei der Viskosekunstseidefabrikation entsteht, entspricht der Formel: $4(C_6H_{10}O_5) + H_2O$. Erst durch Erhitzen auf 120—125° kann der Hydratzellulose das Wasser entzogen werden.

Hydratzellulose ergibt mit Jod und Schwefelsäure eine Blaufärbung. Die Unterscheidung der Hydrat- und der Hydrozellulose geschieht mit Fehlingscher Lösung: s. Hydrozellulose.

Mineralsäuren. Mäßig verdünnte Mineralsäuren verändern die Zellulose. Es bildet sich durch Hydrolyse und Wasseraufnahme die sog. Hydrozellulose: $(C_6H_{10}O_5)_n \cdot H_2O$. Der Hydrozellulose kann das Wasser nicht entzogen werden. Sie färbt sich mit Jod allein (ohne Schwefelsäure) blau. Die Unterscheidung derselben von der Hydrat- und der gewöhnlichen Zellulose geschieht mit der Schwalbeschen Kupferzahl, welche angibt wieviel Kupfer durch 100 g trockener Zellulose aus Fehlingscher Lösung ausgeschieden werden. Hydrozellulose reduziert die Fehlingsche Lösung sehr stark, während die anderen Zellulosen das nicht tun.

Konzentrierte Schwefelsäure bewirkt Aufquellung und schließlich Lösung der Zellulose, indem sich Hydrozellulose, Amyloid, bildet.

Salpetersäure (60%) liefert eine alkalilösliche Oxyzellulose $C_{18}H_{26}O_{16}$; konzentrierte Salpetersäure, oder besser ein Gemisch von Salpeter- und Schwefelsäure, geben Nitrozellulosen. Bei längerer Einwirkung von konzentrierter Salpetersäure tritt Zersetzung ein.

Salzsäure wirkt wie Schwefelsäure, bildet aber nicht Amyloid als Zwischenprodukt.

Organische Säuren. Essigsäure greift nicht an, ebenso Oxalsäure und Weinsäure bei gewöhnlicher Temperatur. Beim Erwärmen dagegen machen die letzteren schon in geringer Konzentration, ebenso beim Trocknen der mit solchen Säuren getränkten Faser, das Gewebe mürbe.

Ammoniak wird in Gasform stark absorbiert, bewirkt aber in wässeriger Lösung keine Veränderung.

Kalkmilch, verdünnt, ist bei Abschluß von Luft und Dampf unschädlich.

Chlorkalklösung kann schon in relativ verdünnter Lösung schädlich einwirken, namentlich beim Zutritt von Sonnenlicht. Verdünnte, kalte Lösung wirkt nur bleichend. Lösung von 4° Bé verändert die Faser beim Aushängen unter Bildung der Witzschen Oxyzellulose. Diese hat größere Affinität zu Farbstoffen und Beizen; die Färbungen sind jedoch nicht echt.

Die Bildung von Oxyzellulose ist bei der Bleicherei zu vermeiden.

Samenhaare. 3

Neutrale Salze sind in wässeriger Lösung unschädlich; saure Salze wirken, nur in schwächerem Maße, wie die freien Säuren.

Aluminium-, Eisen-, Chromsalze usw. dissoziieren auf der Faser und basische Salze oder Oxyde werden von derselben waschecht zurückgehalten (Beizprozeß). Auf der Wirkung der freiwerdenden Säure beruht das Karbonisieren mit $AlCl_3$ oder $MgCl_2$.

Kupferoxydammoniak[1]) bewirkt blasenförmiges Auftreiben der Faser, wobei die Kutikula in ringförmigen Stücken abgesprengt wird und dann die gequollene Masse einschnürt oder in Fetzen an derselben anklebt. Nach einiger Zeit entsteht eine Lösung, in welcher die Kutikulastücke herumschwimmen. Aus der Lösung wird mit Wasser allmählich, rascher mit NaCl, HCl, Zucker u. dgl., Zellulose, zum Teil in Oxyzellulose verwandelt, gefällt.

Nickeloxydammoniak[2]) löst Baumwolle nicht, dagegen Seide, und kann daher zur Trennung der beiden dienen.

Chlorzink, mit Salzsäure zu gleichen Teilen gemischt, löst Baumwolle.

Jod und Schwefelsäure färben reine Zellulose blau.

Verholzte Faser (Lignin) wird durch die bekannten Reagenzien nachgewiesen; Anilinsulfatlösung, die freie Schwefelsäure enthält, erzeugt eine goldgelbe Färbung; Phloroglucin-Salzsäure gibt eine Rotfärbung usw.

Über das Verhalten der verschiedenen Fasern s. die Tabelle S. 11—13.

Baumwollsorten: Die Haupterzeugungsländer sind: Amerika, Ägypten und Indien. Am wichtigsten ist die amerikanische Baumwolle, dann folgt die ägyptische. Bei letzterer unterscheidet man die Sakellaridisbaumwolle, die langstapelig ist und die beste Qualität vorstellt, dann die oberägyptische Baumwolle, die im Stapel weniger lang ist. Letztere wird nach ihren Erzeugern benannt, so z. B. Metafifi, Fathi, Brown, Pillion usw. Weniger wichtig sind die indische und brasilianische Baumwolle. Die Baumwolle wird nach Typen klassiert, die jedes Baumwollexporthaus mit speziellen Namen bezeichnet.

b) Bombaxwolle

(Pflanzendunen, Paina limpa, Kapok, Quate végétale, Edredon végétal, Pattes de lièvres usw.). Die Samenhaare verschiedener Bombaceen (Südamerika, West-, Ost- und Britisch-Indien) lassen sich ihrer Kürze und geringen Festigkeit halber schwer verspinnen, finden dagegen als Polstermaterial u. dgl. Verwendung. Die Faser ist gelblich bis bräunlich gefärbt, seidenglänzend, gegen die Wurzel zu verjüngt, letztere netzförmig verdickt. Die Länge beträgt 1—3 cm, der Querdurchmesser meist 0,020—0,037 mm, das Lumen $4/5$ desselben. Bombaxwolle unterscheidet sich von Baumwolle dadurch, daß die Faser keine Windungen zeigt, mit Ausnahme derjenigen von Bombax malabaricum. Jod und Schwefelsäure färben intensiv braun; Anilinsulfat färbt schwach gelb, Kupferoxydammoniak bewirkt kaum Veränderung.

c) Asklepias.

(Vegetabilische Seide oder Wolle). Die Samenhaare von Asklepiasarten (Apocineen), aus Westindien, Südamerika und Afrika, sind in Eigenschaften und Verwendung der Bombaxwolle ähnlich. Die Zellen sind an

---
[1]) Siehe S. 2. — [2]) Siehe S. 2.

der Wurzel blasig aufgetrieben, von Bombax unterschieden durch charakteristische Verdickungsleisten in der Zellwand. Querdurchmesser durchschnittlich 0,026 mm. Jod + Schwefelsäure färben gelb; Kupferoxydammoniak bewirkt starke Quellung.

Außer den genannten Pflanzen liefern Samenhaare: Calotropis gigantea (Indien, Senegal); Beaumontia grandiflora (Indien), Typha (Mitteleuropa), Strophantus (Senegal) u. a.

B. Bastfasern.

Es werden eigentliche (dikotyle) und unechte (monokotyle) Bastfasern unterschieden.

1. Bastfasern dikotyler Pflanzen.

a) Flachs, Lein.

Die Bastfaser von Linum usitatissimum (Mitteleuropa, namentlich Irland, Holland, Belgien) ist längsgestreift, 20—140 cm lang (als Rohfaser; in gehecheltem Zustande 28—40 cm) und setzt sich zusammen aus sehr regelmäßig gebauten, 2—4 cm langen und 0,0069—0,0241 mm breiten Zellen. Unterscheidet sich von Baumwolle dadurch, daß das Lumen, infolge gleichmäßiger, starker Verdickung der Zellwand auf eine dunkle Linie reduziert ist oder gar verschwindet. Die Rohfaser ist gelblich bis grau gefärbt. Gegen Kupferoxydammoniak verhält sie sich ähnlich wie Baumwolle; die innere Zellwand widersteht am längsten. Anilinsulfat zeigt keine Verholzung an. (Nach v. Höhnel existiert geringe Verholzung, die aber nur knotenweise auftritt.)

b) Hanf.

Die Bastfaser von Cannabis sativa (Mittel- und Nordeuropa, Indien, Neuseeland), ist längsgestreift, etwas gröber als die des Flachses, hell- bis dunkelgrau, schwach glänzend. Die einzelnen Zellen sind 10—50 mm

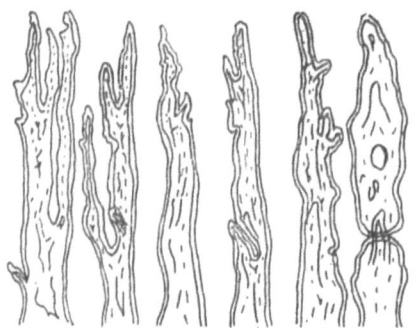

Abb. 1.
Gabelenden der Hanffasern. ca. 150 mal vergr.

Bastfasern. 5

lang, unregelmäßig in der Breite (0,016—0,050 mm), an den Enden stumpf, oft gegabelt. Das Lumen beträgt ⅓ des Querdurchmessers. Es ist jetzt nachgewiesen worden, daß Gabelenden durch mechanische Verwundungen (Knickung) der Faser auftreten, z. B. durch den Wind oder durch Reiben der Stengel aneinander. Näheres siehe: E. Schilling: Ber. der deutschen botanischen Gesellschaft: Bd. XLI, Heft 3 (1923); s. Abb. 1.

Kupferoxydammoniak bewirkt starkes Aufquellen und partielle Lösung; die innere Membran schwimmt schließlich in der Lösung wie beim Flachs. Anilinsulfat färbt gelb. Die Verholzung ist ziemlich bedeutend.

c) Jute.

Die Bastfasern von Corchorus capsularis und olitorius (Tiliaceen, in Indien heimisch) sind hellgrau, gelblich bis braun und schön glänzend. Die einzelnen Zellen bilden fest zusammenhängende Bündel, sind ca. 0,8—4,1 mm lang, 0,01—0,03 mm breit und nach oben in der Regel zugespitzt. Die Querschnitte bilden Polygone mit vollkommen geraden Seiten und scharfen Ecken. Charakteristisch sind die sehr unregelmäßigen Verdickungen in der Zellwand, infolge deren das ziemlich weite Lumen ebenfalls sehr ungleichmäßig ist. Die Jutefaser besteht zum größten Teil aus Bastose (Chorchorobastose) und verhält sich demgemäß anders als Baumwolle. Von basischen Anilinfarbstoffen wird sie direkt angefärbt. Sie nimmt Chlor auf; die gechlorte Bastose gibt mit Alkalien und Sulfiten gefärbte Derivate. Gebleicht wird mit unterchlorigsaurem Natrium oder mit Permanganat und Nachbehandlung mit schwefliger Säure oder Bisulfit; unter besonderen Vorsichtsmaßregeln mit Chlorkalk.

Jod + Schwefelsäure färben dunkelgelb, Kupferoxydammoniak bewirkt schwache Aufquellung. Anilinsulfat färbt intensiv gelb.

d) Ramie.

Die Bastfaser von Boehmeria-Arten, Nesselpflanzen (Indien, China, Japan, Algier, Sundainseln usw.). Die reine Faser ist blendend weiß, länger und zäher als Baumwolle und Flachs. Die Einzelzelle ist 15—20 mm lang, 0,020—0,080 mm breit, ziemlich regelmäßig gebaut, an den Enden stumpf. Das Lumen ist höchst regelmäßig (bis $4/5$ des Querdurchmessers) — Kupferoxydammoniak bewirkt enorme Quellung und völlige Lösung. Anilinsulfat zeigt keine oder sehr geringe Verholzung an.

e) Chinagras.

Die Bastfaser von Boehmeria nivea (China, Japan, Assam, Indien) ist der Ramie ähnlich. Die Einzelzelle ist zylindrisch, mit unregelmäßigen Leitlinien und konischen Enden. Länge wie vorige; Durchmesser meist 0,055 mm. Kupferoxydammoniak bewirkt starke Quellung, nicht Lösung. Jod + Schwefelsäure färben blau bis rot; mit Anilinsulfat tritt keine Veränderung ein.

f) Sunn.

Die Bastbündelfragmente von Crotolaria juncea (Indien), stehen dem Aussehen nach der Jute, den übrigen Eigenschaften nach dem Hanf näher. Die Einzelzelle ist bandförmig abgeplattet, an den Enden halbkugelförmig abgerundet. Durchmesser 0,015—0,045 mm, Lumen $1/3$—$4/5$ desselben, unregelmäßig. Kupferoxydammoniak bringt sie zu schwacher Aufquellung und läßt eine spiralige Streifung erkennen. Verholzung gering.

g) Hibiskus, Gambohanf.

Die Bastfaser von Hibiscus cannabinus L. (Indien, Senegal) ist weiß oder schwach gelblich, wenig glänzend, von geringer Festigkeit. Die Zellen sind 4—12 mm lang, 0,024—0,040 mm breit, gegen die Enden spitz zulaufend. Die Zellwände sind sehr unregelmäßig verdickt (Lumen $1/6$—$2/5$ des Querdurchmessers).

Kupferoxydammoniak wirkt nicht ein; Jod + Schwefelsäure färben intensiv gelb. Verdünnte Chromsäure bewirkt Aufquellung; Anilinsulfat färbt schwach gelb.

h) Asklepias, Apocineenfaser.

Die Bastzellen von verschiedenen Asklepiasarten (Indien, Südamerika) finden ähnliche Verwendung wie Hanf. Sie sind sehr regelmäßig gebaut, beträchtlich lang, längsgestreift und mit vielen seitlichen Porenkanälen versehen. Der Querdurchmesser beträgt 0,02—0,05 mm, das Lumen $1/3$—$1/2$ desselben. — Jod + Schwefelsäure färben gelb, Kupferoxydammoniak bewirkt starke Aufquellung.

2. Monokotyle Bastfasern.

Dieselben sind in Eigenschaften und Bau den dikotylen Bastfasern analog.

a) Neuseelandflachs.

Die Faser aus den Blattgefäßbündeln von Phormium tenax Forst. (Neuseeland, Norfolkinseln, Natal, Britisch-Ostindien usw.) ist weiß, glänzend, oft bis ein Meter lang. Länge der Einzelzellen 2,7—5,7 mm, Breite ca. 0,013 mm, Lumen $1/4$—$1/2$ des Querdurchmessers. Durch Behandlung mit Alkalien erfolgt starke Aufquellung, so daß das Lumen fast verschwindet; Kupferoxydammoniak bewirkt schwache Quellung.

b) Manilahanf.

Blattfasern von verschiedenen Musa-Arten (Molukken, Philippinen, Indien). Die Zellfaser ist zylindrisch, an den Enden sehr spitz auslaufend. Der Durchmesser beträgt 0,016—0,027 mm, das Lumen $1/4$—$1/2$ desselben Die Zellwand ist regelmäßig. Kupferoxydammoniak bewirkt starke Aufquellung, nicht Lösung. Jod + Schwefelsäure färben goldgelb, Natronlauge unter Quellung schwach gelb.

c) Pita, Aloëfaser.

Die Blattfasern von Agave und Aloë (Amerika, Afrika, Indien, Südspanien) sind glänzend weiß. Die Einzelfaser ist regelmäßig gebaut, mit konisch zulaufenden Enden. Durchmesser der Zellen ca. 0,017 bis

0,028 mm, Lumen $1/3$—$4/5$ desselben. Kupferoxydammoniak bewirkt unregelmäßige Aufquellung, nicht Lösung der Zellwände. Jod + Schwefelsäure färben intensiv gelb; Anilinsulfat zeigt Verholzung an.

d) Ananasfaser.

Die Blattfaser von Bromelia Ananas, semierata usw. (Brasilien). Lumen gering, Querdurchmesser ca. 0,018 mm. Kupferoxydammoniak bewirkt keine Aufquellung; die Verholzung ist unbedeutend.

e) Coir, Cocosnußfaser.

Die faserige Hülle der Früchte von Cocos nucifera L. Die Einzelzellen lassen sich durch Wasser schwer, leichter durch Chromsäure isolieren. Das Lumen ist oft unterbrochen, die Wanddicke sehr unregelmäßig. Es finden sich zahlreiche Spiralgefäße. — Kupferoxydammoniak greift nicht an, Anilinsulfat färbt intensiv gelb, Jod + Schwefelsäure goldgelb.

Außer den genannten Pflanzen liefern Bastfasern: Calotropis gigantea R. Br. (Indien, Senegal); Cordia latifolia Roxb. (Indien); Stipa tenacissima L. und Makrochloa tenacissima Kth. „Esparto" (Afrika und Spanien); Humulus lupulus L.; Thespesia, Yucca u. a.

Animalische Fasern.

Zu den animalischen Gespinstfasern gehören die zum Verspinnen geeigneten tierischen Haare und die natürlichen Seiden.

Die Haare setzen sich zusammen aus dem Mark, der Rindensubstanz und dem Schuppenepithel. Letzteres verleiht dem Haare die Filzfähigkeit und den Glanz, während durch die Rindensubstanz die Zugfestigkeit bedingt ist. Bei besserem Material tritt das Markgewebe quantitativ zurück. Die Seide ist strukturlos.

A. Tierische Haare.

a) Schafwolle.

Das Wollhaar von Ovis aries ist von Farbe meist weiß und variiert in der Länge von 4—32 cm, in der Dicke von 0,014—0,06 mm. Es ist gekräuselt, im Querschnitt rundlich oder oval. Die Epithelzellen liegen dachziegelartig übereinander. Durch Behandeln mit alkalischen Substanzen oder Säuren öffnen sie sich; dadurch wird die Filzfähigkeit erhöht und das Anfärben erleichtert.

Die Wolle besteht aus Keratin; sie enthält C, H, O, N, S. Der Schwefel ist locker gebunden, zum Teil mit Kalkmilch entziehbar.

Verhalten gegen Reagenzien.

Beim Erwärmen der Wolle über 100^0 beginnt bald eine Zersetzung. Bei 130^0 wird NH_3 abgespalten, bei 150^0 H_2S, und bei weiterem Erwärmen entweichen Produkte der trockenen Destillation, welche alkalisch reagieren, während vegetabilische Fasern unter gleichen Bedingungen ein saures Destillat liefern.

Heißes Wasser macht die Faser rauh; bei 200^0 findet mit Wasser völlige Zersetzung statt.

Säuren

wirken verhältnismäßig wenig nachteilig. Die Schuppenepithelien werden geöffnet, die Wolle wird rauher. Gegen verdünnte Säuren ist die Wolle auch bei höherer Temperatur widerstandsfähig; darauf beruht die Trennung von vegetabilischen Fasern. Konzentrierte Säuren zerstören die Faser unter Bildung von Ammoniak, Schwefelwasserstoff, Leucin, Tyrosin, Glutaminsäure und Asparaginsäure. Säuren werden ferner von der Wolle in beträchtlichen Mengen zurückgehalten.

Salpetersäure färbt gelb; es entsteht Xanthoproteinsäure.

Salpetrige Säure wirkt diazotierend (nach anderen „nitrierend" oder „nitrosierend").

Salzsäure, konzentriert, gibt in der Kälte eine schmutzig violette Färbung.

Schweflige Säure wirkt bleichend.

Alkalien.

Kaustische Alkalien wirken schon in verdünnter Lösung zerstörend; Glyzerin hemmt ihre Wirkung. Eigentümlich ist, daß starke Lauge bei kurzer Einwirkungsdauer die Wolle nicht angreift und ihre Zugfestigkeit etwas erhöht. Bei längerer Einwirkung wird die Wolle zerstört unter Bildung von NH_3, Lanuginsäure usw.

Ammonkarbonat, Seife, Borax sind unschädlich.

Soda und Pottasche machen die Wolle etwas rauh.

Kalziumhydroxyd entzieht bei längerer Einwirkung Schwefel und macht die Wolle brüchig. Anhaltendes Kochen mit Ca- oder Ba-Hydroxyd erzeugt Tyrosin, Glutoproteine, Lanuginsäure usw.

Kupferoxydammoniak bewirkt Aufquellung und allmähliche Lösung.

Chlorkalk macht in verdünnter Lösung die Wolle rauh; beim Kochen findet Zerstörung statt unter N_2-Entwicklung. Die Wollfaser kann bis 30% ihres Gewichtes an Chlor aufnehmen, wird aber dabei zersetzt. Bei schwacher Einwirkung von Chlor oder Brom nimmt der Glanz und die Affinität zu vielen Farbstoffen zu, die Filzfähigkeit verschwindet; der Griff wird krachend wie bei Seide (Seidenwolle).

Salze.

Alkalisalze, Na_2SO_4, $NaCl$ usw. verändern die Wolle nicht. Schwermetallsalze dagegen werden in beträchtlichen Mengen aufgenommen. Aus verdünnter Alaunlösung wird von der Wolle Tonerde gebunden und $KHSO_4$ bleibt in der Lösung zurück; umgekehrt zieht Wolle aus konzentrierter Lösung H_2SO_4 an und basisches Salz bleibt zurück. Ebenso wird aus Weinsteinlösung Weinsäure aufgenommen unter Zurücklassung von neutralem Kaliumtartrat in der Lösung.

b) Mohair, Angorawolle.

Die Haare der Angoraziege gleichen im Bau der Schafwolle, besitzen ein wohl entwickeltes Schuppenepithel und lassen sich verfilzen. Länge bis 18 cm. Querdurchmesser durchschnittlich 0,023 mm. Der Markzylinder erscheint oft als Hohlraum und nimmt ¼—½ des Querdurchmessers ein.

c) Kaschmir.

Die Bekleidung der Kaschmirziege. Das Haar ist ca. 7 cm lang, 0,013—0,026 mm dick und kommt in seinen physikalischen Eigenschaften der Seide nahe.

d) Alpaca.

Das Wollhaar von auchenia pacos (Alpaco), in Bolivia und Peru ist 10—15 cm lang, 0,02—0,034 mm dick, weiß, silbergrau, braun bis schwarz und zeichnet sich durch große Festigkeit aus.

e) Vicuña.

Das Haar des gleichnamigen Tieres besitzt ein wohlausgebildetes Schuppenepithel und wetteifert in Glanz und Geschmeidigkeit mit der Seide.

B. Natürliche Seiden.

Die natürlichen Seiden zerfallen in echte Seiden und wilde Seiden. Die echte Seide stammt von Tieren, die mit besonderer Sorgfalt gezüchtet werden, während die wilden Seiden von wild lebenden Arten herrühren.

a) Echte Seide, Maulbeerspinnerseide.

Wird erzeugt von der Raupe des Maulbeerspinners, Bombyx mori, und einigen verwandten Arten. Der Coconfaden besteht aus zwei Fäden, die aneinander geklebt sind. Im Rohseidenfaden sind zwei verschiedene Substanzen enthalten. Die innere, das Fibroin, ist die eigentliche Seidensubstanz; sie wird umgeben vom Seidenleim oder Seidenbast, dem Sericin. Letzteres läßt sich durch Kochen mit Seifenlösung entfernen (Entschälungsprozeß, Dégommage). Der Faden ist selten der Länge nach fein gestreift; sein Durchmesser ist sehr ungleichmäßig und beträgt bei feiner Seide im Maximum 0,018 mm. Die Seide enthält gewöhnlich 10—12% Wasser, kann aber beträchtlich mehr davon aufnehmen.

In ihrem chemischen Verhalten steht die Seide gewissermaßen zwischen den vegetabilischen Fasern und der Wolle. Gegen Säuren ist sie etwas empfindlicher als Wolle, aber viel beständiger als Baumwolle. Entsprechend verhält sie sich gegen Alkalien. Sie kann beträchtliche Mengen von Essigsäure, Alkohol usw. und ebenso gewisse feste Substanzen, wie Zucker, Tannin, Farbstoffe aus ihren Lösungen aufnehmen und zurückhalten. Schwefelsäure und Salzsäure lösen in verdünntem Zustande nur den Seidenleim. Mit den konzentrierten Säuren dagegen geht Fibroin leicht in eine gummiartige Lösung über. HCl-Gas wird absorbiert und dabei die Seidensubstanz zerstört. Salpetersäure bildet unter Gelbfärbung Xanthoproteinsäure. Mit konzentrierter HNO_3 tritt Lösung ein. Arsensäure und Phosphorsäure wirken auf Fibroin nicht ein, lösen dagegen in 5%iger Konzentration den Seidenleim.

Schweflige Säure bleicht die Seide, ebenso Übermangansäure.

Organische Säuren lösen den Seidenleim.

Alkalien. Kaustische Alkalien sind schon in verdünntem Zustande äußerst nachteilig; sie machen die Seide brüchig und rauh. In konzentriertem Zustande lösen sie dieselbe.

Ammoniak in wässeriger Lösung ist ohne Einfluß.

Seifenlösung entfernt beim Erwärmen den Seidenleim; sie ist das beste Entschälungsmittel.

Kalzium- und Bariumhydroxyd wirken entschälend; bei längerer Einwirkung wird die Seide hart und spröde.

Unterchlorigsaure Alkalien wirken nachteilig, ähnlich wie bei Wolle.

Aus Schwermetallsalzlösungen werden Oxydhydrate oder basische Salze von der Faser zurückgehalten.

Basisches Chlorzink löst Seide. Aus der Lösung wird Fibroin durch Verdünnen mit Wasser gefällt.

Kupferoxydammoniak löst Seide.

Nickeloxydulammoniak und alkalische Kupferoxydulglyzerinlösung lösen die Seide, nicht aber die vegetabilische Faser.

b) Wilde Seiden.

Die Coconfäden verschiedener Arten von Nachtpfauenaugen unterscheiden sich von der Maulbeerspinnerseide in mehrfacher Hinsicht. Der Faden ist dicker und bedeutend fester als derjenige der echten Seide. Die Cocons sind ergiebiger, aber weniger regelmäßig gewickelt. Die wilden Seiden sind meist intensiv gefärbt und lassen sich nur mit Wasserstoffsuperoxyd (bzw. Na_2O_2) ordentlich bleichen.

Tussahseide. Der Coconfaden von Antheraea mylitta besteht aus zwei Einzelfäden, die sich aus einer großen Anzahl von Fibrillen zusammensetzen und daher in der Aufsicht längsgestreift erscheinen. Die Tussahseide fühlt sich etwas rauh an und ist in rohem Zustande stark braun gefärbt.

Andere wilde Seiden werden erzeugt von:

Antheraea Pernyi, Chinesische Tussah,
,, Assama, Muga- (Mungo-) Seide, in Assam,
,, Mezankooriae, Mezankoorieseide,
,, Yamamai-Seide (Japan). Steht in ihren Eigenschaften der echten Seide am nächsten. Grünstichig gefärbt.

Attacus Atlas, Fagara-Seide,
,, Ricini, Erie-Seide, in Indien.

II. Prüfung der Gespinstfasern.

A. Chemische Prüfung der Gespinstfasern.

1. Das Verhalten der Fasern gegen Reagenzien.

a) Charakteristische Färbungen durch Farbstoffe.

	Wolle	Seide	Flachs	Baumwolle
Fuchsinlösung nach Liebermann[1])	rot	rot	ungefärbt	ungefärbt
Saure Farbstoffe	färben	färben	farblos	farblos
Basische Farbstoffe	färben	färben	angeschmutzt	angeschmutzt
Mikadofarbstoffe	—	—	färben	färben
Cochenilletinktur	scharlachrot	scharlachrot	violett	hellrot
	wenig entfärbt in Chlorkalklösung		entfärbt sich langsam	entfärbt sich schnell
			durch Chlorkalklösung	

[1]) Zur Darstellung derselben versetzt man eine wässerige, gesättigte Fuchsinlösung tropfenweise so lange mit Natronlauge, bis Entfärbung eintritt.

b) Einwirkung von alkalischen Flüssigkeiten usw.

	Wolle	Seide	Flachs	Baumwolle	Hanf	Jute
Kalilauge	löst auf	löst auf	Aufquellen, Faser wird braun und gelb, später bleicher	Aufquellen, Faser nur schwach gelb	Faser färbt sich braun	
Natronlauge	id.	löst langsam auf und rötet leicht	braun-gelb	schwach gelb	bräunlich	
Ammoniak	—	—	—	—	ungerösteter: orange-gelb gerösteter: schwach violett	—
Zur alkalischen Lösung der Faser ein Zusatz von:						
a) Nitroprussidnatrium	violett	keine Färbung	—	—	—	—
b) Bleizuckerlös.	schwärzt sich	—	—	—	—	—
c) $CuSO_4$	violett später braun	violett	—	—	—	—

Holzstoffnachweis in Hanf, Jute usw.: mit Anilinsulfat (Gelbfärbung), mit Indol und Schwefelsäure (Rosafärbung), mit salzsaurem Naphthylamin (Orangefärbung), 10%ige alkoholische Phloroglucinlösung + konzentrierte HCl (Rotfärbung), Rutheniumrot (Rutheniumoxychloridammoniak) färbt Ligno- und Oxyzellulosen, nicht aber reine Zellulose.

c) Einwirkung verschiedener Salzlösungen.

	Wolle	Seide	Baumwolle	Flachs	Jute
Chlorzink[1]	löst teilweise auf	löst auf	Faser ungelöst, violette Färbung	Faser ungelöst, violette Färbung	—
Zinnchlorid	unverändert	unverändert	schwarz gefärbt	schwarz gefärbt	—
Silbernitrat	violett bis braunschwarz	keine Färbung	keine Einwirkung	keine Einwirkung	—
Quecksilbernitrat (Millon, Nickel[2])	ziegelrot- bis braun	id.	id.	id.	—
Kupfer- oder Eisensulfat	schwarz	id.	id.	id.	—
Natriumplumbit unter Zusatz von Fuchsin oder Pikrinsäure[3]	schwarz	rot bzw. gelb	farblos	farblos	—
Kupferoxydammoniak[4]	nur Aufquellen	größtenteils gelöst	Aufquellen, teilweise Lösung unter Blaufärbung	Aufquellen, teilweise Lösung unter Blaufärbung	—
Nickeloxydammoniak[5]	nicht aufgelöst	löst auf	nicht aufgelöst	nicht aufgelöst	—
10 Min. einlegen in 10%ige $CuSO_4$-lösung, abwaschen und einlegen in 10%ige Ferrocyankaliumlös. (Herzog)	—	—	bleibt ungefärbt	kupferrot	—
n/10 $FeCl_3$-lös. +n/10 Ferricyankaliumlösung (gleiche Vol.) (Cross u. Bevan)[6]	—	—	—	—	blauschwarz

---

[1]) Konzentrierte Lösung von s = 1,7. — [2]) Man löst 1 ccm Hg in 9 ccm HNO_3 (s = 1,5), verdünnt mit dem gleichen Vol. Wasser und zieht die klare Lösung ab (Nickel). — [3]) Man löst 2 g essigs. Blei in 50 ccm H_2O auf, fügt 2 g NaOH in 30 ccm H_2O gelöst hinzu und kocht auf. Bei 60° wird die Lösung mit 0,3 g Fuchsin (bzw. 2 g Pikrinsäure) in 5 ccm Alkohol gelöst, versetzt und auf 100 ccm aufgefüllt. Die Faser wird ca. 2 Minuten heiß behandelt, gespült und im Falle Fuchsin verwendet wurde bei 70° mit verd. Essigsäure behandelt (Dreaper). — [4]) Siehe Seite 25. — [5]) Siehe Seite 25. — [6]) Nach Haller tritt diese Reaktion auch bei gewissen Baumwollsorten auf. Für die Unterscheidung von Rohpflanzenfasern siehe auch: Haller: Färber-Zeitung 1919, 29.

Chemische Prüfung der Gespinstfasern.

d) Einwirkung von Säuren usw.

	Wolle	Seide	Flachs	Baumwolle	Hanf	Jute
Schwefelsäure	erst in der Hitze gelöst	in heißer Säure schnell löslich	kalt und konzentriert schnell aufgelöst	rasch gelöst	langsam gelöst	langsam gelöst
Salpetersäure	färbt gelb und löst langsam	färbt gelb und löst schnell	nicht gefärbt und löst	nicht gefärbt	gelblich	—
Salpeterschwefelsäure (gleiche Vol. konz. Säuren)	gelb bis gelbbraun	löst in 15 Minuten	ungefärbt	ungefärbt	ungefärbt	ungefärbt
Chlorwasser	wird spröde und gelb	wird gelber	bleicht	bleicht	gelbbraun	auf Zusatz von NH_3 violett
Jodlösung	—	—	gelblichbraun bis gelblich	gelb	—	hellbraun
Pikrinsäure	gelb	gelb	—	—	—	—
Jod- und Schwefelsäure (Zellulosereaktion)[1]	—	—	Aufquellen und Blaufärbung	Aufquellen und Blaufärbung	langsames Aufquellen, grünliche Färbung	langsames Aufquellen, gelbe bis braune Färbung
Thymol- und Schwefelsäure (Zellulosereaktion)[2]	—	—	rotviolett	rotviolett	rotviolett	rotviolett
α-Naphthol u. Schwefelsäure Zellulosereaktion)[2]	gelb- bis rotbraun bleibt ungelöst	gelb- bis rotbraun, wird gelöst	tiefviolette Lösung	tiefviolette Lösung	tiefviolett	tiefviolett
Zucker- und Schwefelsäure (Furfurolreaktion)	rosenrot	rosenrot	—	—	—	—

e) Unterscheidung von Zellulose und Oxyzellulose.

Am einfachsten erkennt man die Oxyzellulose neben der Zellulose durch Behandeln der Probe in irgendeinem lauwarmen, alkalischen Bade, wobei die Zellulose ungefärbt bleibt, während die Oxyzellulose sich gelblich bis bräunlich (crème) färbt.

Oxyzellulose wird durch basische Farbstoffe ohne Beize angefärbt, Zellulose nicht [2]). (Baumwolle, die mit verdünnter H_2SO_4 behandelt wurde,

---

[1]) 1 g KJ wird in 100 ccm H_2O gelöst und Jod im Überschuß zugegeben. Andererseits werden 2 Vol. reines Glyzerin, die mit 1 Vol. dest. H_2O vermischt sind, unter Abkühlung mit 3 Vol. konz. H_2SO_4 versetzt. Man betupft zuerst mit Jodlösung, drückt ab in Fließpapier und versetzt dann mit 2 Tropfen Schwefelsäuremischung. (Mikroskop.) —
[2]) 20 g α-Naphthol bzw. Thymol werden in 100 g Alkohol gelöst. Zur Probe nimmt man ca. 0,1 g Faser, 1 ccm Wasser, 2 Tropfen Naphthollösung und 1 ccm Schwefelsäure.
— [3]) Siehe König und Huhn: Zeitschr. f. Farbenind. 1912. 17.

wird durch Methylenblau auch angefärbt durch die Wirkung von Schwefel, der auf der Faser niedergeschlagen wurde [1]).

Oxyzellulose wird durch salzsaures Phenylhydrazin zitronengelb gefärbt (Hydrazon- bzw. Osazonbildung), Zellulose nicht.

Durch Neßlers Reagens wird Oxyzellulose grau gefärbt, Zellulose nicht.

Durch eine alkalische $AgNO_3$-Lösung (100 ccm $n/10$ $AgNO_3$-Lösung werden mit 15 ccm konzentriertem Ammoniak und 40 ccm konzentriertem NaOH versetzt) wird Oxyzellulose (bei 50^0) gelbbraun gefärbt, Zellulose nicht.

Oxyzellulose wird durch Fuchsinschwefligsäure (Einleiten von SO_2 in eine verdünnte Fuchsinlösung bis fast zur Entfärbung) angefärbt, Zellulose nicht.

f) Unterscheidung von Baumwolle und merzerisierter Baumwolle.

a) Hübnersche Probe [2]) mittels Jodjodkalilösung: Man behandelt die Baumwolle während einiger Sekunden mit einer Jodjodkalilösung (20 g Jod in 100 ccm einer gesättigten KJ-Lösung aufgelöst). Nach dem Abwaschen mit Wasser bleibt merzerisierte Baumwolle schwarzblau gefärbt, Baumwolle wird weiß.

b) Hübnersche Probe [2]) mittels Chlorzinkjodlösung: Man benetzt die Ware, preßt sie dann zwischen Filtrierpapier ab und behandelt sie mit einer Chlorzinkjodlösung (93,3 g Chlorzink in 100 ccm Wasser und 10—15 Tropfen einer Jodjodkalilösung von 1 g Jod + 2 g KJ in 100 ccm Wasser). Merzerisierte Baumwolle wird dunkelblau gefärbt, die nicht merzerisierte bleibt weiß.

Für weitere Bestimmungsmethoden siehe: Lange: Färber-Ztg. 1903. S. 68. David & Co.: Färber-Ztg. 1908. S. 11. Knecht: Z. angew. Chemie 1909. S. 249. Schwalbe: Z. angew. Chemie 1910. S. 924; 1914. S. 567. Schwalbe: Die Chemie der Zellulose. S. 625. Vieweg: Papier-Ztg. 1909. S. 149. Freiberger: Z. angew. Chemie 1917. S. 121. Knaggs: Chem.-Zg. 1908. Repert. S. 314.

c) Die merzerisierte Baumwolle läßt sich von der gewöhnlichen Baumwolle leicht mikroskopisch unterscheiden. Die ursprünglich glattgedrückte, spiralig gewundene Faser ist beim Merzerisierungsprozeß in eine zylindrische, gerade übergegangen und die Kutikula ist weggeschafft worden. Das Lumen ist streckenweise sehr verbreitert, dann wieder auf einen schmalen Streifen oder eine Linie reduziert, oder es verschwindet ganz. Die breiteren Stellen des Lumens sind häufig (im ungefärbten Haare) wie mit einer granulierten Masse erfüllt.

Mit frischem Kupferoxydammoniak tritt eine schwache Quellung der Faser ein. Diese zeigt aber nicht die tonnenförmige Schwellung und das streckenweise Einschnüren, wie das natürliche Haar. Das Lumen wird oft erweitert und an den Enden trichterförmig aufgetrieben.

g) Unterscheidung von Baumwolle und Lein.

Baumölprobe: Die Faser wird in Baumöl getaucht und abgepreßt, wobei Leinen durchsichtig wird, Baumwolle jedoch nicht.

---

[1]) Siehe Knecht: Chem. Zentralbl. 1922. II. 162. — [2]) Hübner: Chem.-Ztg. 1908. 220.

2. Untersuchung eines Gemisches von Fasern[1]).

Auf das Fasergemisch läßt man 10%ige NaOH oder KOH einwirken:

ein Teil löst sich:	ein Teil löst sich nicht:
Wolle	Baumwolle, Flachs usw.

Zur Trennung von Wolle und Baumwolle übergießt man 5 g Substanz mit 200 ccm 10%iger NaOH; erhitzt langsam zum Kochen und erhält das Ganze $^1/_4$ Std. im Sieden. Die Wolle löst sich. Man filtriert, erhitzt gelinde und läßt etwas an der Luft liegen. Rückstand: Baumwolle[2]). (Da die Baumwolle immer etwas angegriffen wird, sind noch ca. $3^1/_3\%$ dem Baumwollgewicht hinzuzuzählen[3]),[4]).

Auf das Fasergemisch läßt man Chlorzinklösung[4]) einwirken:

löst alles auf	löst teilweise auf	löst nichts	löst teilweise auf	löst nicht
Die alkalische Lösung wird auf Zusatz von essigsaurem Blei schwarz: Seide.	Der lösliche Teil wird durch essigsaures Blei nicht schwärz, der unlösliche schwärzt sich: Seide und Wolle.	Die Masse schwärzt sich durch essigsaures Blei: Wolle.	Ein Teil wird sich durch essigsaures Blei:	Salpetersäure färbt teilweise gelb, der übrige Teil bleibt weiß: Gemenge von Flachs und Baumwolle.

Detailed sub-table for the middle sections:

löst nichts			löst teilweise auf	
Chlorwasser, wie auch Ammoniak färben die Faser:			schwärzen	n. schwärzen
rotbraun	nicht			
Die Faser wird durch rauchende Salpetersäure rot: Neuseelandflachs	Alkoholische Fuchsinlösung färbt die Faser		Kalilauge löst die im Chlorzink unlösl. gebleib. Fasern teilweise. Die bleibend. Fasern lösen sich in Kupferoxydammoniak: Gemenge von Wolle, Seide und Baumwolle.	Pikrinsäure färbt teilweise gelb; der übrige Teil bleibt weiß: Seide und Baumwolle.
	dauernd	Färbung auswaschbar		
	Kalilauge färbt gelb	Kalilauge färbt nicht gelb: Baumwolle		
	Jod-u. Schwefelsäure färben			
	gelb: Hanf.	blau: Flachs.		

[1]) Zum Entfernen der Appretur kocht man die Proben $^1/_4$ Stunde mit 3%iger HCl. Dann abwaschen und trocknen. Gewichtsverlust = Farbe und Appretur. — [2]) Siehe: Zentralblatt für das Deutsche Reich Nr. 7, 6. Februar 1896. — [3]) Andere Verfahren siehe v. Kapff: Textil-Zg. 1900. S. 462; dann Heermann: Chem.-Zg. 1913. S. 1257; dann Ruscheweyh: Chem.-Zg. 1909. S. 949; Waentig: Textile Forschung 1920. S. 49. — [4]) Spez. Gewicht: 1,6—1,7. Man löst 1000 Teile $ZnCl_2$ (geschmolzen) in 850 Teilen Wasser, gibt 40 Teile Zinkoxyd zu und erhitzt bis alles gelöst ist. — [5]) Wolle kann von Kunstseide getrennt werden durch Auflösen der letzteren in Kupferoxydammoniak und Wägen der ungelösten Wolle. Siehe Krais und Biltz: Textile Forschung 1920. S. 24.

Kupferprobe (Herzog). Man legt die gereinigten Fasern während 10 Minuten in eine 10%ige CuSO$_4$-Lösung; dann wird unter dem Wasserhahn gewaschen und hierauf die Probe mit einer 10%igen Ferrozyankaliumlösung behandelt. Hierbei bleibt die Baumwolle ungefärbt, während die Leinenfaser kupferrot wird.

Schwefelsäureprobe (Kindt): Die gereinigte Faser wird ½—2 Minuten mit konzentrierter Schwefelsäure behandelt, dann gespült, mit den Fingern etwas geknetet, in verdünntes NH$_3$ gelegt und getrocknet. Baumwolle wird durch diese Operation zerstört, während Flachs nur wenig verändert erscheint.

3. Untersuchung beschwerter Seide[1]).

a) Für Couleur fallen als Beschwerungsmittel in Betracht:

Zinn, Phosphorsäure, Tonerde, Kieselsäure Sumach, Gallussäure, Öl und Leim.

Durch einfaches Veraschen der Seide können etwa vorhandene mineralische Bestandteile erkannt werden. Zinn, Kieselsäure und Tonerde liefern eine weiße Asche. Grüngefärbte Asche weist auf Chrombeize hin. Die Seide selbst liefert beim Veraschen einen Rückstand von 0,5 bis 1%.

Zum qualitativen Nachweis von Tonerde müssen zuvor Kieselsäure durch Abrauchen, Zinn und Phosphorsäure durch Ausfällen entfernt werden.

Heutzutage wird bei Couleur zum Abziehen der Beschwerungsmittel mit Flußsäure gearbeitet, und zwar folgendermaßen:

Zum Abziehen von:

Sn
P$_2$O$_5$
Al$_2$O$_3$
SiO$_2$

Man behandelt 1—2 g der Probe in einer Cu-, Pt- oder Hartgummischale dreimal während ¼ Stunde bei 60° (Wasserbad) mit 2%iger Flußsäure. Hierauf wird gespült und bei 110° während 1 Stunde getrocknet, resp. bis zur Gewichtskonstanz. Das nun erhaltene Gewicht ist = dem Fibroin. Wenn Souple oder Ecru vorliegt, so muß nach der Behandlung mit Flußsäure noch mit 3%iger Seifenlösung abgekocht werden.

Berechnung: Man berechnet aus dem erhaltenen Fibroingehalt (F) durch Hinzurechnen des Bastes das Gewicht der trockenen Rohseide, dann das Gewicht der lufttrockenen Rohseide und hieraus die Erschwerung.

Berechnung:

T Beschwerung über pari
A angewandte lufttrockene Seide
F Fibroin der angewandten Seide
D Décreusage der angewandten Seide

$$T + 100 = k \cdot \frac{A}{F}, \text{ wobei:}$$

$$k = \frac{100 \,(100 - D)}{111}$$

oder

$$T = k \cdot \frac{A}{F} - 100.$$

Die Formel gilt nur für lufttrockene Seide mit 11% Feuchtigkeit. Fehler: ± ½%.

---

[1]) Siehe Diss. W. Dürsteler, Zürich 1905.

Chemische Prüfung der Gespinstfasern.

Öl wird durch Behandeln der Seide mit Petroläther im Soxhletschen Extraktionsapparat nachgewiesen.

Gerbstoffe und Leim finden sich im wässerigen Auszug: Umziehen in ca. 30 grädigem Wasser.

Für Couleur ist eine Stickstoffbestimmung nicht notwendig, wohl aber unbedingt für Schwarz.

b) Bei Schwarz kommen in Betracht: Zwei- und dreiwertiges Eisen, Zinn, Phosphorsäure, Ferrocyanwasserstoffsäure, Blauholz, basische Farbstoffe, Gerbstoffe, Leim, Öl, Glyzerin, Sulfoharnstoff.

Zur quantitativen Bestimmung wird nun folgendermaßen gearbeitet:

α) Bei Abwesenheit von Eisen: Es wird dreimal ¼ Stunde bei 60° abwechselnd mit 2%iger Flußsäure und nach dem Abspülen mit 2%iger Sodalösung behandelt (also im ganzen 6 Bäder).

β) Bei Anwesenheit von Eisen (erkennbar an der braunen Asche) wird bei 60° abwechselnd in folgenden Bädern abgezogen: 1%ige HCl, dann nach dem Spülen in 2%iger Sodalösung und schließlich in 2%iger Flußsäure. Die Operation wird zweimal ausgeführt, es sind also im ganzen 6 Bäder.

Hierauf wird getrocknet und die Stickstoffbestimmung nach Kjeldahl ausgeführt. (Siehe weiter unten.)

In den einzelnen Bädern können nun die Farbstoffe und die Beschwerungsmittel nachgewiesen werden, und zwar:

Im ersten Flußsäureauszug: Gerbstoffe, nachgewiesen mit Formaldehyd (Kondensationsprodukt); oder mit 1%iger Eisenalaunlösung.

Im ersten Salzsäureauszug: zwei- und dreiwertiges Eisen.

Im ersten Sodabad: Ferrocyanwasserstoffsäure; ansäuern und mit $FeCl_3$ versetzen: Berlinerblau.

Basische Farbstoffe findet man in dem zweiten und dritten Flußsäurebad.

Das Zinn wird in der Asche nachgewiesen.

Bei Soupleseide wird nach diesen Behandlungen noch mit 3%iger Seifenlösung abgekocht.

Bestimmung des Fibroins nach der Kjeldahlschen Stickstoffmethode. Das reine Fibroin (soll ca. 0,5—0,8 g betragen) wird in einem Kjeldahlkolben von ca. 200 ccm Inhalt mit 20 ccm 100%iger Schwefelsäure und ca. 1 g Quecksilber ungefähr eine Stunde lang bei Siedetemperatur behandelt, bis die Lösung farblos geworden ist. Hierauf wird erkalten gelassen, in einen Jenaer Kolben von ½ Liter Inhalt gegossen, mit Wasser verdünnt, mit NaOH übersättigt, K_2S zugegeben, um das Quecksilber auszufällen, dann abdestilliert in abgemessene Normalsäure und der Überschuß derselben zurücktitriert.

Berechnung: 1 Teil Stickstoff zeigt **5,455** Teile Fibroin an (bei Annahme von 18,33% Stickstoff im Fibroin).

Die Charge in Prozenten (p) beträgt dann:

$$p = \frac{f-r}{r} \cdot 100$$

Fehler: ± 1%.

wo f = das Gewicht der gefärbten Seide und r = Rohgewicht der Seide bedeutet.

Das Rohgewicht (r) besteht aus Fibroin, Serizin und 11% Wasser, das letztere auf das Gesamtgewicht des Fibroins und Serizins berechnet.
Der Degummierungsverlust für die verschiedenen Seidensorten beträgt im Mittel:

	Weiß	Gelb
Italienische Seide	21,5%	24%
Japan	20,0%	—
China	24,0%	25%
Canton	24,0%	—
Chappe	4,0%	—

Bei unbekannter Provenienz einer Seide wird man einen Degummierungsverlust von 22,5% annehmen.

B. Mikroskopische Prüfung der Gespinstfasern.

Zur Erkennung und Unterscheidung der Fasern ist das Mikroskop ein wichtiges Hilfsmittel. Über Reagenzien und Operationen siehe: Lunge-Berl: Untersuch., Bd. IV, S. 1016 ff. (6. Aufl.). Die mikroskopischen Bilder der technisch wichtigeren Gespinstfasern werden durch die Abb. 2—14 (S. 20 ff.) veranschaulicht.

C. Bestimmung der Décreusage der Seide.

Um betrügerische Beschwerung der Rohseide durch Seife, Öle, Fette, Vaseline, Gummi usw. festzustellen, auch um den Degummierungsverlust der Ware kennen zu lernen, wird der Fibroingehalt bestimmt. Die Seide wird hierzu folgendermaßen behandelt: eine genau gewogene Menge wird 1. mit Petroläther extrahiert, dann 2. einige Zeit in Wasser von ca. 30° umgezogen, worauf trocken gewogen wird (bis zur Gewichtskonstanz). Dann folgt 3. ein Abkochen dieser Seide im Flottenverhältnis 1:35 mit 35% Seife auf das Seidengewicht berechnet. Nachdem man die Seide ca. 25 Minuten gekocht hat, wird sie herausgenommen und gerungen, dann nochmals gleich behandelt mit 15% Seife.

Als Décreusage wird diejenige Menge Seidengummi (oder andere der Seide fremde Substanz) bezeichnet, welche 100 Teile völlig trockener Seide verlieren, wenn sie nach obiger Vorschrift behandelt werden.

D. Künstliche Fasern[1].

Künstliche Seiden werden dadurch erzeugt, daß man Lösungen gewisser Substanzen durch feine Kapillaren preßt und die entstehenden Fäden zum Erstarren bringt.

1. **Nitroseide** (Chardonnet) wird aus einer Lösung von feuchter Nitrozellulose in Ätheralkohol dargestellt mit nachträglicher Denitrierung des Produktes. Der Faden ist ziemlich regelmäßig, dicker, weniger fest und weniger elastisch als der echte Seidenfaden. Das spezifische Gewicht

---

[1] Siehe Süvern: Die künstliche Seide; dann F. Becker: Die Kunstseide. A. Herzog: Die Unterscheidung der natürlichen und künstlichen Seiden.

Künstliche Fasern.

ist ca. 13% höher als das der natürlichen Seide. Der hohe, aber mehr metallische Glanz, das trockene, strohige „Toucher", die große Affinität zu künstlichen Farbstoffen, das Verhalten beim Verbrennen, der geringe Stickstoffgehalt (unter 1%) usw. lassen die Kunstseide leicht als solche erkennen.

Die Trennung der Kunstseiden von der Naturseide kann mittels KOH oder NaOH geschehen (s. Tabelle) oder auch mittels alkalischer Kupferglyzerinlösung (s. S. 25).

2. **Glanzstoff** (Zelluloseseide von Pauly, Bronnert, Fremery) wird hergestellt aus einer Zellulose-Kupferammoniaklösung (D. R. P. 98 642). Die Zellulose wird zuerst mit NaOH behandelt und dann in Kupferoxydammoniak gelöst. Als Fällungsflüssigkeit kann eine ca. 50%ige Schwefelsäure dienen, dann auch Alkalien (künstliches Roßhaar: D. R. P. 186 766).

3. **Viskose**[1]) ist die wässerige Lösung des Na-Salzes des Zelluloseesters der Dithiokarbonsäure. Das Xanthogenat bildet sich aus Alkalizellulose und CS_2.

$$NaOH \cdot C_6H_9O_4 \cdot ONa + CS_2 = C \genfrac{}{}{0pt}{}{\diagup O \cdot - C_6H_9O_4 \cdot NaOH}{\diagdown S - Na} \Big\} + H_2O = \text{Viskoselösung.}$$

Ein Alkaliüberschuß ist wichtig für die Haltbarkeit der Lösung. Beim Stehen spalten sich nach und nach CS-SNa-Gruppen ab, bis schließlich die Verbindung: $C \genfrac{}{}{0pt}{}{\diagup O \cdot (C_6H_9O_4)_4}{\diagdown S - Na}$ entstanden ist. Aus dieser Verbindung ist die Zellulose leicht als Zellulosehydrat auszufällen: die Viskose ist „reif" zum Verspinnen. Hierbei dienen als Fällungsmittel: NH_4-Salze, dann Schwefelsäure, die ein Sulfat gelöst enthält u. a. (D. R. P. 108 511, 187 947).

4. **Azetatseide** wird hergestellt durch Behandeln von Zellulose mit Azethylierungsmitteln unter Bildung von Zelluloseazetaten. Als Azethylierungsmittel dienen Azethylchlorid, Essigsäureanhydrid und Eisessig. Dann kommen noch hydrolysierende Mittel hinzu, die die Reaktion begünstigen, wie anorganische Säuren, Benzolsulfinsäure u. a. m. (s. Literatur). Als Fällungsmittel dienen: Wasser, Alkohol, Benzol usw.

Gegenüber den anderen Kunstseiden besteht die Azetatseide nicht aus Zellulose, sondern aus Essigsäureestern der Zellulose. Sie ist Wasser gegenüber widerstandsfähiger als die übrigen Kunstseiden. Das Färben von Azetatseide ist ein nur teilweise gelöstes Problem.

5. **Künstliche Seiden aus Eiweißkörpern** haben noch keine Bedeutung erlangt. Einige Beispiele sind die Gelatineseide (Vanduraseide), hergestellt aus tierischem Leim, Hausenblase oder Handelsgelatine durch Behandeln ihrer wässerigen Lösungen mit Kaliumbichromat, um ihr die Löslichkeit in Wasser zu benehmen (D. R. P. 88 225); dann die Herstellung künstlicher Fäden aus Osseinlösungen (D .R. P. 197 250); dann aus Kasein (D. R. P. 170 051, 178 985); aus Fibroin (D. R. P. 211 871).

---

[1]) Siehe auch Margosches: Die Viskose; dann M. Ragg: Chem.-Zg. 1908. S. 630, 654, 677 (über Xanthogensäure). C. Piest: Die Zellulose.

20   Prüfung der Gespinstfasern.

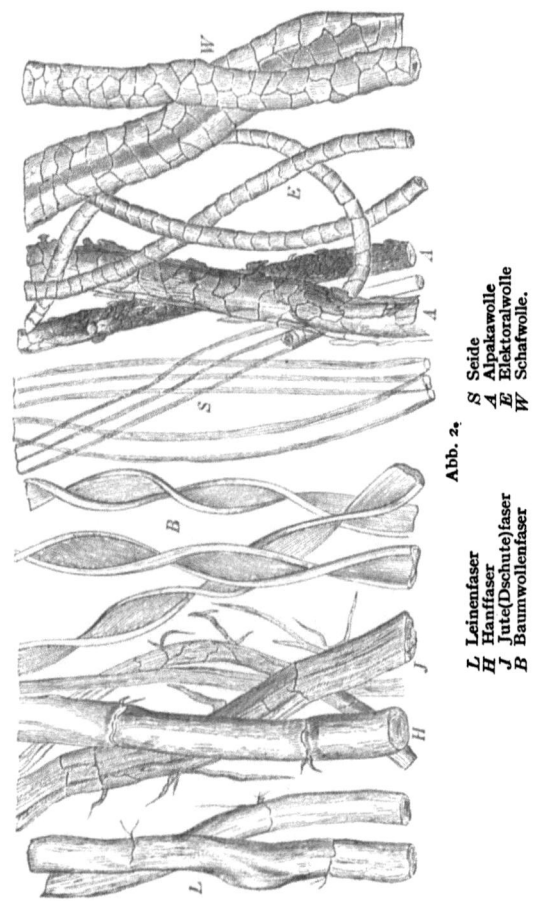

Abb. 2.

L Leinenfaser   *S* Seide
H Hanffaser   *A* Alpakawolle
J Jute(Dschute)faser   *E* Elektoralwolle
B Baumwollenfaser   *W* Schafwolle.

Künstliche Fasern.

Abb. 3. Vicuñawolle. 200 mal vergr.

Abb. 4. Mohairwolle 200 mal vergr.

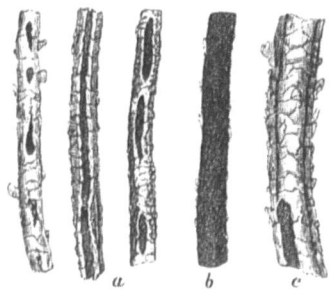

Abb. 5. Alpakawolle a und b 100 mal vergr., c 200 mal vergr.; a und c weiße, b schwarze.

Abb. 6. Seide (S) und Wolle (W) 300 mal vergr.

Abb. 7. Feinste Auszugwolle.

22 Prüfung der Gespinstfasern.

Abb. 8. Mikroskopisches Aussehen der Tussahseide.

Querschnitte:

  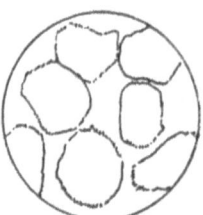

Abb. 9. Chardonnet-Seide. 230 mal vergr.

Abb. 10. Nitroseide (Lehner). 230 mal vergr. (Herzog).

Abb. 11. Glanzstoff. 230 mal vergr. (Herzog).

Querschnitte:

Abb. 13a.

Abb. 12. Viskoseseide. 230 mal vergr. (Herzog).

Abb. 13a. Ältere Azetatseide.
Abb. 13b. Neuere Azetatseide.

Abb. 14. Gelatineseide. 230 mal vergr. (Herzog).

Festigkeiten der Natur- und Kunstseiden[1]).

Die folgenden Zahlen geben die absolute Festigkeit in Kilogrammen pro 1 qmm an:

	trocken	naß
Chinesische Rohseide, nicht aviviert	53,2	46,7
Französische Rohseide	50,4	40,9
Französische Seide, abgekocht und aviv	25,5	13,6
Französische Seide, rot gefärbt, beschwert	20,0	15,6
Französische Seide, schwarz gefärbt, 140% Beschwerung	7,9	6,3
Chardonnetseide, ungefärbt	14,7	1,7
Glanzstoff, ungefärbt	19,1	3,2
Viskose nach Croß und Bevan	11,4	3,5
Neuere Viskose	21,5	—
Baumwollgarn	11,5	18,6

Was die Dicke der einzelnen Seidenfasern anbetrifft, so kann dieselbe außerordentlich schwankend sein. Solche Messungen wurden von Massot ausgeführt[2]). Siehe auch: A. Herzog: Die Unterscheidung der natürlichen und künstlichen Seiden (1910). S. 32.

---

[1]) Siehe R W. Strehlenert: Chem. Zg. 1901. S. 1100.
[2]) W. Massot: Lehnes Färber-Zg. 1907. Beiträge zur Kenntnis neuer Textilfaserstoffe; dann Derselbe: Leipz. Monatsschr. Textilind. 1902. S. 760—761, 832—834; 1905. S. 131—135.

Übersicht der zur Unterscheidung von Natur- und Kunstseide dienenden Reaktionen.

Reagens	Chinarohseide	Tussahseide	Nitroseide	Glanzstoff	Viskose	Azetatseide	Gelatineseide
1. KOH, 40%ig	bei 65° angegriffen, bei 85° ganz gelöst	quillt bei 75°, löst sich bei 120°	quillt auf, ohne Lösung	quillt auf, ohne Lösung	quillt auf, ohne Lösung	quillt mäßig auf, ohne Lösung	rasch gelöst
2. Chlorzinkjod (Herzberg)[1]	schwaches Gelb	schwaches Gelb	rotviolett	rotviolett	rotviolett	gelb	gelbbraun
3. Alkalische Kupferglyzerinlösung[2]	löst sich bei gewöhnlicher Temperatur (Serizin ungelöst)	bei gewöhnlicher Temperatur kaum angegriffen	ohne Einwirkung	ohne Einwirkung	ohne Einwirkung	ohne Einwirkung	in der Hitze gelöst
4. Kupferoxydammoniak[2]	bis auf einen schleimigen Rest (Serizin) gelöst	langsam angegriffen (Längsstreifung)	quillt auf, löst sich langsam	quillt auf, löst sich langsam	quillt auf, löst sich langsam	quillt auf, löst sich nicht	blauviolett, ohne Lösung
5. Nickeloxydammoniak[4]	löst sich rasch auf (außer Serizin)	quillt auf, beim Kochen teilweise gelöst	quillt auf, ohne Lösung	quillt auf, ohne Lösung (Längsstreifung)	quillt auf, ohne Lösung	quillt nur schwach, ohne Lösung	Braunfärbung und Kräuselung
6. Fehlingsche Lösung	löst sich beim Kochen leicht auf	löst sich beim Kochen auf	ungelöst, auf Wasserbad erwärmt und verdünnt: blau	ungelöst, auf Wasserbad erwärmt und verdünnt: blau	ungelöst, auf Wasserbad erwärmt und verdünnt: grün	—	—
7. Chromsäure, halbgesättigt[5]	löst sich in der Siedehitze	in der Siedehitze langsam gelöst	in der Hitze rasch gelöst	in der Hitze rasch gelöst	in der Hitze rasch gelöst	quillt auf, ohne Lösung	heiß rasch gelöst
8. Eisessig	ohne Einwirkung	ohne Einwirkung	ohne Einwirkung	ohne Einwirkung	ohne Einwirkung	kalt rasch gelöst	in der Hitze fast ganz gelöst
9. Millons Reagens[6]	beim Kochen: hellrot	(ungebleichte) braun bis rötlich-braun	unverändert	unverändert	unverändert	unverändert	—

Künstliche Fasern.

Reagens	Chinarohseide	Tussahseide	Nitroseide	Glanzstoff	Viskose	Azetatseide	Gelatineseide
10. Diphenyl-aminsulfat[7])	schwache Bräunung	stärkere Bräunung	starke Blaufärbung	keine Einwirkung	keine Einwirkung	keine Einwirkung	keine Einwirkung
11. Bruzinsulfat	schwache Bräunung	schwache Bräunung	ziegelrot	ohne Einwirkung	ohne Einwirkung	ohne Einwirkung	ohne Einwirkung
12. Wassergehalt (Verlust bei 99°)	7,97%	8,26%	10,37% (Besançon)	10,04%	11,44%	—	13,02% (Vanduras)
13. Wasser-anziehung nach 43 Stunden	2,24%	5,00%	5,64% (Besançon)	6,94%	—	—	—
14. Verhalten bei 200° und Gesamtgewichtsabnahme	stark gebräunt, zerreibbar 11,15%	kaum verändert, schwer zerreibbar 11,21%	blauschwarze Färbung und verkohlt, schwer zerreibbar 43,65% (Besançon)	braun gefärbt, sehr leicht zerreibbar 11,65%	—	—	braun, nicht verkohlt, leicht zerreibbar 18,76%
15. Aschengehalt	0,95%	1,65%	1,60% (Besançon)	0,096%	—	—	—
16. Gehalt an Stickstoff	ca. 18,33%	ca. 18,33%	0,15% (Besançon)	0,13%	—	—	—

[1]) 20 g Chlorzink werden in 10 ccm H_2O gelöst; andererseits ebenso 2,1 g KJ + 0,1 g Jod in 5 ccm H_2O; beide Lösungen mischen und absitzen lassen (vor Licht schützen). — [2]) Man löst 10 g $CuSO_4$ in 100 ccm H_2O, fügt 5 g Glyzerin hinzu und dann KOH, bis daß der Niederschlag verschwunden ist. — [3]) Man fällt $CuSO_4$-Lösung mit NaOH, wäscht den Niederschlag gut aus und löst ihn in 20%igem Ammoniak. — [4]) Man löst 25 g kristallisiertes Ni-Sulfat in 500 g H_2O und fällt mit NaOH. Man filtriert, wäscht den Niederschlag und löst ihn in 125 ccm konzentriertem Ammoniak + 125 ccm H_2O. — [5]) Man mischt Kaliumbichromat mit überschüssiger Schwefelsäure. Nachdem sich die ausgeschiedene Chromsäure aufgelöst hat, wird mit dem gleichen Volumen Wasser verdünnt. — [6]) Siehe S. 12. — [7]) Diphenylamin in konzentrierter Schwefelsäure gelöst.

Untersuchung der Appreturmittel[1]).

Beim Bleichprozeß verliert das Gewebe an Gewicht; es wird lumpig, unansehnlich. Um den Gewichtsausfall zu decken und der Ware einen gewissen Griff und ein gefälliges Ansehen zu geben, wird sie der **Appretur** unterworfen, d. h. die Gewebe werden mit verschiedenen Substanzen imprägniert und in der Regel einer mechanischen Behandlung unterzogen.

Die wichtigsten Appreturmittel sind:

1. Weizen-, Kartoffel-, Reis-, Mais-Stärke; Mehl; Dextrin und andere Stärkepräparate wie Kollodin, Apparatin; arabischer Gummi, Traganth, Pflanzenschleim, Abkochungen von Flechten (isländisches Moos), von Algen (Karraghen, Agar-Agar u. a.); Leim, Gelatine. Diese Stoffe sollen die **Gewebe hart und steif machen.**

2. Um **Weichheit und Glanz** zu erzeugen, benutzt man Öle (z. B. Türkischrotöl), Talg, Stearin, Paraffin, Seife, Wachsarten usw.

3. **Hygroskopische Substanzen** wie Glyzerin, Ammonsalze, Chlormagnesium, Zinksalze usw., die den harten Griff der mit Stärke u. dgl. imprägnierten Stoffe mildern sollen.

4. Als eigentliche Beschwerungsmittel kommen Kaolin, Chinaclay, Kalk, Baryt- und Bleisalze und Traubenzucker in Betracht.

5. Um die Appreturmassen zu färben, verwendet man Ultramarin, Berlinerblau, Smalte, Ocker, Indigokarmin, künstliche organische Farbstoffe; ferner um den Stoffen metallischen Glanz zu geben: Metalle oder Schwefelmetalle in Form feiner Pulver.

6. Tonerde- und Magnesiumsalze, ferner Lösungen von Kautschuk u. dgl. (zum Wasserdichtmachen).

7. Um Stoffe schwer verbrennlich zu machen, benutzt man wolframsaures Natrium, auch Ammonsalze (phosphorsaures Ammon), Borax, Magnesiumsalze, Silikate, zinnsaures Natrium, Titansalze in Verbindung mit Stannaten usw.

8. Salizylsäure, Kampfer, Borsäure, Ameisensäure, Naphthole, Chlorzink usw. sollen Pilz- und Schimmelbildung verhindern.

Die meisten dieser Appreturmittel werden für baumwollene und gemischte, **Baumwollfaser** enthaltende Gewebe benutzt.

Für **Wollengewebe** kommen Leim, Albumin, Dextrin, Stärke, Algen, Wasserglas usw., für Seidenstoffe Gummi (Traganth- und arabischer Gummi), Flohsamenschleim, Schellack, Gelatine u. dgl. in Betracht.

Die Anwesenheit von Appreturmasse läßt sich schon äußerlich, namentlich mit Zuhilfenahme der Lupe, leicht erkennen. Das Stäuben eines Gewebes beim Zerreißen deutet auf größere Mengen fremder Stoffe hin.

---

[1]) Ausführlicheres s. Depierre: Traité élémentaire des apprêts etc.; Massot: Anleitung zur Appreturanalyse 1911; dann M. G. Tagliani: Rev. gén. des Mat. Col. 1909. p. 221.

Untersuchung der Appreturmittel. 27

Feuchtigkeitsbestimmung. Ein abgewogenes Stück des zu untersuchenden Gewebes wird bei 100° C bis zur Gewichtskonstanz getrocknet. Das Abwägen ist in gut verschließbaren Glasgefäßen vorzunehmen.

Bestimmung der fremden Substanzen. Ein gewogener und gut getrockneter Abschnitt von ca. 25 qcm Größe wird bei Siedehitze mit einer Abkochung von Malz in destilliertem Wasser behandelt, dann gewaschen, getrocknet und gewogen. Die Gewichtsdifferenz entspricht der Menge der fremden Substanzen. Bei Anwesenheit von unlöslichen Seifen erhitzt man nochmals mit verdünnter Säure, wäscht, trocknet und wägt.

Zum qualitativen Nachweis der fremden Substanzen kocht man das Gewebe mehrere Stunden mit Wasser. Die Verdickungsmittel, die löslichen Salze und die erdigen Bestandteile werden hierbei von der Faser entfernt. Die Flüssigkeit wird abgegossen und filtriert. Rückstand und Filtrat gelangen getrennt zur Untersuchung.

Prüfung des Filtrats. Dasselbe wird auf dem Wasserbade konzentriert. Geben einige Tropfen davon mit Jodtinktur eine blaue bis rotviolette Färbung, so ist dadurch die Anwesenheit von Stärke nachgewiesen.

Mischt man die stärker konzentrierte Lösung mit dem zwei- bis dreifachen Volumen Alkohol, so werden gewisse Salze, ferner Gummi, Dextrin, Leim gefällt (letzterer auch durch Tannin aus der wässerigen Lösung).

Gummi (links drehend) und Dextrin (rechts drehend) lassen sich auch mit Hilfe des Polarisationsapparates nachweisen.

Wird eine wässerige Gummilösung mit Bleiessig versetzt, so fällt Gummi aus. Enthält die Lösung gleichzeitig Gummi und Dextrin, so fällt Bleiessig bei gewöhnlicher Temperatur Gummi, in der Wärme beide aus. Entsteht kein Niederschlag und enthält die Flüssigkeit doch einen organischen Körper, so ist wahrscheinlich Karraghenmoos u. dgl. vorhanden.

Zucker erkennt man durch Erwärmen einer Probe der konzentrierten Lösung auf dem Wasserbad und Prüfen mit Fehlingscher Lösung.

Eine andere Probe wird zur Trockne verdampft und mit Kaliumbisulfat versetzt. Akroleingeruch weist auf Glyzerin hin.

Der Rückstand enthält Gips, Bariumsulfat, Chinaclay usw. Die mineralischen Bestandteile der Appreturmasse werden in gewöhnlicher Weise durch Untersuchung der Asche ermittelt.

Prüfung auf Fett und Kolophonium. Man kocht einen kleinen Abschnitt mit Soda und filtriert. Durch Zusatz von Säure zum Filtrat entsteht bei Anwesenheit von Fett eine an der Oberfläche sich ansammelnde Schicht von Fettsäure, während bei Gegenwart von Kolophonium sich ein Niederschlag von Sylvinsäure bildet.

Zur quantitativen Fettbestimmung extrahiert man eine gewogene Probe im Soxhlet und bestimmt das Gewicht des Verdampfungsrückstandes [1]).

---
[1]) Siehe auch Lunge-Berl: Untersuchungen. Bd. IV, S. 1031 ff. (6. Aufl.); dann L. Pierre: Ann. Chim. anal. appl. tome 9, p. 8; Chem. Zentralblatt 1904. Bd. I, S. 763; dann Massot: Leipz. Monatsschr. Textilind. Bd. 21, S. 255, 294, 327. 1906. Bd. 22, H. 2—6. 1907; Chem.-Zg. Repert. Bd. 31, S. 388, 415. 1908.

I. Organische Farbstoffe.
A. Künstliche organische Farbstoffe.
Das Probefärben.

Für die Anwendung eines Farbstoffes kommen in Betracht sein Verhalten zur Faser, zu Beiz- und Hilfssubstanzen, die Ausgiebigkeit (Farbstärke), die Nuance, Reinheit und Echtheit seiner Färbungen. Die Prüfung geschieht auf dem für die Praxis einzig brauchbaren Wege der Probefärberei.

Zunächst sucht man sich über die Natur des Farbstoffes einigen Aufschluß zu verschaffen, ob er die pflanzlichen oder tierischen Fasern, oder beide Kategorien direkt färbt, ob dies in neutralem, alkalischem oder saurem Bade geschieht, und ob er nur mit Beizen zu befestigen ist und bejahenden Falles mit welchen.

Entsprechend der Art ihrer Fixierung auf der Faser unterscheidet man folgende Gruppen von Teerfarbstoffen:

1. Basische Farbstoffe. Die basischen Farbstoffe sind Salze von organischen Basen. Sie ziehen direkt auf Seide und Wolle, die auf Grund ihres sauren Charakters sich mit der Base verbinden. Die neutral reagierende Baumwolle muß zuerst mit Gerbsäuren gebeizt werden, um sie so zur Salzbildung mit dem Farbstoff fähig zu machen.

2. Saure Farbstoffe sind Farbstoffe saurer Natur. Sie enthalten saure Gruppen, wie Sulfo-, Nitrogruppen usw. Es sind wichtige Wollfarbstoffe, die in saurem Bade gefärbt werden; für Baumwolle besitzen sie nur sehr wenig Bedeutung.

3. Salzfarben oder substantive Baumwollfarbstoffe ziehen direkt auf Baumwolle und sind für die Baumwollfärbung sehr wichtig (Poly-Azofarbstoffe, Derivate der 2, 5, 7-Amidonaphtholsulfosäure). Von Bedeutung sind sie auch in der Halbwoll- und Halbseidenfärberei; für die Woll- und Seidenfärberei kommen sie weniger in Betracht.

4. Unter **Beizenfarbstoffen** sind solche Farbstoffe zu verstehen, die in Form ihrer Metallacke auf der tierischen und pflanzlichen Faser fixiert werden. Als Metalle sind am wichtigsten Aluminium, Eisen, Chrom.

5. Küpenfarbstoffe sind an sich schwer- oder unlösliche Farbstoffe, die durch Behandlung mit Reduktionsmitteln in die löslichen „Leukoverbindungen" übergeführt werden und als solche auf die Faser aufziehen, wobei durch nachträgliche Reoxydation (Luftsauerstoff) der ursprüngliche Farbstoff wiedergebildet wird. Die Küpenfarbstoffe finden Anwendung in der Baumwolle-, Leinen-, Woll- und Seidenfärberei.

6. Die **Schwefelfarbstoffe** ähneln den Küpenfarbstoffen. Es sind ebenfalls schwer- oder unlösliche Körper, die durch Zugabe von Schwefelnatrium (Na_2S) reduziert und in wasserlösliche „Leukoverbindungen" übergeführt werden, die sich nach Beendigung der Färbung (meistens schon an der Luft) zum ursprünglichen Farbstoff reoxydieren.

Die Schwefelfarbstoffe finden vorläufig nur für die vegetabilische Faser Verwendung, da die tierische Faser durch das alkalische Schwefelnatrium angegriffen wird.

7. Entwicklungsfarbstoffe sind Farbstoffe, die auf der Faser selbst gebildet oder „entwickelt" werden. Zu dieser Gruppe gehören Azo-

Künstliche organische Farbstoffe.

farbstoffe, die noch freie Amidogruppen enthalten, welche nach dem Färben auf der Faser selbst weiter diazotiert und gekuppelt werden; dann solche, die mit diazotiertem Paranitranilin nachbehandelt werden, und das Anilinschwarz. Letzteres bildet sich auf der Faser selbst durch Oxydation

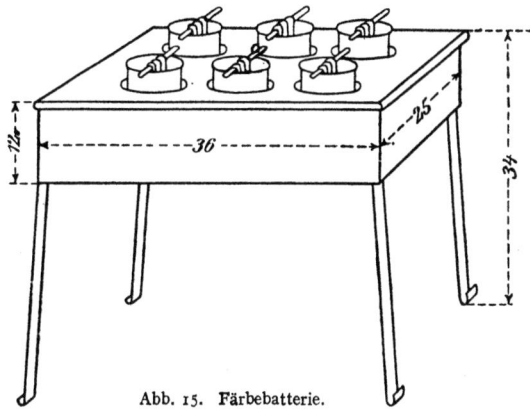

Abb. 15. Färbebatterie.

des salzsauren Anilins (oder dessen Homologen) und dient nur zum Färben von Baumwolle.

8. Albuminfarben werden mit Hilfe von Albumin auf der Faser befestigt. Sie werden nur in der Druckerei angewandt.

Bevor man vergleichende Probefärbungen anstellt, hat man sich zu orientieren, zu welcher der genannten Gruppen der zu untersuchende Farbstoff gehört.

Quantitatives Färben: Zur Ausführung quantitativer Färbeversuche bedarf man einiger graduierter Pipetten, Maßzylinder und Maßkolben, ferner geeigneter Färbegefäße (Bechergläser, Porzellanbecher oder Porzellanschalen, Becher oder Schalen aus verzinntem Kupfer von 300 bis 1000 ccm Inhalt), welche direkt über Gas oder in einem geeigneten Bade erwärmt werden. Um mehrere Proben gleichzeitig und unter möglichst gleichen Bedingungen ausführen zu können, vereinigt man mehrere Färbegefäße in einem rechteckigen oder runden Blech- oder Kupferkasten zu einer Färbebatterie, wie sie z. B. nebenstehende Abb. 15 zeigt. Die Färbebecher (Abb. 16) kommen auf eine mehrere Centimeter über dem Boden des Bades angebrachte durchlochte Kupferplatte zu stehen. Das Erhitzen geschieht durch Gas oder indirekten Dampf (geschlossene Dampfschlange zwischen Boden und Siebplatte); als Wärmeflüssigkeit kann Wasser, Glyzerin, Öl usw. benutzt werden. Zwischen Siebplatte und Boden kann nötigenfalls noch ein Flügelrad angebracht werden, um völlig gleichmäßiges Anwärmen zu erzielen.

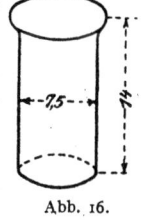

Abb. 16. Färbebecher.

Zum Aufhängen und Umziehen der Stränge verfertigt man sich ⌐- oder ∨-förmige Glasstäbe.

Die vergleichenden Färbeversuche sind in bezug auf Fasermaterial sowie auf alle vorzunehmenden Operationen dem Großbetrieb möglichst genau nachzubilden. Dabei lassen sich allerdings nicht immer alle Bedingungen gleich einhalten. Der Umstand z. B., daß im Färbereibetrieb Bäder oft längere Zeit benützt werden, indem man jeweils vor dem Aufstellen einer neuen Partie Ware eine entsprechende Menge frischer Farbstofflösung zugibt, kann zu Differenzen mit den Resultaten der Probefärberei führen, namentlich bei Anwendung von Farbstoffmischungen, deren einzelne Bestandteile ein ungleichmäßiges „Ziehen" veranlassen.

Die zu prüfende Ware ist in der Regel mit einem Muster von bekanntem Gehalt, dem sog. Typ, zu vergleichen. Probe und Typ müssen stets mit- und nebeneinander unter ganz gleichen Bedingungen ausgefärbt werden.

Die angewandte Farbstoffmenge darf im Verhältnis zur Faser nicht zu groß sein, da hellere Färbungen leichter zu beurteilen sind und damit das Bad möglichst auszieht.

Von dem zu untersuchenden Farbstoffe, sowie vom Typ stellt man sich gewöhnlich 1 %ige Lösungen her, indem man 1 g Farbstoff in heißem Wasser (selten ist Alkohol nötig) löst und auf 100 ccm verdünnt. Es ist dann höchst einfach zu berechnen, wie viele Kubikzentimeter dieser Lösung anzuwenden sind, um auf einer abgewogenen Menge des Fasermaterials eine ein-, zwei- usw. -prozentige Färbung (bezogen auf das Gewicht der Faser) hervorzubringen.

Für jede Versuchsreihe werden gleich schwere Stränge oder Lappen gewählt. Die Stränge werden durch Bindfaden mit verschieden großer Zahl Knoten, die Lappen durch Einschneiden kleiner Löcher am Rande kenntlich gemacht.

Handelt es sich ausschließlich darum, aus einer Anzahl zum Ankauf offerierter Produkte das vorteilhafteste herauszufinden, so färbt man einfach gleiche Gewichtsteile der Faser mit gleichwertigen Mengen der verschiedenen Muster, indem man z. B. abwägt:

1 g eines Produktes zu 9 frs.
0,9 g „   „   „ 10 „
0,75 g „   „   „ 12 „

Diejenige Probe, welche die besten Resultate liefert, entspricht natürlich der billigsten Ware.

Ist ein Farbstoff mit einem Typ zu vergleichen, so färbt man gleiche Volumina der Lösungen von Typ und Muster auf gleichen Mengen Fasermaterial aus. Schon vor Beendigung der Operation erkennt man bei einiger Übung erhebliche Stärkeunterschiede. Sind solche vorhanden, so fügt man zu der schwächeren Probe noch so viel abgemessene Farbstofflösung zu, bis zum Schlusse beide Färbungen genau gleich stark sind. Bei dieser Vergleichung muß man die beiden Stränge gleichzeitig aus dem Bade ziehen, um sie bei gleichem Feuchtigkeitsgrad beurteilen zu können; ferner müssen die Stränge nach dem Waschen mit Wasser und Trocknen noch einmal genau verglichen werden, da sich häufig erst im trockenen Zustande feinere Unterschiede zeigen. Die Vergleichung soll unter gleichen Beleuchtungsverhältnissen geschehen.

Künstliche organische Farbstoffe.

In der Regel, und namentlich, wenn mehrere Farbstoffproben von voraussichtlich verschiedener Intensität gleichzeitig zu untersuchen sind, verfährt man auf folgende Weise:

Vom Typ stellt man verschiedene Färbungen von genau bekannter Stärke, z. B. 1-, 1½- und 2%ig, her. Daneben werden die zu prüfenden Produkte ausgefärbt, und im allgemeinen wird man die Menge der zugesetzten, genau gemessenen Lösung so treffen, daß die resultierenden Färbungen mit einer der drei Typfärbungen übereinstimmen. Ist dies nicht der Fall, so hat die Untersuchung wenigstens Annäherungswerte ergeben. Es sei z. B. die Färbung eines Musters stärker als die 1%ige und schwächer als die 1½%ige Typfärbung, so wird ein zweiter Versuch ausgeführt. Vom Typ werden wieder zwei Färbungen von 1 und 1½% Stärke hergestellt, und ebenso setzt man von dem zu prüfenden Farbstoff eine oder zweckmäßig zwei Proben an, indem man in letzterem Falle das eine Mal etwas weniger, das andere Mal etwas mehr Farbstofflösung zugibt als beim ersten Versuch. Bei einiger Übung wird man die Verhältnisse so treffen, daß eine sichere Beurteilung möglich ist; andernfalls müßte ein dritter Versuch ausgeführt werden.

Das richtige Einstellen zweier Färbungen erfordert ziemlich viel Übung und einen gut ausgeprägten Farbensinn. Unter diesen Bedingungen kann man selbst kleine Stärkedifferenzen herausfinden. Auch kann man so weit annähernd taxieren lernen, daß bei einer zweiten Färbung das richtige Verhältnis sofort getroffen wird. Reinheit und feinere Unterschiede in der Nuance können nur durch Vergleichung von genau gleich starken Ausfärbungen sicher beurteilt werden, denn viele Farbstoffe ändern mit der Intensität der Färbung ihre Nuance derart, daß die Nichtbeachtung dieses Umstandes leicht zu groben Täuschungen führen kann.

Die Beurteilung derjenigen Farbstoffe, die „nicht ganz ausziehen", ist meist recht schwierig, da stets ein Teil des Farbstoffes im Bade zurückbleibt. In diesem Falle taucht man nach beendigter Färbeoperation in jede Flotte einen Streifen weißen Filtrierpapiers oder einen weißen Baumwollappen ein, läßt den Überschuß abtropfen, trocknet und vergleicht die Proben. Empfehlenswerter ist es, in den nur partiell erschöpften Bädern eine zweite, wenn nötig eine dritte Färbeoperation mit gleichen Gewichtsteilen frischen Fasermaterials unter denselben Bedingungen wie beim ersten Versuche auszuführen und diese sog. „Nachzüge" unter sich zu vergleichen.

Bruchweises Färben läßt manchmal die allfällige Anwesenheit mehrerer Farbstoffe oder fremder Substanzen erkennen. Man gibt ins Färbebad ein erstes Stück Stoff, welches das Bad nicht zu erschöpfen vermag, dann ein zweites usw., bis das Bad völlig ausgezogen ist. Ist der Farbstoff rein, so zeigen die verschiedenen Lappen gleiche Nuancen.

Färberei.

Das Färben der Wolle.

Das Ziehen der Farbstoffe auf Wolle wird vielfach als chemische Reaktion aufgefaßt. Als Eiweißverbindung zeigt die Wolle einen amphoteren Charakter; d. h. sie kann als Säure oder als Base reagieren. Sie enthält NH-, OH-, COOH- und vielleicht NH_2-Gruppen.

1. Basische Farbstoffe.

Wegen ihres basischen Charakters verbindet sich diese ohne jeglichen Zusatz mit der Wolle, die in diesem Falle als Säure reagiert.

Vorschrift 1: Ist das Wasser stark kalkhaltig, so gebe man etwas Essigsäure hinzu, da schwache Farbbasen durch den Kalk ausgefällt werden könnten.

Eingehen bei 50^0, umziehen, langsam auf ca. 95^0 erwärmen und in ca. $^3/_4$ Stunden ausfärben.

2. Saure Farbstoffe.

Gegenüber den sauren Farbstoffen reagiert die Wolle alkalisch. Die sauren Farbstoffe (meistens Sulfosäuren) werden fast immer als Alkalisalze angewendet. Zum Neutralisieren des bei dem Färben freiwerdenden Alkalis, das auf das Ziehen der Farbstoffe hindernd wirkt, gibt man saure Zusätze hinzu. Als solche verwendet man: Weinsteinersatz ($NaHSO_4$), das als schwache Säure wirkt; oder an dessen Stelle 10—20% Glaubersalz + 3—5% Schwefelsäure. Das Glaubersalz stumpft die Säure ab, salzt den Farbstoff etwas aus und wirkt so egalisierend. Bei schwer egalisierenden (rasch ziehenden) Farbstoffen wird anfangs mit Essigsäure und am Schluß mit Schwefelsäure gefärbt.

Vorschrift 2 a: 15—20% Glaubersalz. Bei 70^0 eingehen, umziehen. Unter allmählichem Zusatz von 5% Schwefelsäure von 66^0 Bé (vorher verdünnen) $^1/_2$ Stunde kochen. (Das Bad soll immer sauer reagieren.) Anstatt mit Glaubersalz und Säure kann mit 5—10% $NaHSO_4$ gefärbt werden.

Vorschrift 2 b (für rasch ziehende Farbstoffe):

5% Essigsäure 50%ig (1,06 spez. Gew.) oder Ammoniumazetat,
10% Glaubersalz,
25 Minuten kochen lassen.

Ist das Bad nach dieser Zeit nicht erschöpft, so kann mit 1—2% Schwefelsäure oder 2—5% $NaHSO_4$ nachgeholfen werden.

Vorschrift 2 c: Färben von Eosinfarbstoffen (nur schwach sauer):

2% Essigsäure,
2% Alaun,
2% Weinstein,
25 Minuten kochen.

Dann abkühlen lassen auf 40^0, den Farbstoff zugeben, langsam erwärmen und $^1/_2$ Stunde kochen.

Vorschrift 2 d: Färben von Alkaliblau: Das Alkaliblau ist die Monosulfosäure des Gemisches von Mono-, Di- und Triphenylrosanilin. Da die Farbstoffsäure in Wasser unlöslich ist, muß in alkalischem Bade gefärbt werden und der farblos aufziehende Farbstoff wird nachher in einem sauren Bade entwickelt.

Färben: Das Bad wird mit 2—4% Borax versetzt, dann der Farbstoff zugegeben. Eingehen bei 50^0, $^1/_2$ Stunde schwach kochen lassen, bis eine in verdünnte, heiße Schwefelsäure getauchte Probe die gewünschte Nuance zeigt. Spülen. Absäuern 10 Minuten mit 2—3% Schwefelsäure auf frischem Bade bei 30—60^0. (Für rotstichige Marken 70—90^0.)

Tafel I

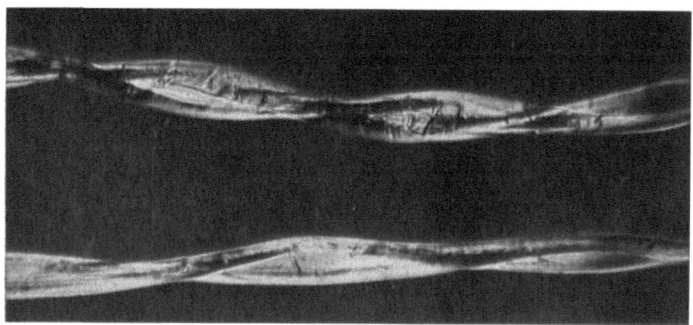

Abb. 17. Zwei Baumwollhaare zwischen gekreuzten Nicols. 380mal vergr.¹)

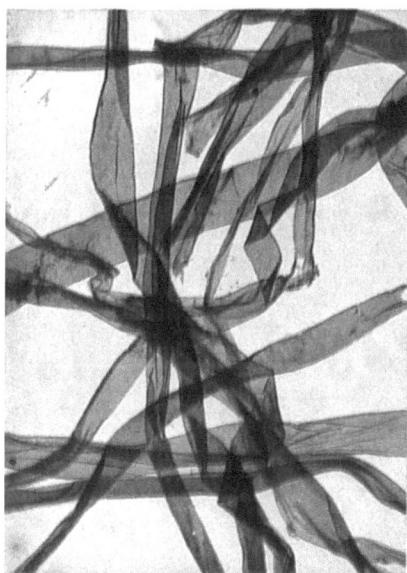

Abb. 18. Tote Baumwolle in Chlorzinkjod. 200 mal vergr. Abnorm dünnwandige, sehr breite Haare ohne Inhalt.

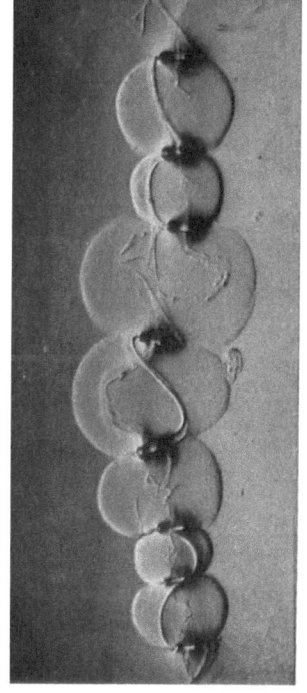

¹) Die Abbildungen 17—50 stammen aus dem Werk „Lunge-Berl, Untersuchungsmethoden, Band IV, 7. Auflage" und wurden mit der freundlichen Erlaubnis von Herrn Professor Dr. A. Herzog von der Verlagsbuchhandlung Julius Springer zur Verfügung gestellt.

Abb. 19. Ungebleichte Baumwolle in Kupferoxydammoniak. 100 mal vergr. Zwischen der zu Ringen und Fetzen zusammengeschobenen Cuticula quillt die Cellulose der Wandung in Form von Bäuchen hervor.

Tafel II

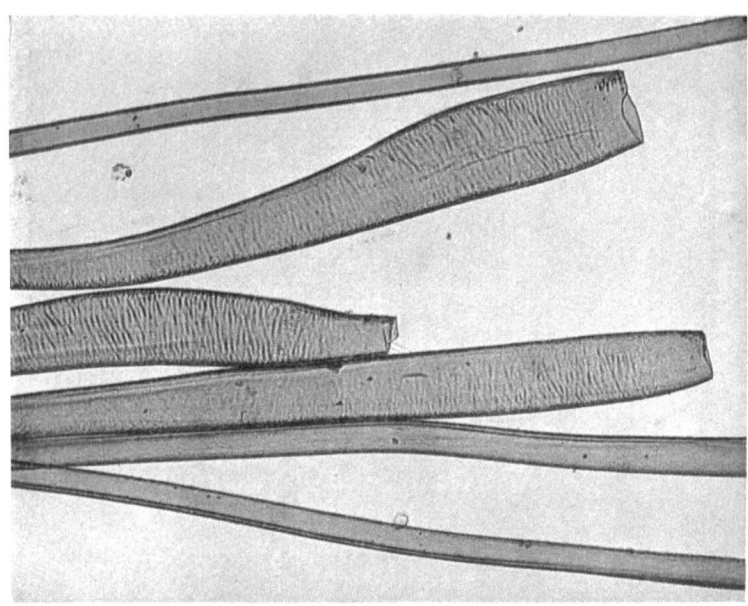

Abb. 20. Haare von Eriodendron anfractuosum D. C. (Kapok). 150 mal vergr. An der Basis sind die Haare auffallend verbreitert und netzförmig verdickt.

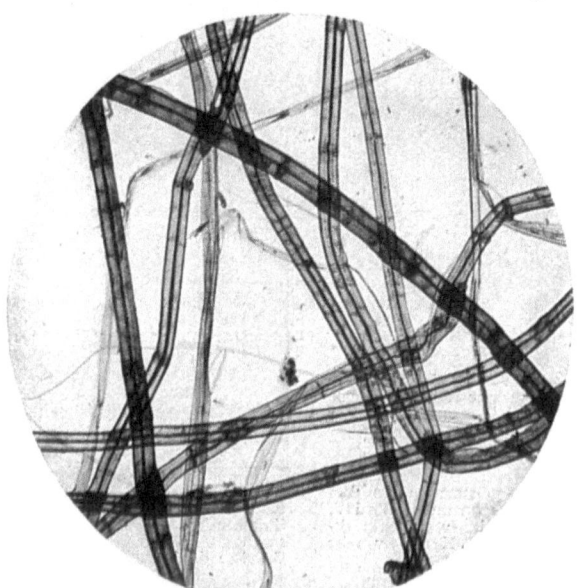

Abb. 21. Flachsfasern in Chlorzinkjod. 120 mal vergr.

Tafel III

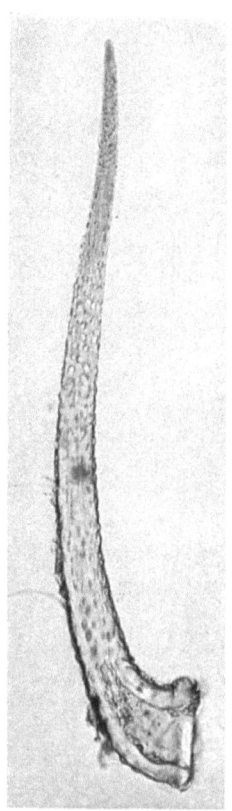

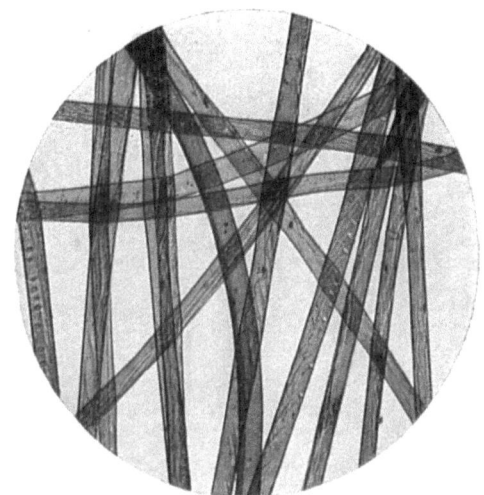

Abb. 22. Pflanzenhaare von Asclepias Cornuti Done (Syrische Pflanzenseide). 80 mal vergr. Die Wandung zeigt zahlreiche Verdickungsleisten und fensterartige Tüpfel.

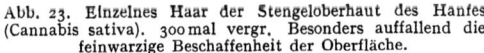

Abb. 23. Einzelnes Haar der Stengeloberhaut des Hanfes (Cannabis sativa). 300 mal vergr. Besonders auffallend die feinwarzige Beschaffenheit der Oberfläche.

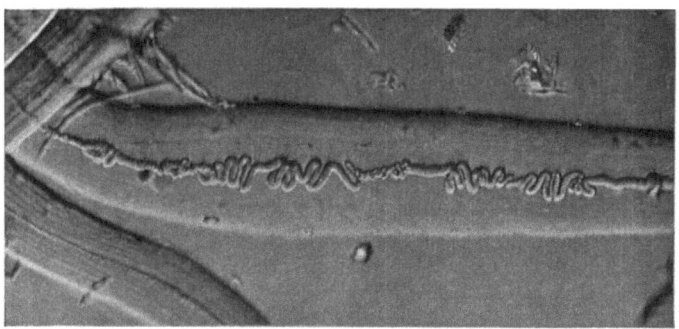

Abb. 24. Flachsfaser nach dem Einlegen in Kupferoxydammoniak. 100 mal vergr. Infolge der durch die starke Quellung eintretenden Verkürzung der Faser schiebt sich der im Innern befindliche Protoplasmafaden wellig zusammen.

2a*

Tafel IV

Abb. 25. Oberhaut des Flachsstengels. 100 mal vergr. Die als „Leitelement" zur sichern Erkennung der Flachsfaser wichtige Oberhaut besteht aus auffallend langgestreckten Zellen. An vielen Stellen sind Spaltöffnungen vorhanden (etwa 3000 auf den Quadratzentimeter).

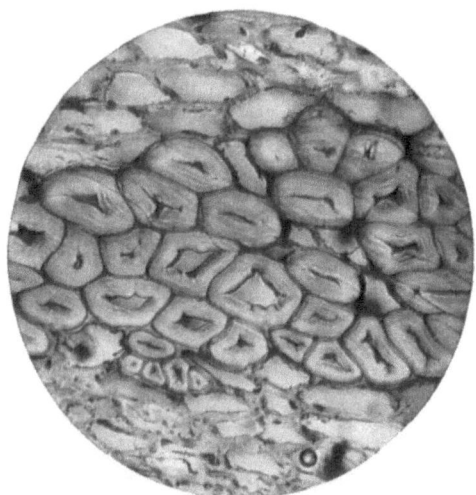

Abb. 26. Querschnitt durch ein Faserbündel des Hanfes (Cannabis sativa) in Chlorzinkjod. 300 mal vergr.

Tafel V

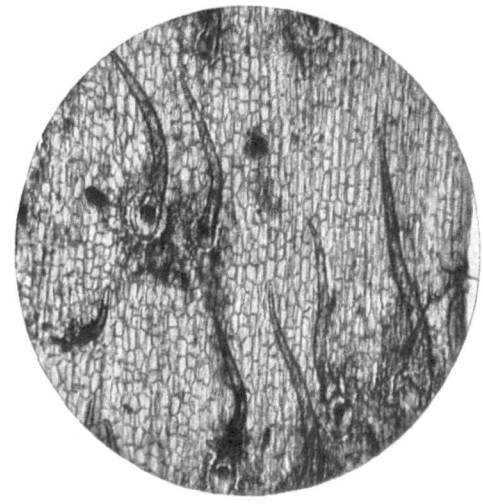

Abb. 27. Oberhaut des Hanfstengels (Cannabis sativa). 100 mal vergr. Wertvolles „Leitelement" bei der Bestimmung der Hanffaser. Oberhautzellen wesentlich kleiner wie beim Flachse, Spaltöffnungen fehlen fast vollständig; besonders charakteristisch die zahlreich vorkommenden Haare, die an der Basis etwas aufgebogen sind.

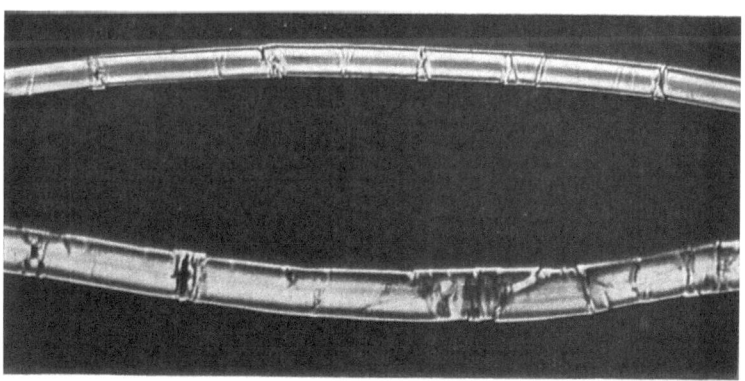

Abb. 28. Zwei Flachsfasern zwischen gekreuzten Nicols. 380 mal vergr. Die starke Doppelbrechung und die mechanischen Beschädigungen der Zellwand (Verschiebungen) treten sehr deutlich hervor.

Tafel VI

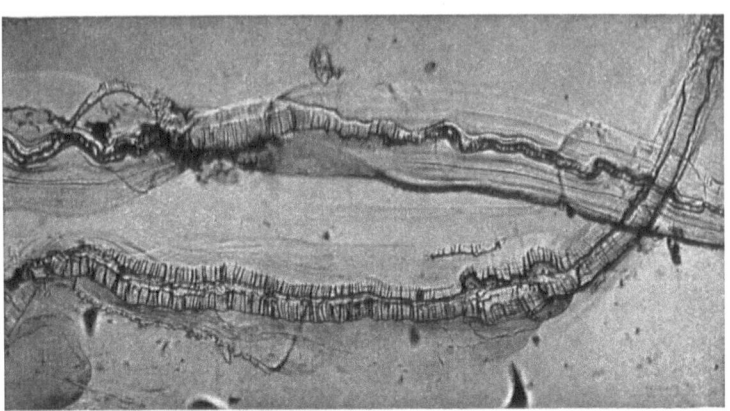

Abb. 29. Zwei Hanffasern in Kupferoxydammoniak. 100mal vergr. Sehr wichtige Reaktion zur Unterscheidung von Flachs und Hanf! Die Mittellamelle des Hanfes schiebt sich unter Bildung von zahlreichen Querfalten stark zusammen. Vgl. dagegen Abb. 24.

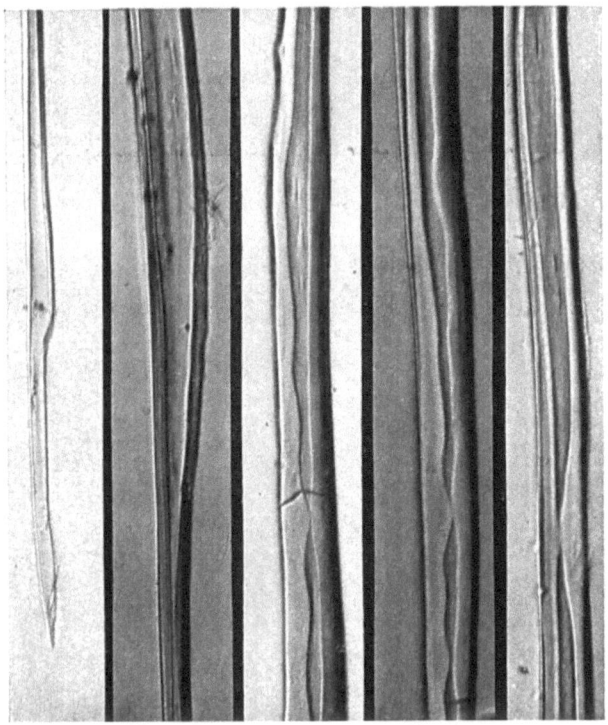

Abb. 30. Fünf Jutefasern in Chlorzinkjod. 300mal vergr. Besonders charakteristisch die sehr ungleichmäßige Verdickung der Zellwand.

Tafel VII

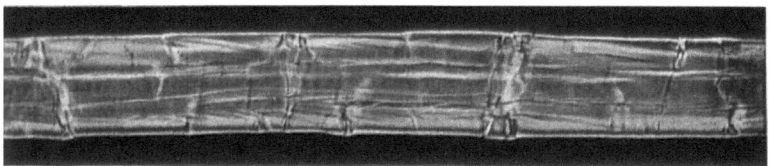

Abb. 31. Bastzelle (Stück) des Ramiestengels (Boehmeria nivea) zwischen gekreuzten Nicols. 200 mal vergr. Verschiebungen und Längszerklüftungen der Zellwand sehr deutlich sichtbar.

Abb. 32. Schafwolle nach Einwirkung von starker Salpetersäure. 80 mal vergr. Die Faser rollt sich zusammen und läßt die schuppigen Oberhautzellen deutlich hervortreten.

Tafel VIII

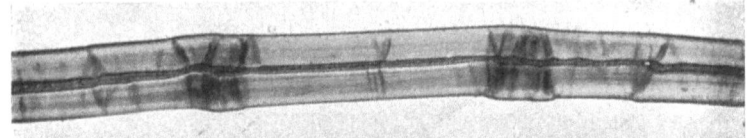

Abb. 33. Mittleres Stück einer Flachsfaser in Chlorzinkjod. 400 mal vergr. Man beachte insbesondere die starke Wandverdickung, den engen, mit protoplastischen Resten erfüllten Kanal, die knotigen Anschwellungen (Verschiebungen) und die Schrägrisse der Zellwand.

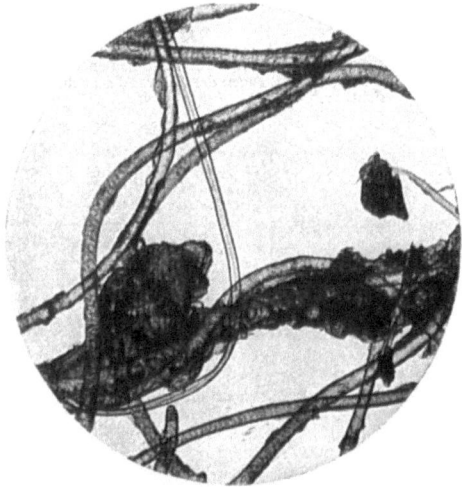

Abb. 34. Rohe Schafwolle mit anhängendem Wollschweiß. 100 mal vergr.

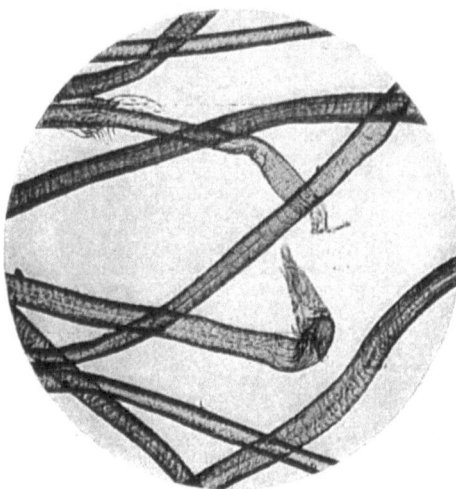

Abb. 35. „Gerberwolle" mit zwei Haarzwiebeln. 100mal vergr. Diese durch Ausraufen der Haare von gekalkten Fellen umgestandener Tiere gewonnene Wolle ist minderwertig, weil wenig fest und elastisch; auch schwierig zu färben.

Tafel IX

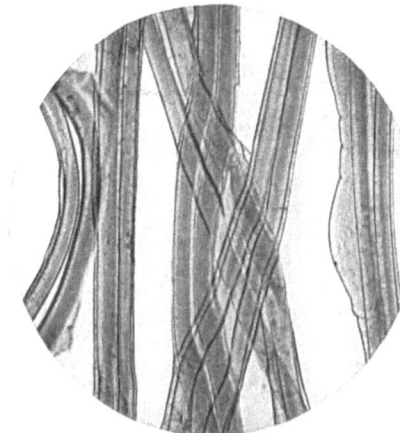

Abb. 36. Rohseide von Bombyx mori (echte Seide). 160mal vergr. Doppelfäden (Fibroin) noch vom Seidenleim (Sericin) umhüllt.

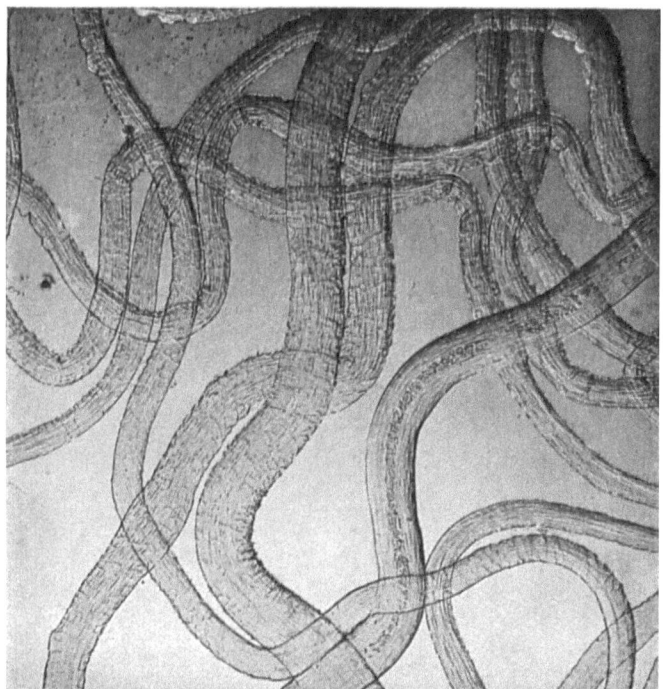

Abb. 37. Schafwolle nach Einwirkung von kochender Kalilauge. 100mal vergr. Vor der Auflösung wird die Faser glasig durchsichtig, so daß zu ihrer Betrachtung schiefe Beleuchtung empfehlenswert ist. Infolge der Quellung ist das Haar stark verbreitert und die Oberhautzellen (Schuppen) deutlich abstehend.

Tafel X

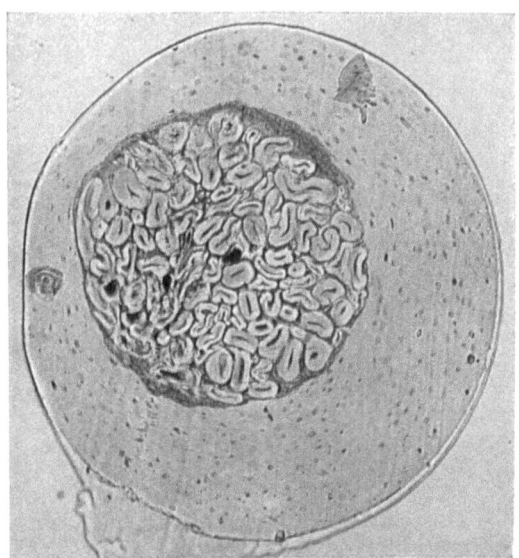

Abb. 38. Querschnitt durch ein Viszellingarn (künstliches Roßhaar). 150mal vergr. Im Innern der aus zahlreichen Einzelhaaren bestehende zweidrähtige Baumwollzwirn sichtbar (etwas exzentrisch gelegen), außen die glasig durchsichtige, aus Viscose entstandene Zellulosehülle mit zahlreichen gasförmigen und festen Verunreinigungen.

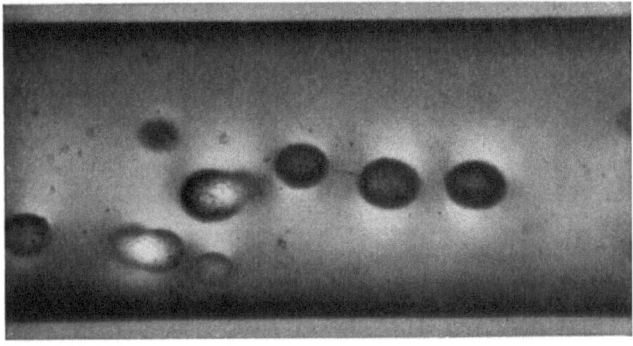

Abb. 39. Beginnende chemische Zersetzung eines aus Acetylcellulose hergestellten groben Kunstfadens, in polarisiertem Licht nachgewiesen. 200mal vergr. An vielen Stellen sind Zersetzungsherde sichtbar, die sich durch abweichende Lichtbrechung von der Umgebung abheben.

Tafel XI

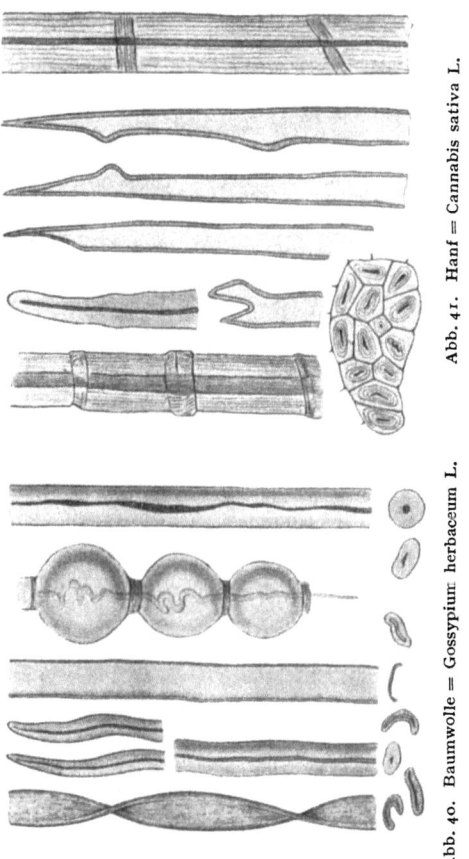

Abb. 40. Baumwolle = Gossypium herbaceum L.   Abb. 41. Hanf = Cannabis sativa L.

Tafel XII

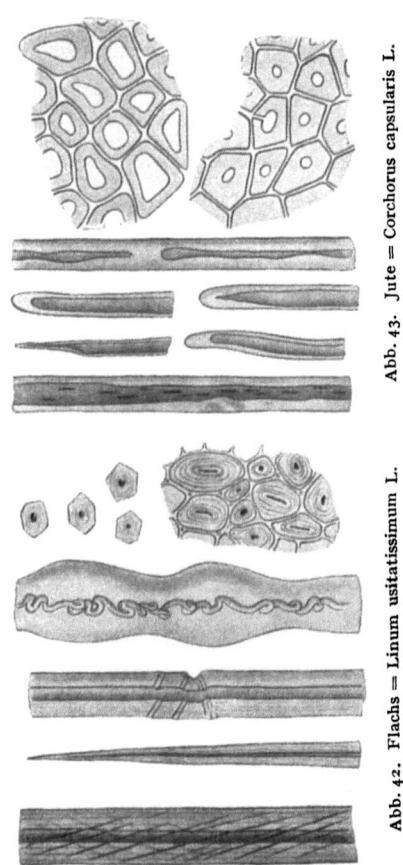

Abb. 42. Flachs = Linum usitatissimum L.   Abb. 43. Jute = Corchorus capsularis L.

Tafel XIII

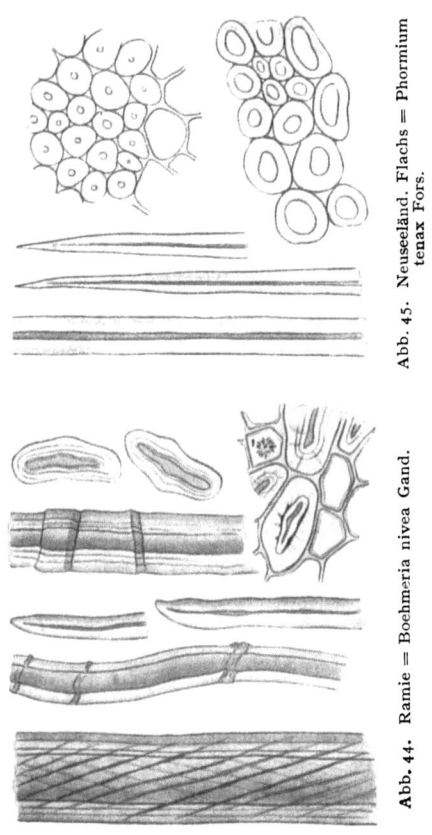

Abb. 44. Ramie = Boehmeria nivea Gand.

Abb. 45. Neuseeländ. Flachs = Phormium tenax Fors.

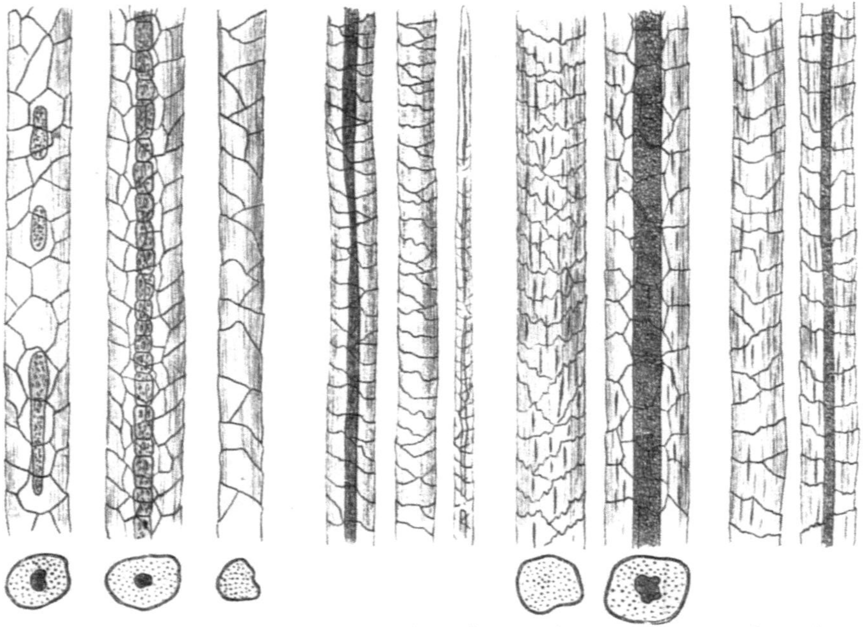

Tafel XIV

Leicester Schafwolle
1. Haar ohne Mark, 2. Haar mit reduziertem Mark, 3. Haar mit vollständig ausgebildetem Mark. Darunter Querschnitte.

Alpakawolle
1. Haar ohne Mark, 2. Haar mit vollständigem Mark, 3. Spitze des Haars mit reduziert. Mark.

Angorawolle
1. Haar ohne Mark, 2. Haar mit vollständigem Mark. Darunter Querschnitte.

Kaschmirwolle
1. Haar ohne Mark, 2. Haar mit Mark.

Abb. 46.

Tafel XV

Abb. 47. Bastfasern der Brennessel (Urtica dioica) in Chlorzinkjod. 200 mal vergr. Auffallend breite, stellenweise bandartig flache und gedrehte Fasern, z. T. der Länge nach stark zerklüftet.

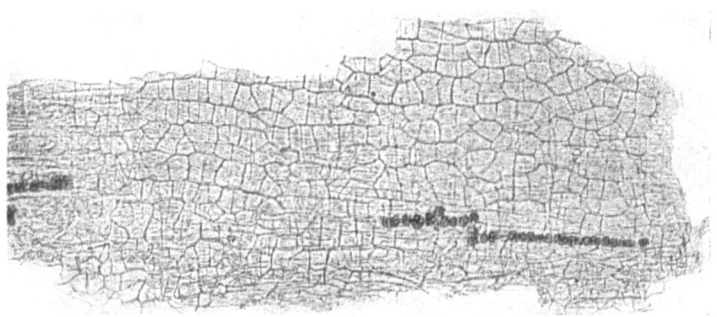

Abb. 48. Parenchym aus der Rinde des Brennesselstengels mit Krystalldrusen (Calciumoxalat). 80 mal vergr. Häufiger Begleitbestandteil der rohen Nesselfaser.

Tafel XVI

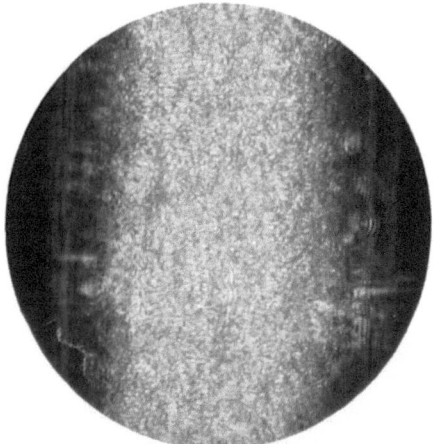

Abb. 49. Ultramikroskopisches Bild der Viscoseseide. 1000mal vergr. Lichtstarke Netzstruktur mit quergestreckten Maschen. Wichtig für die Unterscheidung von Kupferseide und Viscoseide!

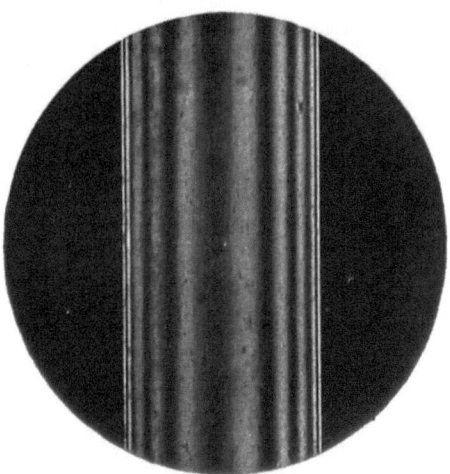

Abb. 50. Kunstroßhaar „Helios" zwischen gekreuzten Nicols. 100mal vergr. Infolge des gleichmäßig elliptisch geformten Querschnitts der Faser treten in der Längsansicht die Interferenzfarben parallel zum Faserrande auf.

Künstliche organische Farbstoffe.

3. Salzfarben auf Wolle.

Vorschrift 3: Färben mit 15—20% Glaubersalz. Bei ca. 40—60⁰ eingehen und eine Stunde kochen. Wenn nötig, noch allmählich 2—4% Essigsäure zugeben zum Erschöpfen des Bades.

4. Beizenfarbstoffe.

Zur Bildung der Metallacke werden die Beizen durch geeignete Zusätze als kolloidale Metalloxyde auf der Faser in festhaftender Form niedergeschlagen. Das Beizen wird als Adsorptionsvorgang aufgefaßt. Es kommen vor allem als Metalle in Betracht: Chrom, Aluminium und Eisen.

Man kann hier drei Färbemethoden unterscheiden:

a) Die Wolle wird vor dem Färben mit dem betreffenden Metallsalz gebeizt.

b) Die Wolle wird nach dem Färben mit Metallsalzen nachbehandelt, wobei neben der Lackbildung noch Oxydation des Farbstoffes eintritt.

c) Die Wolle wird in einem einzigen Bade gleichzeitig gefärbt und gebeizt.

Das Beizen mit Chrom geschieht meistens unter Anwendung von Bichromaten. Das Chrom kommt in Form von Cr_2O_3 auf die Wolle. Das Beizbad wird deshalb noch mit reduzierenden Zusätzen versehen, wie Weinstein, Ameisensäure, Milchsäure. Die Wolle selbst hat zwar auch reduzierende Eigenschaften, sie jedoch zur Reduktion zu benützen wäre ihr schädlich.

Vorschrift 4 a α (Chromsud): Man behandelt die Wolle in einem Bade von:

$$\begin{aligned}&3\ \%\ K_2Cr_2O_7,\\&2{,}5\%\ \text{Weinstein}\end{aligned}$$

oder 2 % Chromkali,
3 % Milchsäure à 50%,
1 % H_2SO_4 66⁰ Bé

oder 3 % Chromkali,
1 % H_2SO_4 66⁰ Bé.

Eingehen bei 70⁰, zum Kochen treiben und 1 Stunde bei 100⁰ behandeln. Dann ausringen, spülen und färben in einem besonderen Bade durch Zusatz von 2—3% Essigsäure oder 4—5% essigsaurem Ammoniak (bei schwer egalisierenden Farbstoffen). Lauwarm eingehen, fleißig umziehen, innerhalb einer Stunde zum Kochen treiben und 1½ Stunde auf kochendem Bade ausfärben.

Vorschrift 4 a β: Eventuell kann auch im gleichen Bade nacheinander gebeizt und gefärbt werden. Sobald das Chromkali nach ca. 1½ stündigem Kochen absorbiert ist, läßt man ein wenig abkühlen, neutralisiert etwas mit NH_3 und färbt wie oben angegeben (Einbadverfahren).

Vorschrift 4 a γ: Vorbeizen mit Alaun. Ansieden 1½ Stunden mit
5 —10% Alaun (je nach der gewünschten Nuance),
1½— 3% Weinstein,
1 — 2% Oxalsäure.

Ausringen, in einem zweiten Bade ausfärben. Kalt eingehen und eine Stunde kochend ausfärben, mit 3% essigsaurem Kalk, 2% Tannin (letzteres zum Erhöhen der Schönheit und Echtheit).

Organische Farbstoffe.

Vorschrift 4 a δ: Vorbeizen mit Eisenbeize. Ansieden eine Stunde mit
  5% Eisenvitriol,
  2% Oxalsäure oder
  5—10% Weinstein.

Die stark saure Oxalsäure verlangsamt das Aufziehen der Beize und wirkt reduzierend auf das Eisensalz.

Spülen, färben auf frischem Bade, eine Stunde kochend unter Zusatz von 5% essigsaurem Kalk.

Vorschrift 4 b α: Die Wolle wird zuerst gefärbt und nachträglich mit Chromkali oder Fluorchrom behandelt (Nachchromierungsmethode).

Färben unter Zusatz von 10—20% Glaubersalz,
  3% Essigsäure.

Innert einer halben Stunde zum Kochen treiben, ½ Stunde kochen, dann nochmals 3—5% Essigsäure zugeben (oder Schwefelsäure 2% oder Ameisensäure bis 2%); dann noch eine halbe Stunde bei Siedetemperatur ausfärben. Hierauf läßt man bis ca. 70° C abkühlen, gibt 2—3% Chromkali (bzw. 1—5% CrF_3) zu und kocht noch eine Stunde.

Das Kochen ist zur Lackbildung wichtig, auch spielen hier Oxydationsvorgänge mit.

Vorschrift 4 b β: Nachbehandeln mit Alaun. Man färbt mit
  10—20% Glaubersalz,
  3— 4% H_2SO_4 oder
  3— 4% Oxalsäure,

geht kalt ein, treibt langsam zum Kochen und beläßt eine Stunde bei Siedetemperatur, dann ca. 5—10% Alaun zugeben und noch eine Stunde kochen.

Vorschrift 4 b γ: Nachbehandeln mit $CuSO_4$ und $FeSO_4$ oder $CuSO_4$ allein. Es wird gefärbt wie unter 4b β. Nach dem Färben wird noch ¾ Stunde gekocht unter Zugabe von 2—3% $CuSO_4$ oder 5% $FeSO_4$ + 2% $CuSO_4$.

Vorschrift 4 c: Das Chromatverfahren oder Einbadchromierverfahren. Hier wird gleichzeitig gebeizt und gefärbt.

Vorschrift 4 c α: Man versetzt das Bad zugleich mit:
  10—20% Glaubersalz,
  1— 3% Chromkali
  plus Farbstoff.

Man geht bei 60—70° ein, treibt innerhalb 20 Minuten zum Sieden, kocht ¾ Stunde und gibt dann wenn nötig 2—4% Essigsäure nach und nach zu, zum Erschöpfen des Bades und erhält 1½—2 Stunden im Sieden. Beim Arbeiten mit weichem Wasser fügt man noch ca. 3% $MgSO_4$ zu. Anstatt Essigsäure kann man auch 3—6% Ammoniumazetat verwenden.

Vorschrift 4 c β: Färben mit Metachrombeize (Gemisch von K_2CrO_4 + $(NH_4)_2SO_4$ · Pat. Agfa). Man versetzt das Bad mit 10% Glaubersalz, 2—8% Metachrombeize und erst zuletzt mit dem Farbstoff. Eingehen bei 40°, treibt innerhalb ¾ Stunde zum Sieden und kocht 1—2 Stunden.

NB. Während des Färbens zersetzt sich die Beize langsam unter Freiwerden von Säure. Diese setzt ihrerseits Chromsäure in Freiheit, welche chromierend wirkt.

Künstliche organische Farbstoffe. 35

5. Küpenfarbstoffe.

Die wichtigsten Farbstoffe dieser Gruppe sind der Indigo und dessen Derivate. In neuerer Zeit folgten noch die echten Anthrachinon-Küpenfarbstoffe (Indanthren-, Algol-, Cibanonfarbstoffe usw.). Das Färben der Küpenfarbstoffe auf Wolle erfordert immer Vorsicht wegen ihrer Empfindlichkeit gegenüber Alkali.

Zur Überführung der an sich schwer- oder unlöslichen Farbstoffe in ihre löslichen „Leukoverbindungen" bedarf es eines Reduktionsmittels. Heutzutage hat sich das Hydrosulfit, $Na_2S_2O_4$, hierzu als sehr geeignet erwiesen. Im Großbetrieb werden auch noch vielfach die Gärungsküpen verwendet, bei denen die Verküpung des Farbstoffes durch einen physiologischen Prozeß erreicht wird. Weniger wichtig sind die Eisenvitriol-Kalkküpe ($2 FeSO_4 + 2 Ca(OH)_2 + 2 H_2O = 2 Fe(OH)_3 + 2 CaSO_4 + H_2$) und die Zinkstaub-Kalkküpe ($Zn + 2 Ca(OH)_2 = ZnCa_2O_2(OH)_2 + H_2$). Der Indigo geht beim Verküpen in das Indigweiß über:

$$C^6H_4\diagdown^{NH}_{\underset{|}{C}}\diagup C = C \diagdown^{NH}_{\underset{|}{C}}\diagup C^6H_4,$$
$$\phantom{C^6H_4\diagdown^{NH}_{\underset{|}{C}}}OH OH$$

das als Na- oder Ca-Salz leicht löslich ist. An der Luft geht dieses wieder durch Oxydation in das Indigblau über. Im allgemeinen beruht die Löslichkeit der Küpenfarbstoffe auf der alkalischen Reduktion der Ketongruppen, die in die entsprechenden Hydrolverbindungen übergehen durch Anlagerung von Wasserstoff.

Der Färbeprozeß geschieht in zwei verschiedenen Bädern: im ersten, in der sog. Stammküpe, wird der Indigo reduziert, und im zweiten, der sog. Färbeküpe, geschieht die Ausfärbung. Dies hat seinen Grund darin, daß die zur Reduktion nötige, hohe Alkalikonzentration der Wolle schaden und in einer so konzentrierten Farbstofflösung reibunechte Färbungen entstehen würden. Die Färbeküpe ist nichts anderes als eine Verdünnung der Stammküpe.

Als Alkalien kommen in Anwendung: Natronlauge, Soda oder Ammoniak. Bei der Wolle sind die beiden schwächeren Basen der Natronlauge vorzuziehen. Hier sei ein Beispiel der Ammoniakküpe angegeben:

Vorschrift 5 a: Stammküpe: 1 g Indigopulver wird in wenig heißem Wasser mit 1 g Monopolseife oder Türkischrotöl verrieben. Dieses gibt man in 1 Liter Wasser von 50° und fügt Ammoniak hinzu, bis Phenolphthalein-Papier schwach gerötet wird. (Man prüfe während des Färbens von Zeit zu Zeit, ob noch genügend Ammoniak vorhanden ist (Geruch) und setze wenn nötig noch mehr hinzu. Zuviel NH_3 beeinträchtigt jedoch das Aufziehen und zu wenig verursacht eine raschere Zersetzung des Hydrosulfits). Dann werden 3—4 g Hydrosulfit konz. B. A. S. F. hinzugefügt. Die Reduktion des Indigos geht rasch vor sich. Von ungelöstem wird abgesiebt.

Färbeküpe: 600 ccm Wasser werden mit etwas Ammoniak und einer Spur Hydrosulfit vorgeschärft, um den im Wasser und in der Wolle enthaltenen Sauerstoff unschädlich zu machen, und dann 400 ccm der

Stammküpe hinzugegeben; bei 60—70° wird mit der nassen Wolle eingegangen und 20 Minuten umgezogen, aber so, daß die Wolle immer von der Flüssigkeit bedeckt bleibt. Dann wird ausgequetscht und zum Vergrünen an der Luft aufgehängt. Das Färbebad soll immer schwach nach NH_3 riechen. Je nach der gewünschten Nuance können mehrere Züge im gleichen Bade gemacht werden.

Im großen wird meistens das Färbebad mit etwas Leimlösung versetzt.

Der Indigo kommt im Handel nicht nur als solcher vor, sondern auch als Indigweiß, also in schon reduzierter Form. Man braucht dieses nur noch in alkalisch gemachtem Wasser (mit ca. 10% Kalk-Zusatz) aufzulösen; es läßt sich so viel rascher arbeiten. Allgemeingültige Vorschriften, die für alle Küpenfarbstoffe gelten, gibt es nicht; es muß bei jedem einzelnen Farbstoff ausprobiert werden (s. Fabrikkataloge).

Färben der Wolle mit Indigosol D. H.

(Allgemeines über „Indigosol DH" s. unter Baumwolle.)

Das Indigosol wird auf Wolle gefärbt in der Art der sauren Farbstoffe. Beispiel:

Indigosol DH 8%
Natriumsulfat 10%
Essigsäure 4%
Ameisensäure . . . . . 3%.

Man geht ein bei 40—50°, erhitzt auf 70° und bleibt eine halbe Stunde bei dieser Temperatur, dann wird noch eine Stunde bei Siedetemperatur ausgefärbt. Hierauf wird gewaschen und kalt entwickelt in einem Bade enthaltend: 2% Natriumnitrit und 1—2% konzentrierte Schwefelsäure.

Anthrachinonküpenfarbstoffe.

Diese werden auch in der Hydrosulfitküpe gefärbt und bilden ähnlich dem Indigo Leukoverbindungen verschiedener Konstitution, je nach der chemischen Natur des Farbstoffes.

Vorschrift 5 b: Die Stammküpe wird mit NaOH- und Hydrosulfit angesetzt. Temperatur des Färbebades: 60—65°. Man färbt in mehreren Zügen von je 20 Minuten, spült, oxydiert zwei Stunden an der Luft und säuert in heißem Bade ab.

Vorschrift 5 c: Hydronwollfarbstoffe (C): Direkt gebrauchsfähig im Handel.

Färbeküpe: 1000 l Wasser ⎫ bei 50° lösen.
500 g Leim ⎪ (Phenolphthalein-
500 g NH_4OH à 25% ⎬ papier soll schwach
175 g Hydrosulfit konz. Pulver ⎭ gerötet werden.)

Färben 25—30 Minuten bei 50°; abquetschen und oxydieren lassen.

Die **Schwefelfarbstoffe** haben bis jetzt für Wolle noch keine praktische Bedeutung erlangt, wegen des nachteiligen Einflusses des Na_2S auf die Wollfaser. „Protectol Agfa" wird neuerdings zum Färben der Wolle mit Schwefelfarbstoffen empfohlen.

Siehe auch die Pat.-Anm. 18605 (1924) der Agfa. Daselbst wird empfohlen, Schwefelfarbstoffe auf Wolle im schwach sauren Färbebad mit Hydrosulfit zu färben.

Die **Entwickelungsfarben** werden auf Wolle nicht gefärbt, da man die gleichen Nuancen mit anderen Farbstoffen (z. B. sauren Farbstoffen) erzielen kann.

Das Färben der Seide.

Den Farbstoffen gegenüber zeigt die Seide einen ähnlichen Charakter wie die Wolle. Ihre Verbindung mit den Farbstoffen wird als chemische Reaktion aufgefaßt. Die rohe Seidenfaser besteht aus zwei Substanzen: dem sog. Fibroin oder Seidensubstanz, die von einem Baste, dem Serizin, umgeben ist. Dieser Bast muß entfernt werden; die schönste Seide ist reines Fibroin. Vollständig entbastete Seide heißt: Cuite-Seide. Das Entbasten geschieht durch Umziehen der Seide in heißen Seifenbädern, wobei sich die sog. Bastseife bildet. Hierbei entsteht ein Gewichtsverlust von 20—30% der Rohseide. Wird die Seide nur teilweise entbastet mit lauwarmer, schwacher Seifenlösung, so erhält man die Mi-Cuite- oder Souple-Seide. Gewichtsverlust: 8—12%. Durch Waschen der Seide mit lauwarmem Wasser verliert sie 3—4% ihres Gewichtes: man erhält die Crue- oder Ecrue-Seide. Gebleicht wird die Seide mit schwefliger Säure, verdünntem Königswasser, H_2O_2 oder $KMnO_4$.

Um den Gewichtsverlust bei der Entbastung wieder wettzumachen, wird die Seide sehr oft einer Erschwerung unterworfen. Wilde Seiden sind für die Beschwerungsmittel der edlen Seide wenig aufnahmsfähig, und deshalb werden erstere nur wenig erschwert. Man unterscheidet: Mineralische, vegetabilische und gemischte Erschwerungen (mineralische + vegetabilische Erschwerung = Charge mixte). Bei farbiger und weißer Seide wird nur die mineralische Zinnphosphat-Silikaterschwerung angewandt (Couleurerschwerung), bei Seidenschwarz jedoch vor allem die Charge mixte und Charge végétale. Als vegetabilische Charge kommen Gerbstoffe in Betracht (Gallus-Sumacherschwerung). Beim Erschweren mit Zinn nimmt die Seide fast unbeschränkt viel Charge auf (bis über 100% ihres Gewichtes). Früher wurde mit Pinksalz ($SnCl_4 + 2\ NH_4Cl$) chargiert. Beim Arbeiten mit dieser Substanz hinterbleibt jedoch aktives Zinnoxyd auf der Faser, das letztere angreift. Zum Desaktivieren desselben kann gerbsaures Zinn auf der Faser niedergeschlagen werden; jetzt wird diese ungünstige Wirkung durch Anwendung der Zinnphosphat-Silikaterschwerung oder besser durch die Zinnphosphat-Tonerde-Silikaterschwerung umgangen.

Auch Beizen können erschwerend wirken. So vor allem die Eisenbeize und der Berlinerblaugrund bei der Schwarzfärbung mit Blauholz; dann Chrombeizen, Katechu.

Das lufttrockene Gewicht der Rohseide ist das sog. „Parigewicht". Die Charge wird in Prozenten dieses Rohgewichtes angegeben. Erschwerungen, die das Rohgewicht nicht erreichen, heißen „unter pari"; solche, die es überschreiten: „über pari". Beispiel: Wenn man aus je 100 kg lufttrockner Rohseide 80 kg, 150 kg, 200 kg gefärbte Seide erhält, so liegen Erschwerungen von 20% unter pari (auch als 80% unter pari bezeichnet), 50% über pari und 100% über pari vor. Der Feuchtigkeitsgehalt ist hierbei noch zum Rohseidengewicht zu addieren und zwar 11 Teile auf 100 Teile absolut trockener Seide (Reprise).

Seidenerschwerung. Die Seide wird erschwert:
1. Vor dem Färben:

Charges minérales
- a) Mit Zinnchlorid und Soda oder
- b) mit Zinnchlorid, Natriumphosphat (basisch-schwefelsaure Tonerde) und Natriumsilikat [1]).

2. Während des Färbens: Mit Sumachextrakt, Tannin oder Katechu (Charges végétales).
Zinncharge und Gerbstoffcharge kombiniert ergeben die Charge mixte.

Die Gerbstoffcharge hat den Nachteil, durch Beimengungen brauner Farbstoffe die Seide bräunlich anzufärben (deshalb nur für dunkle Nuancen anwendbar) und nur in relativ geringem Maße von der Seide aufgenommen zu werden. Sie haftet auch nicht so gut wie die Zinncharge und es darf nicht zu warm gewaschen und geseift werden.

Zinncharge (Phosphat-Silikatverfahren): Die entbastete Seide wird in einem kalten Zinnchloridbad von 18—30° Bé 1½ Stunden umgezogen; dann wird ausgequetscht und gewaschen. Hierauf folgt das Natriumphosphatbad von 5—6° Bé ca. eine Stunde bei 40—50°. Dies kann bis viermal wiederholt werden. Nach dem letzten „Gang" folgt die Passage in dem Wasserglasbad von 4—5° Bé während einer Stunde bei 50°. Es kann eventuell vor der Wasserglaspassage ein Bad von Aluminiumsulfat von 5° Bé (eine Stunde bei 50—55°) eingeschaltet werden zur besseren Erschwerung. Zuletzt wird mit etwas Seifenlösung gewaschen, abgesäuert und gefärbt.

Mit vier Pinkzügen kann man die Seide bis über 100% erschweren. (Für die charge végétale siehe Seidenschwarzfärberei.)

Zum Probefärben wird Cuite-Seide angewandt. Da in der Probe meistens nur leichte Seidensträngchen gefärbt werden, bereite man sich eine 1%ige Farbstofflösung und pipettiere davon die nötige Menge ab. Man benutze weiches Wasser.

1. Basische Farbstoffe.

Es wird in gebrochenem Bastseifenbade gefärbt, d. h. durch Zugabe der zum Entbasten der Seide benutzten Seifenbäder, die durch Ansäuern „gebrochen" werden. Hierbei fallen die Fettsäuren nicht aus im Gegensatz zu gewöhnlichen Seifenlösungen. Bastseife wirkt beim Färben egalisierend und schonend.

Vorschrift 6: 300—400 ccm Wasser
80 ,, Bastseife
{ + Essigsäure oder Ameisensäure bis zur schwach sauren Reaktion.

Ausgefärbt wird unter allmählichem Zusatz der Farbstofflösung. Man geht bei 30—40° ein, erwärmt auf 90° und färbt aus. Man spüle, aviviere 10 Minuten mit 0,2—0,3 ccm Essigsäure in 1 Liter Wasser. Trocknen. Durch das Avivieren erhält die Seide ihren krachenden Griff.

Durch Nachtannieren kann die Echtheit der Färbung erhöht werden.

Im Laboratorium lassen sich die basischen Farbstoffe auch einfach unter Zusatz von Marseillerseife ausfärben, ohne Säure, da diese leicht die Fettsäure ausscheidet, die sich auf der Seide niederschlägt.

Basische Farbstoffe ziehen besser auf beschwerter als auf unbeschwerter Seide.

---
[1]) Siehe auch Fichter et Heusler: Helv. chim. Acta Vol. 7, p. 587. 1924.

Künstliche organische Farbstoffe.

2. Saure Farbstoffe.

Hier wird mit Schwefelsäure (oder Ameisensäure) „gebrochen". Den sauren Farbstoffen gegenüber verhält sich die Seide als Base.

Vorschrift 7 a: 400 ccm Wasser } +Schwefelsäure bis zur
50—100 ,, Bastseife } deutlich sauren Reaktion.

Man fügt ⅓ des Farbstoffs hinzu, geht bei 50° ein, zieht um, gibt allmählich den Rest des Farbstoffes zu, färbt kochend in ca. ½ Stunde aus. Man wasche, aviviere mit ca. 0,1 ccm H_2SO_4 66° Bé in einem Liter Wasser und trockne.

Gut egalisierende, saure, basische und substantive Farbstoffe können auch ohne Bastseife gefärbt werden. Bei basischen Farbstoffen gehe man kalt ein.

Vorschrift 7 b: 450 ccm Wasser } + Essigsäure bis zur sauren
50 ,, Bastseife } Reaktion.

Lauwarm eingehen unter allmählichem Farbstoffzusatz, umziehen, ausfärben bei 30—50° während ½ Stunde. Waschen, avivieren mit Essigsäure wie unter 6.

Saure Farbstoffe ziehen besser auf unbeschwerter als auf beschwerter Seide.

Färben im fetten Seifenbade.

Unter einem fetten Seifenbade versteht man ein solches, das mit Marseillerseife hergestellt ist. Man verwendet 10% Seife auf das Gewicht der Seide bezogen (keine Bastseife!).

Vorschrift 8 (weiches Wasser benutzen!!): Man kocht das Seifenbad auf und gibt den Farbstoff zu, geht mit der Seide ein und färbt ½ bis ¾ Stunden lang heiß bis kochend aus. Dann wird mit Schwefelsäure abgesäuert. Souple-Seide darf wegen sonst auftretenden Bastverlustes nicht in kochendem Seifenbade gefärbt werden.

Für Alkaliblau, Alkaliviolett usw.

3. Substantive Farbstoffe.

Diese Farbstoffe ziehen im neutralen Bade auf; zum guten Ausziehen des Bades gebe man zuletzt etwas Essigsäure zu (1—5%, 8° Bé).

Vorschrift 9 a: 5—25% Glaubersalz (oder Natriumphosphat) lauwarm eingehen, langsam steigern und innert ½ Stunde kochend ausfärben. Waschen, avivieren.

Vorschrift 9 b: Entwickeln von substantiven Färbungen. Die gefärbte Seide wird in einem kalten Bade, das 4% Nitrit und 5—8% H_2SO_4 66° Bé enthält, 20 Minuten lang umgezogen. Hierauf wird gespült und ½ Stunde kalt entwickelt im entsprechenden Entwicklungsbade (s. Baumwolle). Hierauf spülen, ½ Stunde bei 60° mit 5 g Marseillerseife im Liter seifen, spülen und mit Essigsäure avivieren.

4. Beizenfarbstoffe.

Als Beizen kommen in Betracht: Aluminium-, Chrom- und Eisensalze. Bei der Seide geschieht das Beizen in der Kälte, wobei die aufgenommenen Salze auch als Beschwerungsmittel dienen. Die wichtigste Beize bei der Seide ist die Eisenbeize in der Seidenschwarzfärberei.

Für das gute Fixieren der Beize auf der Faser wird bei dem Herausnehmen der Seide aus der Beizlösung noch „fixiert" mit schwach alkalischen Mitteln, wie Wasserglas, Bikarbonat oder Seife. Letztere gibt der Seide ihren schönen Griff wieder.

Vorschrift 10 a: Beizen mit Alaun (für Alizarinfarbstoffe und Holzfarben):

60 g Alaun
6 g Soda } zum Neutralisieren
1 Liter Wasser

Erwärmen bis zur Lösung des Niederschlages, dann eingehen, etwas umziehen, und zwölf Stunden einlegen; ausringen und ohne zu spülen mit einer Wasserglaslösung von $\frac{1}{2}°$ Bé $\frac{1}{4}$ Stunde lang behandeln, dann abspülen und abwinden.

NB. Anstatt Alaun kann auch abgestumpfte, schwefelsaure Tonerde oder „Nitratbeize" benutzt werden.

Färben: 400 ccm Wasser (Flotte = 30—40mal Seidengewicht),
80 „ Bastseife, mit Essigsäure

leicht ansäuern. Bei 30° eingehen, $\frac{1}{4}$ Stunde bei dieser Temperatur umziehen, innert $\frac{3}{4}$ Stunden zum Kochen treiben und dann eine Stunde nahe der Kochtemperatur ausfärben. Spülen. Dann seifen in einem heißen Bade mit 2 g Kernseife pro 1 Liter Wasser und avivieren mit 10—20 g Essigsäure 6° Bé pro 1 Liter Wasser.

NB. Bei Alizarinrot soll das Bad mit Essigsäure gerade neutral gemacht werden (Lackmus weder röten noch bläuen) und mit kalkhaltigem Wasser oder mit ca. 2% essigsaurem Kalk vom Gewicht der Ware gefärbt werden.

Vorschrift 10 b: Beizen mit Chrom.

Die Seide wird über Nacht in Chlorchrombeize von 20° Bé eingelegt; dann gewaschen und $\frac{1}{4}$ Stunde fixiert mit Wasserglaslösung von $\frac{1}{2}°$ Bé; dann spülen und abwinden.

Das Färben geschieht genau wie unter 10a.

Vorschrift 10 c: Beizen mit Eisen.

Angewandt wird salpetersaures Eisen von 30° Bé (basisch-schwefelsaures Eisenoxyd). Mehrere Stunden einlegen (eventuell über Nacht), waschen, dann kochend seifen $\frac{1}{2}$ Stunde lang im fetten Seifenbad. Hierauf wird gefärbt wie unter 10a.

Es sei hier noch die Herstellung eines Tiefschwarz auf Seide angegeben. Das Seidenschwarz wird auch heute noch zum größten Teil mit Blauholz hergestellt. Das Verfahren ist mit einer Seidenerschwerung verbunden. Hierzu dienen Eisenbeize, Katechu, Berlinerblauerschwerung, Zinnbeize.

Es gibt viele Verfahren zum Schwarzfärben der Seide mit Blauholz:

Tiefschwarz mit Ferribeize, Katechu und Berlinerblaugrund;

Blauschwarz mit Ferrobeize, Katechu und Berlinerblaugrund;

Monopolschwarz mit Zinnerschwerung (Chlorzinn-Phosphat), Katechu;

Hochblauschwarz mit Zinnerschwerung ($SnCl_2$) und Eisenoxydulbeize.

Beispiel[1]) eines Tiefschwarz mit Eisenbeize, Katechu und Berlinerblau:

---
[1]) Siehe Heermann: Techn. der Textilveredelung.

Künstliche organische Farbstoffe.

Man beizt die entbastete Seide durch Einlegen in salpetersaures Eisen von 30° Bé während zwei Stunden und wäscht aus. Das Beizen kann eventuell noch 1—2mal wiederholt werden. Um den schönen Griff der Seide wieder zu erhalten, wird während ½ Stunde (im großen bis zwei Stunden) kochend geseift mit 50—60% Marseillerseife. Dann wird gewaschen und mit 30—35% Ferrozyankalium und 32—44% HCl behandelt, wobei sich auf der Faser das Berlinerblau bildet (Blaumachen). Hierbei wird zuerst das Ferrozyankalium und die Hälfte der HCl zugegeben. Temperatur 50°. Es wird ½ Stunde umgezogen, hernach der Rest der Salzsäure zugefügt und weiter umgezogen, bis die Seide blau geworden ist. Hierauf wird gewaschen und in einem Katechubad von 3—4° Bé bei 90° umgezogen. Man läßt das Bad erkalten und die Seide über Nacht darin liegen. Dann wird gewaschen und gefärbt in einem Bade, das 100—150% Blauholz und 60—80% Marseillerseife enthält. Es wird kalt eingegangen und langsam auf 80—90° erwärmt. Hierauf spülen und mit Essigsäure avivieren. Im großen wird noch 1½—2% Olivenöl, das mit ½—1% Soda emulgiert worden ist, zum Avivagebade gegeben.

Anstatt Eisenbeize kann zum Schwarzfärben mit Blauholz auch Chrombeize verwendet werden.

5. Küpenfarbstoffe.

Die Küpenfarbstoffe werden auf Seide wie auf Wolle gefärbt. Als kalte Küpen kommen die Gärungsküpe, die Bisulfit-Zinkstaubküpe und die Zinkkalkküpe in Anwendung. Als warme Küpen die Hydrosulfit-Ammoniak- oder Hydrosulfit-NaOH-Küpe. (Siehe Wolle.)

Man färbt ½ Stunde unter der Flotte, verhängt ½ Stunde an der Luft, säuert ab und seift 20 Minuten lang mit 7 g Marseillerseife im Liter bei Kochtemperatur und aviviert mit Essigsäure.

Küpenfarbstoffe werden viel weniger auf beschwerter als auf unbeschwerter Seide gefärbt.

Karbazolfarbstoffe (Hydronfarbstoffe) werden auf Seide mit Hydrosulfit und NaOH gefärbt.

6. Schwefelfarbstoffe.

Diese werden auf Seide wenig gefärbt wegen des schädlichen Einflusses des Alkalis (NaOH und Na_2S), das zur Anwendung kommt.

Das Färben der Baumwolle.

Die Baumwolle hat im Gegensatz zur Wolle und Seide einen neutralen trägen Charakter. Damit sie für Farbstoffe aufnahmsfähig wird, muß sie in vielen Fällen mit Beizen vorbehandelt werden, die auf der Faser haften und mit den Farbstoffen Lacke bilden. Bei dem direkten Ziehen der substantiven Baumwollfarbstoffe auf die Faser handelt es sich nicht um eine chemische Reaktion wie bei der Wolle und Seide, sondern wahrscheinlich um einen Adsorptionsvorgang zwischen Faser und Farbstoff.

In der Regel wird die Baumwolle zum Probefärben in Strangform angewandt. Sie muß vorerst gebäucht (d. h. zur Entfettung mit verdünnter Sodalösung oder Natronlauge gekocht) und für helle und lebhafte Nuancen gebleicht werden.

1. Basische Farbstoffe.

Um basische Farbstoffe auf Baumwolle zu färben, muß die neutrale Faser zuerst mit einer Substanz, die einen sauren Charakter hat, vorbehandelt werden, um sie mit dieser Farbstoffgruppe in Reaktion zu bringen. Es kommt hier vor allem die Gerbsäure in Betracht, die als Tannin, Sumach, Galläpfel usw. angewandt wird. Da das Tannin selbst nicht gut auf der Faser haftet, wird es mittels Antimonverbindungen, die sich hierzu als geeignet erwiesen haben, in gerbsaures Antimon übergeführt, das zur Faser viel mehr Affinität besitzt wie das Tannin. Als Antimonverbindung verwendet man den Brechweinstein (Kalium-Antimonyltartrat) oder dessen Ersatzprodukte. Für dunkle Nuancen können das billigere Sumach und die anderen Gerbstoffe gebraucht werden.

Oft ist eine Nachbehandlung mit Tannin (Nachtannieren) für die Echtheit der Färbung vorteilhaft.

Vorschrift 11:

A. *Tannieren:* 2—6% Tannin werden in so viel Wasser gelöst, als man zum Hantieren der Ware nötig hat. Man geht bei 95° ein, zieht um, läßt 6 Stunden im erkaltenden Bade liegen (eventuell über Nacht) und ringt aus. Das Tannin zieht bei ca. 60° am besten auf.

B. *Brechweinsteinbad:* 1—3% Brechweinstein (die Hälfte des angewandten Tannins) plus etwas Schlemmkreide (zum Neutralisieren der freiwerdenden Säure). Man zieht 15—20 Minuten bei 30° um und spült.

C. Das *Färben der tannierten Baumwolle* geschieht unter Zusatz von 2—10% Alaun oder 1—5% Essigsäure von 30%. Kalt eingehen und innert $\frac{1}{2}$ Stunde auf 90° treiben. Hierauf ausringen und trocknen. Bei rasch aufziehenden Farbstoffen werden diese erst allmählich zugegeben.

Die basischen Farbstoffe werden durch Überfärben viel zum Verschönen von weniger schönen, echten Färbungen gebraucht.

2. Das Färben mit

sauren Farbstoffen

kommt nur ganz selten vor und geschieht mit ca. 3 g Alaun und 20 g Glaubersalz im Liter in kurzer Flotte. Man geht bei 50—60° ein und färbt bei erkaltender Flotte. Abquetschen und trocknen ohne zu waschen.

3. Substantive Baumwollfarbstoffe (Salzfarben).

Diese Farbstoffe färben die Baumwollfaser direkt an. Je nach dem Farbstoff wird in neutraler oder schwach alkalischer Flotte gefärbt. Das Alkali wirkt lösend, die Salzzusätze (Na_2SO_4, NaCl) aussalzend auf den Farbstoff. Für helle Färbungen ist ein Alkalizusatz gut (Soda, Natriumphosphat, Seife), für dunkle eine größere Salzmenge von Vorteil.

Vorschrift 12 a: Färben in neutralem Bade. Zusatz von 10 bis 25% Glauber- oder Kochsalz.

Für helle Nuancen: Eingehen bei 30° und ausfärben bei 50—80° in verdünnter Flotte während $\frac{1}{2}$—1 Stunde. (Für 10 g Stoff ca. 200 ccm Flotte.)

Für dunkle Nuancen: Kochend färben in kurzer Flotte während $\frac{3}{4}$—1 Stunde. (Für 10 g Stoff ca. 100—150 ccm Flotte.)

Künstliche organische Farbstoffe. 43

Vorschrift 12 b: Färben in schwach alkalischem Bade:
Zusatz von 10—20% Glauber- oder Kochsalz + 0,5—3% Soda kalziniert.

Bei schlecht egalisierenden Farbstoffen können auch folgende Zusätze in Anwendung kommen: 5—10% Natriumphosphat + 1—2% Seife, eventuell noch etwas Türkischrotöl oder Monopolseife.

In vereinzelten Fällen wird nur mit alkalischen Zusätzen ohne Salz gefärbt.

Färbetemperatur und Dauer wie unter 12a.

Bei nicht gut ziehenden Farbstoffen werden im großen die gleichen Bäder weiter benutzt mit entsprechend geringerem Salzzusatz.

Nachbehandlung von direkten Färbungen mit verschiedenen Zusätzen zur Erhöhung der Echtheit:

Bei den nun folgenden Vorschriften ist die direkt gefärbte Faser (nach 12a oder 12b) vorausgesetzt.

Vorschrift 12 c: Nachbehandlung mit $CuSO_4$ zur Erhöhung der Lichtechtheit (Bildung eines Kupferlackes).

Die gefärbte Faser wird behandelt mit 1—4% $CuSO_4$ (bei hartem Wasser: 2% Essigsäure). Temperatur je nach dem zu behandelnden Farbstoff 20—80°. Dauer: 20 Minuten. Umziehen.

Vorschrift 12 d: Nachbehandlung mit Chromsalzen zur Erhöhung der Waschechtheit ($K_2Cr_2O_7$ oder CrF_3).

Ca. ½ Stunde behandeln mit: 2% $K_2Cr_2O_7$ } bei 60—90°.
                              1—5% Essigsäure

Vorschrift 12 e: Oft werden die Vorschriften 12c und 12d kombiniert.

1—2% Chromkali,
1—2% $CuSO_4$,
2—4% Essigsäure (je nach der Härte des Wassers).

Die Flotte soll sauer reagieren.

Vorschrift 12 f: Nachbehandeln mit Formaldehyd zur Erhöhung der Waschechtheit. Diese Farbstoffe enthalten meistens Resorzin oder Amine als Endkomponente.

Zusatz von 3% Formaldehyd. In kurzer Flotte arbeiten bei 70° während ½ Stunde.

Eventuell gibt man noch Kupfer- oder Chromsalze (1—2%) zu.

Vorschrift 12 g: Nachbehandeln mit Alaun oder $Al_2(SO_4)_3$ zur Erhöhung der Wasserechtheit. Behandeln bei 30—40° mit 5—10 g Alaun im Liter während 10—20 Minuten. Abwinden, trocknen.

Vorschrift 12 h: Nachbehandeln im klaren Chlorkalkbade von $1/2$° Bé während ½ Stunde in der Kälte; hierauf spülen, mit etwas HCl absäuern und wieder spülen.

Entwicklungsfarben.

Man kann hier folgende Fälle unterscheiden: Erstens enthält der auf der Baumwolle gefärbte Farbstoff noch eine freie Amidogruppe, die auf der Faser selbst weiter diazotiert und gekuppelt wird mit Komponenten verschiedener Art. Zweitens dient der Farbstoff selbst als Kupplungskomponente und wird mit einer Diazoverbindung behandelt, z. B. Diazo-p-Nitranilin.

Vorschrift 12 i: Diazotieren des Farbstoffes auf der Faser und Kuppeln desselben mit einer neuen Komponente.
Die gefärbte Baumwolle wird behandelt in einem Diazotierbade mit:

$$1\text{--}2{,}5\% \text{ NaNO}_2$$
$$+\ 3\text{--}5\ \%\ \text{H}_2\text{SO}_4\ \ 66^0\ \text{Bé}$$
$$\text{oder } 5\text{--}7\ \%\ \text{HCl}\ \ 20^0\ \text{Bé}.$$

Man löst zuerst das Nitrit, worauf die Säure nachgegeben wird. Während 20 Minuten in diesem Bade umziehen. Man spült sofort in angesäuertem Wasser und entwickelt ohne Verzug in einem Bade, das 1—2% eines der nachfolgenden Entwickler enthält. Als sog. Entwickler kommen vor allem Phenole, Naphthole, Amine, Amidonaphthole und deren Sulfosäuren in Anwendung. Es seien hier die wichtigsten aufgezählt:

a) Rotentwickler, Entwickler A ist β-Naphthol (in NaOH und Wasser heiß lösen).

b) Entwickler C, E oder H = Oxaminentwickler M (B) ist m-Phenylendiamin oder m-Toluylendiamin. Kommt als salzsaures Salz der freien Base in den Handel.

c) Gelbentwickler oder Entwickler Y ist Phenol (in NaOH und Wasser heiß lösen).

d) Orangeentwickler oder Entwickler F ist Resorzin (in wenig NaOH + heißem Wasser lösen).

e) Bordeauxentwickler B (By), Oxaminentwickler (B) ist Äthyl-β-naphthylamin (kommt als salzsaures Salz in den Handel; in heißem Wasser lösen).

f) Naphthylaminäther oder Amidonaphtholäther kommt als Teig oder Pulver in den Handel (N-Pulver [C]). Der Teig wird in kochendem Wasser gelöst (10fache Menge). Das Pulver wird unter Zusatz von HCl (Hälfte des Gewichtes des Äthers) und kochendem Wasser gelöst.

g) Oxaminentwickler R (B) ist das Chlorhydrat des Äthyl-α-naphthylamins.

h) Amidodiphenylamin (Echtblauentwickler AD) wird mit HCl-Zusatz in kochendem Wasser gelöst.

i) γ-Säure (Amidonaphtholsulfosäure 2, 6, 8) kommt mit Soda vermischt in den Handel als Entwickler G oder Blauentwickl r AN. Mit der 10fachen Menge kaltem Wasser übergießen und langsam bis zum Kochen erwärmen.

k) Chromogen B ist das saure Na-Salz der Chromotropsäure.

l) Nuanciersalz (C) ist β-Naphtholmonosulfosäure F (2, 7).

m) Nerogen D (A) ist Chlor-m-phenylendiamin zum Entwickeln von Sambesischwarz.

n) Solidogen A ist das Einwirkungsprodukt von Formaldehyd auf ein Gemisch von o- und p-Toluidin. (Kommt als wässerige Lösung des salzsauren Salzes im Handel vor.)

o) Entwickler NB ist 30%iges Nitrobenzidin + anorganische Salze.

p) Entwickler ES ist die 2, 3-Dioxynaphthalin-o-sulfosäure.

Vorschrift 12 k: Nachbehandlung der substantiven Färbung mit diazotiertem p-Nitranilin.

Künstliche organische Farbstoffe.

Dieses kommt in haltbarer Form im Handel vor als: Parazol FB (By.) (100 Teile Parazol entsprechen 18 Teilen p-Nitranilin). Azophorrot (M), Nitrosaminrot B (B), Nitrazol C (C).

Die Nachbehandlung mit Diazo-p-nitranilin erhöht die Licht- und Waschechtheit.

1 g p-Nitranilin in
6 ccm kochendem Wasser
+ 3 „ HCl 22° Bé
} langsam eintragen unter raschem Umrühren in zwei Liter kaltes Wasser.

Dazu kommt auf einmal eine kalte Lösung von 0,65 g $NaNO_2$. Temperatur nicht über 15°. Man läßt 10—15 Minuten stehen und filtriert wenn nötig. Kurz vor dem Gebrauch werden noch 1 g essigsaures Na+0,5 g kalzinierte Soda (in Wasser gelöst) hinzugefügt.

½ Stunde kalt umziehen, spülen, trocknen.

Vorschrift 13: Färben von p-Nitranilinrot. (Auch Eisfarbe genannt, weil Eis bei der Färbung in Anwendung kommt.)

Bei dem p-Nitranilinrot wird der Farbstoff auf der Faser selbst erzeugt. Die Baumwolle wird zuerst mit einer alkalischen β-Naphthollösung imprägniert („grundiert") und hierauf mit Diazo-p-nitranilinlösung behandelt.

a) Grundieren mit β-Naphthol.

6,5 g β-Naphthol werden in 6 ccm NaOH 22° Bé und 100 ccm Wasser heiß gelöst und nach dem Erkalten 25 g Türkischrotöl oder besser Rizinusölseife [1]) zugegeben (um ein gleichmäßiges Durchdringen zu erleichtern) und auf 500 ccm gestellt. 2 Minuten umziehen bei 30—40°, ausquetschen und rasch trocknen bei 50—55° [2]). Zu hohe Temperaturen verursachen eine teilweise Zersetzung des Naphtholnatriums und wirken somit ungünstig.

b) Diazotieren des p-Nitranilins.

6,5 g p-Nitranilin werden in
25 ccm Wasser +
17 g HCl 21° Bé heiß gelöst, hierauf unter gutem Umrühren in
200 g Wasser + Eis gegeben, zuletzt wird auf einmal eine Lösung von
4 g $NaNO_2$ in 20 ccm Wasser zugesetzt.

Die Temperatur soll nicht über 10—15° steigen. Man lasse 10 Minuten stehen, filtriere und füge kurz vor Gebrauch:

10—12 g Na-Azetat in
50 ccm Wasser gelöst

hinzu. Die Lösung darf nicht mehr mineralsauer sein (Kongopapier!).

Man verdünnt 20—50 ccm dieser Lösung auf 500 ccm, zieht die Baumwolle ca. zwei Minuten darin um, wäscht aus und geht in ein Bad mit 2% Seife.

An Stelle des p-Nitranilins können viele andere Komponenten in Anwendung kommen:

---

[1]) Darstellung derselben siehe unter Öle, Seite 96.
[2]) Mit Naphthol AS grundierte Ware braucht zum Färben nicht getrocknet zu werden.

m-Nitranilin (Orange)
Nitrotoluidine (Rot)
Nitrophenetidin (Rot)
Amidoazobenzol
α-Naphthylamin (Bordeaux)
Benzidin (Braun)

Tolidin (Braun)
Dianisidin (Blau)
Azophorblau D: Tetrazodianisol unter Zusatz von Al-sulfat eingedampft und dadurch haltbar gemacht.

Azophorschwarz S: haltbares Gemisch von Tetrazodianisol und m-Nitranilin oder Benzidin.

Die Entwicklungsfarbstoffe mit Naphthol AS und BS (Gr. E.).

Im Jahre 1912 wurde von der Firma Griesheim-Elektron das Naphthol AS (β-Oxy-naphthoësäure-anilid) in den Handel gebracht. Die Entwicklungsfarbstoffe, die mit Naphthol AS hergestellt sind, sind außerordentlich echt und schön.
Mit:
Dianisidin entwickelt, erhält man ein Blau (Seifen-chlor u. lichtecht)
m-Nitro-p-toluidin „ „ „ Rot (Türkischrotersatz)
p-Nitro-o-toluidin „ „ „ Orange.

Die mit Naphthol AS hergestellten Färbungen übertreffen das Pararot in bezug auf Licht-, Reib- und Bleichechtheit.

Die Handelsnamen dieser Diazoverbindungen sind: Echtblau-B-Base, Echtrot-G-Base, Echtscharlach-G-Base usw. (Gr, E).

Derivate des Naphthol AS (Gr. E.).

Es hat sich ergeben, daß gewisse Substitutionen im Benzolkern des Naphthol AS,

$$\text{—OH}$$
$$\text{—CO.NH.C}^6\text{H}^5,$$

von günstigem Einfluß auf die Echtheit der entstehenden Farbstoffe sind. So sind Substitutionen in Orthostellung zum Imidstickstoff durch Alkyl-, Alkoxy- usw. -Gruppen vorteilhaft. Ihre Wirkung wird durch Halogen unterstützt, vor allem wenn dieses sich in p-Stellung zum Stickstoff befindet (siehe Engl. Pat. 193 834 und 193 866 [Höchst]), z. B. $C_{10}H_6$—CO.NH$\diagup$OH $\diagdown$—Cl. $\diagup$CH₃

Der Einfluß der Diazokomponente ist aber auch sehr groß. Ungünstig sollen in manchen Fällen Diazokomponenten sein, die Nitrogruppen enthalten, da diese leicht in NH_2-Gruppen übergehen und so die Nuance verändert wird. Vor allem ist die p-Stellung zu vermeiden. Halogene jedoch verbessern die Echtheiten, wenn sie sich im Diazokörper befinden, genau so wie im Anilinkern. Besonders günstige Kombinationen sollen sein: 5-Chlor-o-toluidin → 2, 3-Naphthoësäure-5-chlor-o-toluidid und 4-Chlor-o-anisidin → 2, 3-Oxynaphthoësäure-o-anisidid.

Eisschwarz: Neuerdings wird von der Firma Griesheim-Elektron das Eisschwarz empfohlen aus ihrer Echtschwarz LB-Base und Naphthol AS—SW. Letzteres ist: 2, 3-Oxynaphthoësäure-β-naphthalid. Die Echtschwarz-LB-Base ist: o-Phenetidin → α-Naphthylamin (D. Pat. Anm. C. 30 757, Engl. Pat. 203 032).

Künstliche organische Farbstoffe. 47

Färbevorschrift zum Färben mit Naphthol AS—SW und der Echtschwarz LB-Base.

Man teigt das Naphthol zunächst mit Türkischrotöl, dann weiter mit Natronlauge an, läßt, am besten in der Wärme, längere Zeit stehen, übergießt mit kochendem Wasser und kocht kurz auf. Die heiße Naphthollösung wird in die mit weichem, kaltem Wasser und Formaldehyd beschickte Wanne schnell eingetragen und durch Umrühren verteilt.

Grundierung: Ansatzbad 4 g Naphthol AS—SW im Liter für 100 Pfund in 1000 Liter:

     Naphthol AS—SW: 4 kg
     Türkischrotöl 50%: 8 Liter
     Natronlauge 34° Bé: 12 „
     Formaldehyd 30%: 4 „

Grundierungstemperatur: 30—40° C.

Man zieht das Garn $\frac{1}{2}$ Stunde um, windet ab, schleudert und entwickelt.

Entwicklung:
2,5 kg Echtschwarz LB-Base werden in
2,5 l Ameisensäure 85% unter Umrühren gelöst, mit
7,5 „ Wasser verdünnt in
100 „ Wasser und
2,5 „ Salzsäure 20° Bé eingegossen und schnell mit einer Lösung von
0,65 kg Nitrit in
2 l Wasser versetzt. Man läßt unter Umrühren $\frac{1}{2}$ Stunde stehen, trägt die Diazolösung in die mit
800 „ Wasser und
20 kg Kochsalz beschickte Wanne ein und neutralisiert mit
2,5 „ Na-Azetat. Das Ganze wird auf 1000 Liter gestellt.

Man zieht das naphtholierte Garn in der Entwicklungsflotte $\frac{1}{4}$ Stunde um, spült gründlich, zieht durch ein heißes Sodabad und seift.

Das Naphthol AS . G ist wahrscheinlich:

$$CH_3 \cdot CO \cdot CH_2 \cdot CO \cdot NH - \underset{CH_3}{\underset{|}{\bigcirc}} - \underset{CH_3}{\underset{|}{\bigcirc}} - NH \cdot CO \cdot CH_2 \cdot CO \cdot CH_3$$

(siehe Dtsch. Pat. Anm. C. 31 468 (1923) (siehe auch: K. H. Saunders: Soc. of Dyers and Col. Febr. 1924, Nr. 2, S. 47 ff.). Das Naphthol RL soll sehr lichtechte Färbungen ergeben (für Markisenstoffe, Fahnentuche usw.). Die gleichen guten Eigenschaften zeigt das Naphthol BO, dessen Färbungen noch echter sind als die mit Naphthol AS oder BS hergestellten.

Naphthol BS oder NA (jetzt AS—BS benannt) ist das β-Oxynaphthoësäure-m-nitranilid.

Naphthol AS—BO ist: β-Oxynaphthoësäure-α-naphthalid.
Naphthol AS—RL ist: β-Oxynaphthoësäure-p-anisidid.
Echtgelb G-Base ist: o-Chloranilin.
Echtorange R-Base ist: m-Nitranilin.
Echtscharlach G-Base ist: 4-Nitro-2-aminotoluol.
Echtscharlach R-Base ist: 4-Nitro-2-aminoanisol.
Echtrot G-Base und GL-Base sind: 3-Nitro-4-aminotoluol.

Echtrot 3GL und 3GL spezial-Base sind: 2-Nitro-4-chloranilin.
Echtrot R-Base ist: 4-Chlor-2-aminoanisol.
Echtrot BB-Base ist: o-Anisidin.
Echtrot B-Base ist: 5-Nitro-2-aminoanisol.
Echtgranat B-Base ist: α-Naphthylamin.
Echtgranat G-Base ist: o-Aminoazotoluol.
Nähere Angaben darüber sind zu finden: Journ. Soc. of Dyers and Col. Juliheft 1924 (Nr. 7) S. 218 ff.

Für die Darstellung von Diazokomponenten, die mit Naphthol AS gekuppelt, schwarze Nuancen ergeben, siehe auch: Bayer, Dtsch. Pat. Anm. F. 50 567 (1921), in der Aminoazobasen erhalten werden durch Kuppeln von negativ substituierten, asymmetrischen Dialkyl-o-phenylendiaminen mit p-Xylidin oder Kresidin. Beispiele für diese Phenylendiamine sind:

$$Cl-C_6H_3(NH_2)-N(CH_3)_2 \quad \text{und} \quad NO_2-C_6H_3(N(CH_3)_2)-NH_2$$

Mineralfarben.

Zu den Entwicklungsfarben gehören auch einige anorganische Salze die auf der Faser selbst als unlösliche Niederschläge erzeugt werden. Ihr Verbrauch nimmt immer mehr ab. Sie kommen fast nur für Baumwolle in Betracht außer dem Berlinerblau, das auch auf Seide und Wolle gefärbt wird. Die wichtigsten seien kurz erwähnt:

Chromgelb, $PbCrO_4$: Imprägnieren der Baumwolle mit Bleizuckerlösung und Entwickeln mit Chromkali (licht-, seifen-, säureecht).

Chromorange. Basisches Bleichromat $PbCrO_4 + Pb(OH)_2$ entsteht durch Behandeln von Chromgelb mit kochendem Kalkwasser (1 g CaO in 1 Liter Wasser).

Khakifarben. Behandeln der Baumwolle mit Chromalaun und Eisensulfat und passieren bei 65^0 durch eine Alkalilösung (Soda oder Seife). Wetter- und tragecht, für Tropenkleider.

Manganbister (Manganbraun) ist ein Gemisch von Manganoxyden (MnO_2, $MnO(OH)_2$). Die Baumwolle wird mit Manganchlorürlösung imprägniert und dann mit NaOH behandelt. Dann wird an der Luft oxydiert und die Oxydation zum MnO_2 beendet mittels Chlorkalklösung oder Chromkali.

Eisen-Chamois (Rostgelb, Nanking, Eisenoxyd), Fe_2O_3 und Eisenoxydhydrate. Die Baumwolle wird mit $FeSO_4$-Lösung oder Eisenazetat imprägniert, abgequetscht und mit einer Sodalösung, Ammoniak, oder Kalkmilch behandelt. An der Luft findet Oxydation statt. Es kann auch mit Chlorkalklösung nachgeholfen werden. Licht- und alkaliecht, aber säureempfindlich.

Chromoxyd, Cr_2O_3, findet Anwendung beim Färben der Khakifarben mit Eisenoxyd kombiniert. Die Fixierung geschieht ähnlich wie beim Eisenoxyd.

Berlinerblau ist das Ferrisalz der Ferrozyanwasserstoffsäure $[Fe(CN)_6]_3$ Fe_4. Anwendung in der Seidenschwarzfärberei. Die Faser wird mit Eisenoxydverbindungen gebeizt und mit warmer, salzsaurer Ferrozyankaliumlösung behandelt.

Anilinschwarz.

Dieses wird nur auf Baumwolle gefärbt. Das Anilinschwarz entsteht durch Oxydation von Anilin[1]), wobei sich mehrere Anilinmoleküle aneinanderreihen:

$(C_6H_5 - NH.....C_6H_4 - NH_2)_4$, also im ganzen acht Moleküle. Dieses Leukoanilinschwarz ist farblos. Bei der weiteren Oxydation entstehen mehrere Zwischenprodukte, die verschiedene Oxydationsstufen darstellen.

$(C_6H_5 - NH - C_6H_4 - NH - ..)_2 - (C_6H_4 = N - C_6H_4 = NH)$

Emeraldin, dessen Salze grün sind; das dreifach chinoide Derivat ist das sog. Nigranilin (schwarz) und das vierfach chinoide das Pernigranilin. Beim Färben des Anilinschwarzes wird die Oxydation des Anilins auf der Faser selbst vorgenommen. Zur Oxydation kommen neben dem Luftsauerstoff (beim ,,Verhängen" des Gewebes) noch Sauerstoffüberträger (Cu-, Vd-Salze, Ferrozyankalium) und Oxydationsmittel (Chlorate, Bichromat) in Anwendung.

Beliebt sind noch Zusätze von Stärke, Tragant und anderen Klebemitteln.

Vorschrift 14 a: Oxydationsschwarz (Hängeanilinschwarz).

Bei dem nachfolgenden Ansatz wird jede Substanz für sich gelöst und dann alles vereinigt.

Man löse in 1 Liter Wasser auf: (B)
108—110 g salzsaures Anilin,
36— 40 g $NaClO_3$,
13— 15 g $CuSO_4$,
25— 30 g essigsaure Tonerde 10^0 Bé,
5 g Weizenstärke. (In etwas Wasser zuerst aufkochen und dann zugeben.)

Das Bad soll 5^0 Bé zeigen. Die Baumwolle wird ¼ Stunde lang in diesem Bade imprägniert; umgezogen, hierauf gut abgequetscht und in einem 30^0 warmen Raum 12 Stunden lang aufgehängt.

Die zuerst farblose Faser färbt sich nach und nach dunkelgrün (Emeraldinbildung). Hierauf wird durch Behandeln mit Bichromat weiter oxydiert, während ½ Stunde bei 70^0 in einem Bade, das 2½ g Chromkali im Liter Wasser enthält. Dann wird gespült, geseift, mit Soda aviviert.

Vorschrift 14 b: Einbadverfahren.

Das Imprägnieren mit Anilinlösung und die nachfolgende Oxydation können auch im gleichen Bade vorgenommen werden.

Das Bad wird folgendermaßen angesetzt: 10% Anilinsalz,
14% HCl 22^0 Bé,
3,5% H_2SO_4 66^0 Bé.

Nach dem Erkalten kommen: 13% $Na_2Cr_2O_7$ hinzu; kalt eingehen, ½ Stunde kalt umziehen, dann innerhalb ½ Stunde zum Kochen treiben und ¼ Stunde nachziehen lassen. Spülen, kochend seifen (eventuell unter Zusatz von 1% Blauholz).

Die Zusammensetzung des Anilinschwarzes kann je nach der Färbeweise sehr verschieden sein. Es neigt mehr oder weniger dazu, sich wieder

---

[1]) Siehe auch J. Piccard und F. de Montmollin: Helv. VI. 1021 ff. 1923.

durch Reduktion in Emeraldin zurückzuverwandeln und so zu vergrünen. Dies muß möglichst ausgeschaltet werden. In neuerer Zeit hat man dies zu umgehen versucht durch Anwendung anderer Basen an Stelle des Anilins. Vor allem ist die Diphenylschwarzbase von Höchst hier zu nennen: das p-Amidodiphenylamin. Bei der Oxydation dieses Körpers entsteht eine andere „unvergrünliche" Anilinschwarzbase, wie nach dem obigen Verfahren bei Verwendung von Anilin. Die Konstitution dieser Base ist nach Green folgende:

$$\langle \rangle-NH-\underset{=N-}{\overset{Cl}{\underset{}{\bigcirc}}\overset{C_6H_5}{\underset{}{=N}}}-NH-\underset{=N-}{\overset{Cl}{\underset{}{\bigcirc}}\overset{C_6H_5}{\underset{}{=N}}}-\langle \rangle-NH-$$

$$-\underset{=N-}{\overset{Cl}{\underset{}{\bigcirc}}\overset{C_6H_5}{\underset{}{=N}}}-NH-\langle \rangle-NH_2$$

Diese Base ist ein Azinderivat entstanden durch Orthokondensation, während das gewöhnliche Anilinschwarz ein Indaminderivat ist, das durch Parakondensation entsteht. Schwächere Säuren wie Milch-, Ameisensäure usw. begünstigen die Orthokondensation des Anilins im Gegensatz zu den Mineralsäuren, bei denen die Parakondensation vorherrscht.

Anwendung auf tierische Fasern: Oxydation von p-Phenylendiamin, p-Amidophenol u. a. mit H_2O_2 oder Bichromat (für Pelze und Haare). Handelsnamen dieser Substanzen sind: Ursol (A), Furrein (J), Furrole (C), Nakofarben (M) usw.

4. Beizenfarbstoffe.

Als Metallbeizen auf Baumwolle kommen vor allem in Betracht das Al, dann auch das Cr und das Fe. Die Beizenfarbstoffe auf Baumwolle spielen heutzutage nur noch eine untergeordnete Rolle, außer dem wichtigen *Alizarinrot* oder *Türkischrot* (Adrianopelrot), das hier kurz behandelt wird. Das Färben des Alizarins ist schon sehr alt und ist aus dem Orient zu uns gekommen, wo schon jahrhundertelang mit den alizarinhaltigen Gewächsen (Krapp: die Wurzel von Rubia Tinctorum) gefärbt wurde. Ganz besonders schön wurde dies früher in Adrianopel hergestellt; daher der Name.

Das Türkischrot ist der Tonerdekalklack des Alizarins. Ohne Kalk erhält man mit Tonerde nur ein wertloses Rot.

Gebeizt wird mit basisch-schwefelsaurer oder essigschwefelsaurer Tonerde. Aluminiumsulfat ist hierfür zu sauer, man muß Salze anwenden, die sich stärker hydrolytisch spalten und weniger sauer sind, um von der Baumwolle besser aufgenommen zu werden. Zur guten Bildung des Lacks muß gedämpft oder mindestens gekocht werden.

Ebenso wichtig zur guten Lackbildung ist das Ölen des Gewebes, wobei das Öl (Türkischrotöl [1]) oder Olivenöl) auch an der Lackbildung teilnimmt. Es bilden sich feste Verbindungen zwischen Tonerde und Öl.

---

[1] Siehe S. 94.

Künstliche organische Farbstoffe.

Die ölgebeizte Baumwolle muß immer vor der weiteren Behandlung getrocknet werden zur besseren Fixierung des Öls, wobei Oxyfettsäuren entstehen, die zur Lackbildung von Bedeutung sind. Das Rizinusöl ist hierzu am geeignetsten, da es sich leichter hydrolytisch spalten läßt als die anderen Öle.

Nach Kornfeld hat der Türkischrotöllack vielleicht folgende Konstitution: $\{ O\begin{smallmatrix}CH(OH) - C_{15}H_{31}CO_2 \\ CH(OH) - C_{15}H_{31}CO_2\end{smallmatrix} \}_3 Al_2 \cdot Ca \cdot C_{14} \cdot H_6 \cdot O_4.$

Man unterscheidet das Altrot und das Neurot. Beim Altrotverfahren wird mit Tournantöl (ranziges Olivenöl) geölt, beim Neurotverfahren mit Türkischrotöl.

Vorschrift 15 a: Türkischrot (Neurotverfahren).

α) *Auskochen*: Das Garn wird mit 3% kalzinierter Soda eine Stunde gekocht zum Entfernen von Verunreinigungen.

β) *Ölen und Trocknen*: Das nasse, ausgeschleuderte Garn wird in einem Bade, das 100 g Türkischrotöl[1]) von 50% in 1 Liter Wasser enthält (Zugabe von etwas NH_3 bis zum Klarwerden) geölt und während 5—6 Stunden bei 50° getrocknet. Diese Operation wird zweimal ausgeführt.

γ) *Beizen*: 50 g eisenfreie, schwefelsaure Tonerde werden in 250 ccm heißem Wasser gelöst und nach dem Erkalten mit 9 g kalzinierter Soda, welche zuerst in 50 ccm Wasser gelöst wurden, versetzt. Nach dem Lösen des Niederschlags werden noch 10 ccm 30%iger Essigsäure zugegeben und vor Gebrauch mit Wasser auf 6° Bé verdünnt.

Das geölte Garn wird gut mit Beize imprägniert und bei 40—45° getrocknet.

δ) *Fixieren*: 5 g Schlemmkreide pro Liter Flotte. Während ½ Stunde bei 45° umziehen. (Das Kreiden dient zur Neutralisation der Säure, die durch das Türkischrotöl und die Beizen auf das Gewebe gekommen sind und zur Erzeugung von Ca-Al-verbindungen mit dem Farbstoff.)

ε) *Färben*: Gewöhnlich wird mit 6—13% Alizarinteig à 20% gefärbt. Das benutzte (eisenfreie) Wasser muß etwas Kalk enthalten (ca. fünf deutsche Härtegrade). Ist das Wasser härter, so muß es durch Zugabe von essigsaurem Kalk korrigiert werden. Bei Wasser von 8° Härte (deutsche G.) gebe man pro 1000 Liter 18 g essigsauren Kalk 18° Bé und 90 g Essigsäure (6° Bé) zu. 3% Tannin und 2% Türkischrotöl à 50% sollen die Nuance günstig beeinflussen. Man färbt zuerst ½ Stunde kalt, erhöht innerhalb einer Stunde die Temperatur auf 90° und färbt noch ½ Stunde bei 90° aus. Dann wird gespült, geschleudert und getrocknet.

Zur guten Lackbildung muß gedämpft werden. Ist jedoch kein Dämpfapparat vorhanden, so muß man kochend färben unter Zusatz von 3—8% Türkischrotöl. Innerhalb ¾ Stunden zum Kochen treiben und eine Stunde kochen.

ζ) *Dämpfen*: Zwei Stunden bei 1 Atm. Druck.

η) *Seifen*: Bei 90° mit 2 g Seife pro Liter. Besser ist noch bei 1 Atm, Druck mit 2 g Seife, 0,3 g kalzinierter Soda + 0,2 g Zinnsalz pro Liter zu kochen. Der hierbei entstehende Zinnlack verschönert die Nuance.

---

[1]) Siehe S. 94.

Das Färben von Alizarin auf **Chrombeize** ergibt Bordeauxtöne. Es kann mit Chlorchrom oder Chrombisulfit gebeizt werden.

Vorschrift 15 b:

α) Das wie oben abgekochte Garn wird über Nacht in eine Chlorchromlösung von 20^0 Bé (oder in Chrombisulfitlösung von $3—10^0$ Bé je nach der Stärke des Tones) gelegt, dann abgequetscht und gespült.

β) *Ölen* in einer Lösung von 10 Teilen Türkischrotöl von 50% in 90 Teilen Wasser bei $30—40^0$ (für dunkle Töne wird nach dem Ölen tanniert oder schmackiert entweder mit 5 g Tannin oder 10 g Sumachextrakt à 30^0 Bé im Liter. Kochend eingehen, 12 Stunden einlegen und bei 60^0 trocknen).

γ) *Färben*: ½ Stunde kalt, innerhalb einer Stunde auf $60—90^0$ erwärmen unter Zugabe von etwas essigsaurem Kalk. Dann waschen, trocknen, dämpfen, seifen wie unter 15 a. Wird nicht gedämpft, so färbe man zwei Stunden kochend aus.

Färben von Alizarin auf Eisenbeize ergibt chlor-, licht- und waschechte Violettöne.

Vorschrift 15 c: Man öle 1—2 mal, in einem Bad, das 1 Teil Türkischrotöl in 20 Teilen Wasser enthält, trockne jedesmal bei 45^0, dann wird ¼ Stunde gebeizt in einer Lösung von holzessigsaurem Eisen ($1—2^0$ Bé). Abwinden und Waschen. Man färbt in stark kalkhaltigem Wasser mit etwas Essigsäure und Türkischrotöl, geht kalt ein, erwärmt langsam und kocht eine Stunde. Zuletzt wird mit 5 g Seife im Liter bei 70^0 gewaschen.

5. Küpenfarbstoffe.

Allgemeines über Küpenfarbstoffe siehe unter Wolle. Hier sei noch erwähnt, daß sich die Indigoderivate auch gut zum Färben von Wolle eignen, da sie wenig Alkali zum Lösen brauchen; während die Antrachinonabkömmlinge wegen der größeren Alkalimenge, die zum Lösen nötig ist, vor allem für pflanzliche Fasern in Betracht kommen. Karbazolfarbstoffe (Hydronfarbstoffe) eignen sich vor allem zum Färben von pflanzlichen Fasern. Letztere gehören färberisch zu den Küpenfarbstoffen, chemisch jedoch zu den Schwefelfarbstoffen.

Vorschrift 16 a: Färben von Indigo (Thioindigo-, Ciba-, Hélindonfarbstoffe). *Stammküpe*:

1 g Farbstoff (Indigo) wird mit 2 g NaOH 40^0 Bé + einer Spur Türkischrotöl und etwas heißem Wasser verrieben; andererseits werden 4 g Hydrosulfit konz. (B) + 1,5 g NaOH 40^0 Bé in 25 ccm Wasser kalt gelöst. Volumen ca. 100—120 ccm. Man vereinigt Lösung und Indigoteig und erwärmt bis zur beendeten Reduktion. Von Ungelöstem wird abgesiebt.

Färbeküpe: Ca. 30 ccm Stammküpe werden mit 350 ccm Wasser verdünnt, das mit einer Spur Hydrosulfit und NaOH angeschärft wurde zum Unschädlichmachen des Sauerstoffs, der in dem Wasser gelöst ist. Man färbt kalt durch gutes Untertauchen ca. ¼ Stunde lang. Dann läßt man an der Luft vergrünen. Für dunkle Nuancen wird die Färbeoperation im gleichen Bade wiederholt (zweiter, dritter usw. Zug).

Künstliche organische Farbstoffe.

Ansatz im Großen, *Stammküpe*:
50 kg Indigo rein (B), Teig 20%,
100 l heißes Wasser,
20 l NaOH 40° Bé, dann gut umrühren und langsam zugeben:
8,5 kg Hydrosulfit konz. (B).
Umrühren, auf 45° erwärmen und ½ Stunde stehen lassen.
Färbeküpe: Pro 1000 Liter Wasser gibt man 50 g Hydrosulfit zu. Dann wird umgerührt und etwas stehen gelassen. Hierauf setzt man die erforderliche Menge Stammküpe zu und färbt. Zum Nachschärfen fügt man 150 g Hydrosulfit zu pro 1000 Liter Flotte. Um zu erkennen, ob die Küpe gut reduziert ist, taucht man eine Glasplatte hinein, von der die Flüssigkeit klargelb ablaufen und zum Vergrünen ca. ½ Minute brauchen soll.

Indigosol D. H.

(s. Ch. Vaucher und Marcel Bader, Chimie et Industrie (1924).

Die Firma Durand & Huguenin in Basel hat sich eine neue Färbemethode für Indigo patentieren lassen mit Hilfe von Indigosol D. H. Es ist dies folgende Indigoverbindung:

$$\begin{array}{c} O\cdot SO_3Na \qquad O\cdot SO_3Na \\ | \qquad \qquad | \\ \text{benzene—C} \quad \text{C—benzene} \\ \diagdown C=C \diagup \\ -NH \qquad \qquad NH- \end{array}$$

Dieser Körper ist sehr leicht löslich in Wasser (300 g im Liter) und läßt sich durch Oxydation quantitativ in Indigo zurückverwandeln. Er ist ziemlich alkaliunempfindlich, wird jedoch durch Säuren zersetzt. Die saure Lösung eignet sich am besten, um das Indigosol mit Hilfe oxydierender Substanzen in Indigo überzuführen. Neben Indigo entsteht $NaHSO_4$. Als Oxydationsmittel dienen Ferrichlorid oder Nitrit. Auf diese Weise wird die Verwendung einer Küpe umgangen.

Färben von Baumwolle, Lein, Viskose, Seide usw.: 1 Die Faser wird mit Indigosol imprägniert, und 2. mit oxydierenden Mitteln entwickelt. Da das Indigosol fast keine Affinität zur Faser hat, muß man nach der ersten Operation trocknen und den Farbstoff auf der getrockneten Faser entwickeln.

1. Bad:
       Indigosol D. H. . . . . 60—100 g
       Wasser einstellen auf . . . . . . 1000 g
Imprägnieren und trocknen.

2. Bad:
       Eisenchlorid, fest . . . . 20— 40 g
       Salzsäure oder ⎫
       Schwefelsäure oder ⎬ . . . . . . 20 g
       Salpetersäure ⎭
       Kochsalz . . . . 0—100 g
       Wasser, einstellen auf . . . . . . 1000 g
Entwickeln, waschen und trocknen.

Vorschrift 16 b: Färben mit Antrachinonküpenfarbstoffen:
(Indanthren-, Algol-, Cibanon- und einigen Helindonfarbstoffen.) Zum Färben muß weiches Wasser verwendet werden, da sonst der Farbstoff durch den Kalk ausgefällt wird. Wenn nötig ist das Wasser zu korrigieren durch Zusatz von Ammoniumoxalat oder Soda oder durch Aufkochen.

Für 100 g Baumwolle: 1   l Flotte,
                      2   g Indanthrenblau (pulv.),
                   10—12 ccm NaOH 40^0 Bé,
                      5— 6 g Hydrosulfit.

Der Farbstoff wird mit der 20fachen Menge Wasser von 50^0 und einer Spur Türkischrotöl verrieben. Man verküpt den Farbstoff bei 50^0. Wenn nötig durch ein Sieb zum Färbebad geben. ¾ Stunden ausfärben, bei 50—60^0. Dann spülen, eventuell mit H_2SO_4-haltigem Wasser absäuern, und kochend seifen.

Ansatz im großen: 22½ kg Baumwollgarn,
(B. A. S. F.) ca. 500 l Wasser (20fache Flottenmenge),
                    6 l NaOH 40^0 Bé,
         oder   10 l NaOH 30^0 Bé,
                 1125 g Indanthrenfarbstoff-Pulver (5% Farbst.),
                  500 g Hydrosulfit konz.

Indanthrenviolett wird nur mit 3—5 ccm Natronlauge verküpt und mit einem Zusatz von 5—20 g Na_2SO_4 pro Liter bei 45—50^0 gefärbt.

Vorschrift 16 c: Hydronfarbstoffe (C). Diese werden mit Hydrosulfit allein oder mit einem Zusatz von Na_2S gefärbt. Sie dienen als Indigo- und Indanthrenersatz in der Garnfärberei (chlor- und lichtecht).

Hydronblau:

Ansatz	Ansatzbad	Zusätze zum Weiterfärben
Farbstoffteig	2—10 —20 kg	1,5—7—14 kg
NaOH 40^0 Bé	3— 7,5—15 ,,	1,5—5—10 ,,
Hydrosulfit konz.	2— 7,5—10 ,,	1 —5— 7 ,,

für 50 kg Baumwolle in der 20fachen Flottenlänge vom Gewicht der Ware.

Man färbt ½ Stunde bei 50—60^0 und quetscht ab. (Für dunkle Färbungen noch 10—30 g NaCl pro Liter zugeben.) Dann wird einmal kalt und hierauf heiß gespült und getrocknet. Eine Nachbehandlung mit 1—2% Na-perborat wirkt günstig, ebenso mit Seife oder Soda.

Hydronblau kann auch mit einem Zusatz von Na_2S gefärbt werden, wobei an Hydrosulfit gespart wird.

	Ansatzbad	Zusätze zum Weiterfärben
Farbstoffteig	2 —10 —20 kg	1,5—7—14 kg
Na_2S kristallisiert	2 —15 —30 ,,	2 —7—14 ,,
NaOH 40^0 Bé	3 — 7,5—15 ,,	1 —4—8 ,,
Hydrosulfit	1,5— 3 — 5 ,,	0,6—2—3,5 ,,

Nachbehandlung wie oben.

Künstliche organische Farbstoffe. 55

6. Schwefelfarbstoffe.

Die Schwefelfarbstoffe ähneln den Küpenfarbstoffen in ihrer Färbeweise. Sie sind an sich unlösliche Farbstoffe, die durch Zugabe von Schwefelalkalien (Na_2S) in lösliche Verbindungen übergeführt werden. Man nimmt an, daß die in den Schwefelfarbstoffen enthaltenen, unlöslichen Bisulfide (—S—S—) beim Behandeln mit Na_2S in —SH-Gruppen übergehen und so der Farbstoff in Alkali löslich wird. In Form dieser Leukoverbindungen zieht der Farbstoff auf und oxydiert sich dann wieder auf der Faser zum unlöslichen, die Disulfidgruppe enthaltenden Farbstoffe. Die Reoxydation geschieht an der Luft durch Verhängen bzw. durch feuchtwarmes Lagern oder durch Dämpfen. Dann benutzt man auch besondere Entwickler z. B. den Immedial-entwickler[1]) (C) oder Na-Perborat[1]) oder H_2O_2. Ähnlich den substantiven Farbstoffen können die Schwefelfarbstoffe durch gewisse Nachbehandlungen echter gemacht werden, wie z. B. durch Chromkali (3% Chromkali, 3—5% Essigsäure 6° Bé, 20—30 Minuten heiß) oder durch $K_2Cr_2O_7$ + $CuSO_4$ (1,5—2% Chromkali + 1,5—2% $CuSO_4$ + 3—5% Essigsäure von 6° Bé, 20 Minuten heiß).

Die Schwefelfarbstoffe sind licht-, wasch- und wasserecht, aber nicht chlorecht.

Durch das Färben mit Schwefelfarbstoffen erhält die Baumwolle einen harten Griff; sie muß deshalb nach dem Färben aviviert werden durch Behandeln mit fetten Substanzen wie Seife, Monopolseife, Türkischrotöl usw.

Vorschrift 17: Die Flüssigkeitsmenge soll nicht mehr als das 20fache des Gewichtes der Baumwolle betragen. Bei Hellfärbungen wird etwas mehr Na_2S angewandt als bei dunkeln (6—20% Farbstoff).

Ansatz: (für 10 g Baumwolle) 200 ccm Wasser   } zuerst
1 g kalz. Soda   } aufkochen,

dann den in 4 g kristallisiertem Na_2S (bei geschmolzenem Na_2S nur die Hälfte) + etwas Wasser separat gelösten Farbstoff (1·g) hinzugeben und nochmals aufkochen. Hierauf fügt man 6 g Na_2SO_4 oder NaCl hinzu und färbt bei hellen Tönen bei 40—60°, bei dunklen bei 90—100°, während ¾—1 Stunde unter der Flotte. Abquetschen, spülen, waschen und seifen. Eventuelles Nachbehandeln mit $K_2Cr_2O_7$ oder $CuSO_4$ wie oben angegeben.

Oft erhält man durch Färben in kalter Flotte lebhaftere Nuancen.

Allgemeine Tabelle I (C), 20fache Flottenlänge:

	Ansatzbad	Zusätze zum Weiterfärben
Farbstoff	1—10—20%	0,8—6 —12 %
Na_2S krist.	5—15—20%	2 —9 —12 %
Eventuell Türkischrotöl	1— 2%	0,1—0,2 %
Soda kalz.	3— 4— 5 g } pro 1 l	0,1—0,35— 0,5%
Na_2SO_4 oder NaCl . . .	10—20 g } Flotte	0 —2 — 5 %

---

[1]) 1—2°/₀ vom Gewicht der Ware ½ Stunde bei 40—95°. Spülen.

Tabelle II (C):
Vorschrift für Färbstoffe, die mit mehr Na₂S gefärbt werden.

	Ansatzbad	Zusätze zum Weiterfärben
Farbstoff	1—10—20%	0,8— 6 —12 %
Na₂S krist.	5—25—40%	3 —15 —24 %
Eventuell Türkischrotöl	1— 2%	0,1— 0,2%
Soda kalz.	3— 4— 5 g ⎫ pro 1 l	0,1—0, 35— 0,5%
Glaubersalz kalz. oder Kochsalz	10—30 g ⎭ Flotte	2 — 5%

Mit Hilfe von basischen Farbstoffen kann die Färbung geschönt werden.

NB. Viele Schwefelfarbstoffe kommen schon mit Na₂S gemischt in den Handel, wobei sie dann direkt ohne Na₂S-Zusatz gefärbt werden können.

Das Färben des Leins (Flachses)

geschieht in gleicher Weise wie das Färben der Baumwolle; das Aufziehen der Farbstoffe muß jedoch verlangsamt werden, da die Flachsfaser härter ist als die Baumwollfaser und deshalb weniger leicht durchgefärbt wird. Dies geschieht z. B. bei den substantiven Farbstoffen durch eine geringere Salzzugabe zum Färbebade, sowie durch einen größeren Sodazusatz. Man verfährt ebenso bei den Schwefelfarbstoffen, wobei die Na₂S-Menge auch etwas erhöht wird.

Das Färben der Ramie

geschieht wie bei der Baumwolle.

Das Färben der Jute.

Diese wird meist ohne vorheriges Bleichen gefärbt. Wenn nötig, kann mit KMnO₄ schwach gebleicht und dann mit Bisulfit + H₂SO₄ nachbehandelt werden.

Basische Farbstoffe ziehen direkt unter Zusatz von Essigsäure. (Die Jute enthält tanninartige Stoffe.)

Substantive Farbstoffe werden mit 5—20% Na₂SO₄ oder NaCl und ½—1% kalzinierter Soda heiß gefärbt und erkaltend nachziehen gelassen.

Schwefelfarbstoffe s. Baumwolle.

Saure Farbstoffe werden unter Zusatz von 5% Alaun und 10—20% Na₂SO₄ eine Stunde bei 90—100° gefärbt.

Das Färben der Kokosfasern s. Jute.

Hanf

wird wenig gefärbt: Anwendung für Bindfaden, Stricke, Segeltuch usw.

Das Färben von Kunstseide.

Wir unterscheiden: 1. Chardonnetseide, 2. Glanzstoff, 3. Viskoseseide, 4. Azetatseide. Das Färben von Nr. 2 und 3 gleicht sehr der

Künstliche organische Farbstoffe.

Baumwollfärberei, da sie aus unveränderter Zellulose bestehen; die Chardonnetseide gleicht etwas mehr der tierischen Faser. Kunstseide darf nicht bei Temperaturen über 70⁰ gefärbt und muß vorsichtig behandelt werden, da die nasse Faser eine geringe Reißfestigkeit besitzt.

Für **basische Farbstoffe** ist die Chardonnetseide, da sie sauren Charakter hat, sehr aufnahmsfähig und wird durch diese ohne Beize angefärbt; bei Glanzstoff und Viskose muß zuerst tanniert werden.

Vorschrift 18 a. Für Chardonnetseide.

Man geht in das schwach mit Essigsäure versetzte, kalte Bad ein, dem man den Farbstoff in mehreren Malen zugibt. Dann wird langsam auf 60⁰ erwärmt. Bei schwer egalisierenden Farbstoffen noch etwas Na_2SO_4 zugeben.

Vorschrift 18 b. Für Glanzstoff und Viskose:

α) Beizen mit Tannin: Die Kunstseide wird in einem 50⁰ warmen Bade mit 0,5—5% Tannin (je nach der gewünschten Tiefe des Tones) behandelt und ca. zwei Stunden darin liegen gelassen.

β) Ca. ¼ Stunde umziehen in einem kalten Brechweinsteinbad, das halb so viel Brechweinstein enthält als Tannin angewandt wurde. Es wird gefärbt wie unter 18a.

Eine kalte Nachbehandlung mit 1—2 g Tannin im Liter verbessert die Überfärbe- und Reibechtheit.

Saure Farbstoffe haben für die Kunstseidenfärbung wenig Interesse, da eine zu geringe Affinität der Farbstoffe zur Faser vorliegt.

Substantive Farbstoffe. Ähnlich der Baumwolle besitzen Glanzstoff und Viskose zu den Vertretern dieser Klasse eine gute Affinität; Chardonnetseide jedoch eine geringere.

Vorschrift 19 a: Es wird ½—1 Stunde bei 50—70⁰ unter Zusatz von 10—20% Glaubersalz gefärbt, dann gespült und aviviert mit Monopolseife eventuell unter Zusatz von Essigsäure (Griff). Bei schwer egalisierenden Farbstoffen kommt noch ein Zusatz von etwas Soda oder Türkischrotöl zum Färbebade und der Glaubersalzgehalt wird heruntergesetzt.

Vorschrift 19 b: Für Entwicklungsfarbstoffe.

Diazotieren mit 1½—2½ % $NaNO_2$
 + 3 —5% H_2SO_4 66⁰ Bé

während ¼ Stunde in kaltem Bade. Entwickeln wie unter Baumwolle Vorschrift 12i.

Küpenfarbstoffe. Ähnlich wie für Baumwolle eignen sich die Küpenfarbstoffe auch für Kunstseide. Sowohl die Indigo- als die Anthrachinonderivate werden gefärbt, wie unter Baumwolle angegeben.

Schwefelfarbstoffe. Vorschrift 20: Der Farbstoff wird vor dem Beschicken des Bades gut gelöst in der gleichen Menge Na_2S krist. (oder in der Hälfte Na_2S konz.), 2% kalzinierter Soda und etwas Wasser; man geht bei 50—60⁰ ein unter Zusatz von ½—1% Soda, 10—20% Glaubersalz und 1—2% Türkischrotöl und färbt auf erkaltendem Bade, spült und trocknet.

Das Färben der Azetatseide.

Das Färben der Azetatseide ist heute ein noch ungelöstes Problem. Sie wird am besten in der Masse gefärbt, auch dies gelingt heutzutage nur in einigen wenigen Nuancen. Patente, die davon handeln, sind folgende:

D. R. P. 193135, 198008, 199559, 228867 (sämtlich Klasse 8m), dann 234028, 152432. Siehe auch: Sansone: Deutsche Färber-Zg. 48, S. 320 [1]). Es werden auch von einzelnen Fabriken Spezialfarbstoffe für Azetatseide in den Handel gebracht, so die Azoninfarbstoffe von Cassella, die Entwicklungsfarbstoffe sind [2]).

Das Azonin R ist: Amidoazobenzol; das Azonin RR ist: Amidoazotoluol; dann sind: Azonin S = α-Amidoazonaphthalin; Azonin O = o-Dianisidin und der Entwickler ON = 2,3-Oxynaphthoësäure.

Färben der Azonine.

Man löst das Azonin in Salzsäure und Wasser auf und zieht um bei 50—60°. Hierauf wird ½ Stunde kalt diazotiert und bei 0° entwickelt. Das Entwickeln dauert etwas länger wie gewöhnlich. Als Entwickler können dienen: β-Naphthol (in NaOH gelöst) oder β-Oxynaphthoësäure bzw. Naphthol AS (gelöst in Natriumazetat).

Die Seide wird also mit Lösungen aromatischer Amine behandelt, für die sie, ihrer sauren Natur entsprechend, eine gute Affinität besitzt. Diese Amine werden dann auf der Faser diazotiert und gekuppelt mit Phenolen usw.

Die Seide jedoch mit Alkalien vorzubehandeln, um sie für Farbstoffe aufnahmsfähig zu machen, hat den Nachteil, ihren Glanz und ihre Festigkeit zu vermindern.

Das Färben von Federn.

Vorschrift 21: Man legt die Federn 2—3 Stunden in ein warmes Seifenbad, bis das anhaftende Fett entfernt ist und spült hierauf in lauwarmem Wasser. Eventuell wird gebleicht mit alkalischem H_2O_2 oder Na_2O_2. Vorteilhaft ist vor dem Bleichen eine gute Reinigung der Federn durch 6—8stündiges Einlegen in Petroläther.

Am besten wird mit Säurefarbstoffen gefärbt unter Zusatz von 3—5% H_2SO_4 bei Kochtemperatur 1—1½ Stunden lang.

Das Färben von Stroh.

Vorschrift 22: Das Material wird mit Wasser, eventuell unter Zusatz von etwas Soda abgekocht. Durch Einlegen in 3%ige ammoniakalische H_2O_2-lösung oder mit schwefliger Säure kann das Stroh gebleicht werden.

Direktfarbstoffe werden unter Zusatz von 5—10% Glaubersalz und 0,5—1% kalzinierter Soda während drei Stunden kochend gefärbt.

Säurefarbstoffe werden unter Zusatz von 5—10% Essigsäure 1—1½ Stunden kochend gefärbt.

Druckerei.

Man unterscheidet drei Arten des Druckens: nämlich Handdruck, Perrotinendruck und Walzendruck. Heutzutage kommt fast nur noch der Walzendruck in Anwendung. Beim Handdruck sind die Formen der zu druckenden Muster erhaben (erhöht). Diese werden mit Farbe

---

[1]) Siehe auch R. Clavel und Th. Stanisz: Rev. Mat. Col. April und Juni 1924. (Nachtrag am Schluß des Buches.)
[2]) Siehe auch A. G. Green und K. H. Saunders: Jonamine. Soc. of Dyers and Col. Februar 1923.

Künstliche organische Farbstoffe. 59

benetzt und von Hand aufgedruckt. Beim Perrotinendruck (Erfinder Perrot) wird wie beim Handdruck, aber mit Maschinen gearbeitet.
Beim Walzendruck werden die Muster auf der Walze eingraviert. Diese Vertiefungen werden mit Farbstoff angefüllt und dieser durch Pressen auf die Faser übertragen.

Die Art des Färbens der einzelnen Farbstoffklassen ist die gleiche wie in der Färberei. Der Wolldruck und der Seidendruck treten hinter dem wichtigen Baumwolldruck (Kattundruck) weit zurück.

In der Druckerei müssen die Farbstofflösungen noch verdickt werden, um ein Fließen oder Durchschlagen der Farbe auf dem Stoffe zu vermeiden.

Nach dem Aufdrucken wird der Stoff gedämpft, d. h. in besonderen Druckkesseln mit gespannten Wasserdämpfen behandelt. Hier erst tritt die eigentliche Färbung des Stoffes ein, indem bei der hohen Temperatur die in der Druckpaste enthaltenen Farbstoffe und Zusätze unter sich und mit dem Stoff reagieren und auf diese Weise fixiert werden.

Nach dem Dämpfen wird die Verdickung entfernt (degommieren) und das Material je nach der Natur des aufgedruckten Farbstoffes einer besonderen Nachbehandlung unterworfen.

Bei mehrfarbigem Druck kommt für jede einzelne Farbe eine besondere Walze in Anwendung.

Man unterscheidet vier Druckarten:

1. den gewöhnlichen Aufdruck,
2. den Ätzdruck, bei dem der vorher durch Färben oder Aufdrucken befestigte Farbstoff teilweise wieder auf dem Wege des Druckens fortgeätzt wird.

Die Farbstoffe können zerstört werden durch Oxydationsmittel (Oxydationsätzen), durch Reduktionsmittel (Reduktionsätze), dann durch Säuren und Alkalien. Die aufgedruckten Muster erscheinen also hier in Weiß auf gefärbtem Grunde. Durch Zugabe von Farbstoffen zum Ätzmittel, die diesem widerstehen, können die geätzten Stellen gleichzeitig angefärbt werden (Buntätze).

3. Den Reservedruck, bei dem durch Aufdrucken bestimmter Massen auf den Stoff, dieser an den bedruckten Stellen für den beim nachfolgenden Färben aufziehenden Farbstoff unempfänglich gemacht wird. Die Wirkung der „Reservagen" kann mechanisch (z. B. Wachs, Pfeifenton) oder chemisch sein. Ähnlich der Buntätze kann hier durch Zusetzen von Farbstoffen zu den Reservemitteln eine „Buntreserve" erhalten werden, wo die reservierten Stellen gleichzeitig angefärbt werden.

4. Die Erzeugung von Farbstoffen auf der Faser: Oxydationsfarbstoffe (Anilinschwarz), Entwicklungsfarbstoffe (Pararot, Mineralfarben), Kondensationsfarbstoffe (Nitrosoblau).

Die Verdickungsmittel.

Es kann sich hier nicht darum handeln, genaue Vorschriften zur Herstellung von Verdickungen zu geben, sondern nur um annähernde Angaben, die je nach dem Fall vom Drucker ausprobiert werden müssen. Die folgenden Angaben sind nach Vorschriften der Badischen Anilin- und Sodafabrik und der Höchster Farbwerke zusammengestellt,

Stärke- und Stärke-Tragant-Verdickungen.

Am meisten wird Weizenstärke für Verdickungen verwendet. Stärke allein liefert jedoch unegale Drucke und gibt der bedruckten Ware einen harten Griff. Deshalb wird oft noch Tragantschleim zugegeben.

a) **Stärkeverdickung 22% (B).**

  22 kg Weizenstärke,
  75 ,, Wasser,
  3 ,, Olivenöl
  ─────
  100 kg

Verkochen. Für scharfe Drucke mit allen Farbstoffklassen.

b) **Essigsaure Stärkeverdickung:**

  22 kg Weizenstärke, ⎫
  55 ,, Wasser,   ⎬ verkochen
  3 ,, Olivenöl,   ⎭
  20 ,, Essigsäure 6° Bé
  ─────
  100 kg.

Eignet sich für den Druck mit basischen Farbstoffen.

c) **Essigsaure Stärke-Tragantverdickung:**

  1200 g Weizenstärke,
  6000 ,, Wasser,
  1800 ,, Tragant (60:1000),
  1000 ,, Essigsäure 6° Bé (nach dem Kochen zusetzen).
  ─────
  10 kg.

Kochen, dann abkühlen lassen. Für mittlere Nuancen und Bodenfarben, die mit saurer Stärke nicht genügend egalisieren.

d) **Weizenstärke-Tragantverdickung:**

  700 g Weizenstärke,
  3000 ,, Wasser,
  6300 ,, Tragant (60:1000)
  ─────
  10 kg.

Kochen, hierauf abkühlen lassen. Gut egalisierende Verdickung für mittlere und helle Nuancen und für Eisfarben.

e) **Essigsaure Mehl-Tragantverdickung:**

  2000 g Weizenmehl,
  5000 ,, Wasser,
  2500 ,, Tragant (60:1000)
  500 ,, Essigsäure 6° Bé (nach dem Kochen zusetzen)
  ─────
  10 kg.

Zum Verdicken von Diazolösungen und für Eisfarben.

Dextrin- und British-Gum-Verdickungen.

Wird Stärke durch Rösten (bis 200°) oder durch Behandeln mit warmen, verdünnten Mineralsäuren (H_2SO_4 oder HNO_3) in eine lösliche Form übergeführt, so erhält man das Dextrin, das in Wasser vollständig löslich ist (Dextrinsirup). Es ist eine aus Kartoffelmehl hergestellte, dunkel gebrannte Stärke. Chemisch ist sie gleich zusammengesetzt wie die Stärke: $C_6H_{10}O_5$, oder ein Multiplum dieser Formel. Dextrin ist zuckerhaltig. Da aber Zucker wegen seiner Aldehydgruppe reduzierende

Künstliche organische Farbstoffe.

Eigenschaften besitzt, so wird für den Druck von Farbstoffen, die einen Oxydationsprozeß durchzumachen haben, ein Dextrin mit geringem Zuckergehalt zu wählen sein. Umgekehrt steht es, wenn die Verdickung reduzierend wirken soll.

British-Gum erhält man durch mehr oder weniger starkes Rösten von Maisstärke. Es ist gut verwendbar für Ätz- und Reservefarben.

Gebrannte Stärke wird durch Rösten von Weizenstärke erhalten. Sie soll beim Lösen möglichst wenig oder keinen Satz geben. Die Güte des Produktes richtet sich nach der Menge des Satzes.

f) Dextrinverdickung:
   5000 g Dextrin,
   5000 ,, Wasser
   ——————
   10 kg.   5 Minuten kochen.

Dient als Zusatz zu Klotzfarben und dann für den Ätz- und Reservedruck.

g) British-Gum-Verdickung:
   5000 g British-Gum,
   5000 ,, Wasser
   ——————
   10 kg.   ¼ Stunde kochen.

h) Stärke-British-Gum-Verdickung:
   80 g Weizenstärke,
   80 ,, Wasser,
   250 ,, British-Gum,
   590 ,, Wasser
   ——————
   1000 g.   Verkochen.

i) Alkalische Dextrinverdickung:
   3750 g Dextrin.
   6250 ,, NaOH 60^0 Bé
   ——————
   10 kg.

½ Stunde auf 70^0 erwärmen. Für Küpen- und Schwefelfarben.

k) Alkalische British-Gum-Verdickung:
   1000 g British-Gum,
   9000 ,, NaOH à 40^0 Bé
   ——————
   10 kg.   ¼ Stunde kochen.

Für Küpen- und Schwefelfarben und alkalische Ätzen.

l) Alkalische gebrannte Stärke-Verdickung (Indigo):
   320 g dunkelgebrannte Stärke oder British-Gum,
   340 ,, Wasser,
   1000 ,, NaOH 45^0 Bé.

¼ Stunde auf 70^0 erwärmen und kalt rühren.

Leiogomme wird erhalten durch Rösten von Kartoffelstärke. Wird in der Appretur benützt.

Die Gummiverdickungen.

Es kommen vor allem in Betracht: Tragant-Gummi, Senegalgummi, arabischer Gummi, Salabredagummi, Ly-Chô, Schellack (für Bronzedruck).

Organische Farbstoffe.

Tragantverdickungen. Der Tragant ist der eingetrocknete Pflanzensaft des Strauches: Astragulus verus. Es ist eine hornartige, durchscheinende, biegsame Masse. Im Wasser quillt der Tragant auf und bildet im Verhältnis 60—65 g in 1 Liter Wasser eine gute Verdickung. Der Tragant besteht aus sog. Bassorin (in Wasser unlöslich), dann aus wasserlöslichem Gummi, Stärkemehl und anorganischen Salzen.

m) 6,5 kg Tragant werden in 100 Liter heißem Wasser ca. 24 Stunden zum Einweichen liegen gelassen, dann 4 Stunden gekocht unter Rühren, und zuletzt 25 g Sublimat zugegeben, die in etwas Wasser gelöst sind, zur Verhütung von Schimmelbildung.

Gummiwasser. Der Senegalgummi, arabische Gummi und Salabredagummi stammen von Acacia- und Mimosaarten aus Arabien, Senegal usw.

Arabischer Gummi ist saures arabinsaures Kalzium mit etwas Kali, Magnesia und Phosphorsäure. Er ist etwas leichter löslich als Senegalgummi und gibt eine weniger saure Lösung, ist deshalb für den Walzendruck dem Senegalgummi vorzuziehen.

Verfälschungen mit Kristallgummi, der aus Dextrin hergestellt wird, kann man folgendermaßen erkennen:

Man prüft auf Glukose mit Fehlingscher Lösung. Dann gibt eine reine Gummilösung beim Versetzen mit einer Jodlösung in der Kälte keine Färbung, bei Gegenwart von Stärke eine Blau-, bei Gegenwart von Dextrin eine Rotfärbung.

Das Verhalten der einzelnen Gummisorten ist verschieden gegenüber Alkalien und Beizen. Gummiverdickungen sollen nicht mit Stärke-, Mehl- und Tragantverdickungen gemischt werden, da diese Gemenge dünnflüssig und unbrauchbar werden.

n) Gummiverdickung:

$$\frac{\begin{array}{l}5000 \text{ g Gummi,}\\ 5000 \text{ ,, Wasser heiß}\end{array}}{10 \text{ kg.}}$$

Über Nacht stehen lassen und dann kochen, bis Lösung eingetreten ist.

Ly-Chô ist ein Kunstgummi und gleicht dem Tragant.

Albuminverdickungen. Angewandt werden Ei- und Blutalbumin. Die Verdickungen sind erst kurz vor Gebrauch herzustellen.

o) $\frac{\begin{array}{l}500 \text{ g Albumin,}\\ 500 \text{ ,, kaltes Wasser}\end{array}}{1 \text{ kg.}}$ Bis zur Lösung stehen lassen (ca. 24 Std.).

Ein Zusatz von Ammoniak wirkt günstig.

Billiger als Albumin ist Kasein; die Verdickung wird genau gleich hergestellt wie beim Albumin.

Albuminlösungen kommen zum Gerinnen, wenn man sie über 60° erwärmt oder wenn man Mineralsäuren auf sie einwirken läßt. Sie werden gebraucht zum Fixieren von Pigmentfarben, dann auch für basische, substantive oder Indanthrenfarbstoffe.

Künstliche organische Farbstoffe.

Der Baumwolldruck.
I. Der gewöhnliche Aufdruck.
1. Basische Farbstoffe.

Ähnlich wie in der Färberei werden diese Farbstoffe als Tannin-Antimonlack fixiert. Dann werden noch Zusätze beigefügt, die eine vorzeitige Lackbildung verhindern oder den gebildeten Lack auflösen. Hierzu dienen organische Säuren, wie Essigsäure, Milchsäure, Wein-, Oxal- oder Zitronensäure; dann Körper wie Glyzerin, Phenol und Resorzin. Diese Lösung dringt in die Faser ein und wird durch das Dämpfen niedergeschlagen, während die Lösungsmittel sich verflüchtigen.

Tannin kommt in wässeriger, essigsaurer Lösung oder in Glyzerin gelöst zur Anwendung. Lösung = 1:1, d. h. es wird in der gleichen Gewichtsmenge Wasser usw. gelöst.

Vorschrift 23: 20 g Farbstoff
158 ,, Wasser   ⎫
20 ,, Azetin   ⎬ unter schwachem Erwärmen auflösen
30 ,, Glyzerin   ⎭
70 ,, Essigsäure 6^0 Bé,
dazu 600 ,, essigsaure Weizenstärke-Tragantverdickung (c, siehe Verdickung),
2 ,, Weinsäure,
100 ,, essigsaures Tannin (1:1) (nur kurz vor Gebrauch zusetzen)
―――――
1000 g.

Trocknen und eine Stunde ohne Druck dämpfen, dann bei 60—70° durch ein Brechweinsteinbad mit 10 g Brechweinstein im Liter passieren und spülen.

Die Weinsäure soll die nachträgliche Entfernung der Verdickungsmittel begünstigen. Da fixe Säuren jedoch beim Dämpfen das Gewebe angreifen können, wird oft Aethylweinsäure benutzt, die sich erst im Dampfe spaltet.

Azetin ist ein gutes Lösungsmittel für basische Farbstoffe und wird erhalten durch Behandeln von Glyzerin mit Eisessig in der Hitze. Es ist ein Gemisch von Mono-, Di- und Triazetin mit freier Essigsäure. Das Azetin zersetzt sich beim Dämpfen in Glyzerin und Essigsäure.

Saure Farbstoffe kommen für den Druck auf Baumwolle kaum in Betracht.

2. Substantive Farbstoffe.

Die Verwendung dieser Farbstoffe im Druck ist gering wegen ihrer mäßigen Waschechtheit. Das beste Resultat erhält man durch Fixieren mit Albumin. Die anderen Fixierungsmethoden sind unbefriedigend. Als Lösungsmittel dienen: Schwache Alkalien, Glyzerin, Phenol und Resorzin. Erstere machen durch schwaches Merzerisieren die Baumwolle aufnahmsfähiger für Farbstoffe. Glyzerin und Phenol wirken auch als Feuchtigkeitsüberträger beim Dämpfen.

Als Verdickungsmittel eignet sich am besten der Tragant, in zweiter Linie auch British-Gum, Stärke oder Mehl.

Vorschrift 24 a: 20 g Farbstoff in
                260 ,, heißem Wasser ⎫ lösen
           50—100 ,, Glyzerin ⎭
                20 ,, Na-phosphat in wenig H_2O lösen und
verrühren mit   600 ,, Tragantschleim 6% oder Stärke-Tragant-
                           verdickung (d, siehe Verdickung).
             1000 g.

¾—1 Stunde dämpfen, spülen und trocknen.

Vorschrift 24 b (mit Zusatz von Albumin, wobei der Farbstoff teilweise als Pigment fixiert wird):

    20 g Farbstoff ⎫
   170 ,, heißes Wasser ⎬ lösen
50—100 ,, Glyzerin ⎭
    10 ,, Na-phosphat in wenig Wasser lösen und verrühren mit
  500 ,, Stärke-Tragantverdickung oder Tragantschleim 6%.
           Nach dem Erkalten noch:
100—200 ,, Ei- oder Blutalbumin 1:1 zugeben (Verdickung: o)
  1000 g.

Die Nachbehandlung ist die gleiche wie unter 24a.

Damasteffekte erhält man durch Aufdrucken von Zinkoxyd oder Blanc-fixe ($BaSO_4$) auf vorgefärbte Baumwolle (Opaldruck, Scheurer). Ebenso kann wolframsaures Natron aufgedruckt werden, das dann mit einer $BaCl_2$-Lösung (40 g in 1 Liter Wasser bei 70° während einer Minute) nachbehandelt wird.

Vorschrift 24 c: 300 g Zinkoxyd,
               50 ,, Glyzerin,
           300 ,, Eialbumin (1:1) (o, siehe Verdickung),
           250 ,, Tragantverdickung 6% (m, s. Verdickung),
            75 ,, Olivenöl,
            25 ,, Terpentin
         1000 g.

Trocknen, dämpfen eine Stunde ohne Druck und waschen.

3. Beizenfarbstoffe.

Die wichtigsten Beizen sind: Al, Cr, Fe.

Hilfsbeizen: Ca, Sn, auch: Ni, Co, Zn, Mg und Fettbeizen.

Das Chrom kommt als Chromazetat oder Chrombisulfit in Anwendung. Die Säuren, an die das Metall gebunden ist, müssen beim Dämpfen flüchtig sein und vor dem Dämpfen eine vorzeitige Lackbildung verhindern. In Spezialfällen wird eine neutrale Chrombeize gebraucht, die man erhält durch Neutralisieren von essigsaurem Chrom mit Soda.

Das Aluminium wurde früher in Form von salpetersaurer, essigsaurer, oxalsaurer und milchsaurer Tonerde angewandt. Heutzutage sind diese Verbindungen ersetzt durch das Rhodanaluminium, das den Vorteil hat, die Rackeln und Walzenspindeln nicht anzugreifen und etwa vorhandenes Eisen zu binden, so daß der Alizarinrotlack nicht beeinflußt wird.

Künstliche organische Farbstoffe. 65

Das Eisen wird als holzessigsaures Eisen oder auch als $FeSO_4$ angewendet; beim Dampfgrün in Form von Rhodaneisen.

Zn, Ni und Co in Form von Bisulfiten oder Azetaten,
Ca als Azetat oder Formiat,
Sn als Oxalat, Nitrat, Oleat, Laktat.

Durch Ölbeize wird die Schönheit und Echtheit des Lacks erhöht. Das Ölen geschieht mit Hilfe von sulfurierten, chlorierten oder oxydierten, ungesättigten Ölsäuren: Vor allem Rizinusölsäuren. Es wird vor oder während des Druckens geölt. Das erstere erzeugt bessere Resultate, hat aber den Nachteil, daß das Weiß des unbedruckt gebliebenen Stoffes beim Lagern manchmal nachgilbt. Produkte wie Lizarol D konz. (M) der Druckfarbe zugemischt, sollen ebenso gute Resultate ergeben wie das Vorölen. Lizarol ist eine Mischung von sulfuriertem Rizinusöl und Formaldehyd. Auch sog. Chloröle finden als Zusatz der Druckfarbe Anwendung: Darstellung aus 1 Teil Rizinusöl und 1 Teil Chlorkalklösung von 2^0 Bé.

Unlösliche Farbstoffe können durch Behandeln mit Bisulfit in die löslichen Bisulfitverbindungen übergeführt und in dieser Form angewendet werden.

Vorschrift 25 (Alizarinrot), Tonerdebeize.

Das Tuch wird in einer Lösung von 50—70 g Türkischrotöl (Zusatz von NH_3 bis zur klaren Lösung) in 1 Liter Wasser gut imprägniert.

Zur Herstellung der Druckpaste wird am besten der Farbstoff mit der Verdickung verkocht; ihrerseits werden Beizen und Zusätze gemischt und nach dem Erkalten das ganze zusammengebracht. Für eine feurige Nuance wird Zinn zugegeben.

595 g saure Stärke-Tragant-Verdickung (c, siehe Verdickung),
150 ,, Alizarin 20%,
100 ,, essigsaurer Kalk 10^0 Bé
90 ,, Rhodanaluminium 20^0 Bé
65 ,, milchsaures Zinn 27^0 Bé resp. 84 g oxalsaures Zinn 16^0 Bé.
1000 g.

Dann etwas trocknen lassen, 1—1½ Stunden ohne Druck oder ½—1 Stunde mit ½ Atmosphäre Überdruck dämpfen; kreiden bei 80^0 mit 30 g Schlemmkreide in 1 Liter Wasser, spülen und kochend seifen mit

3 g Marseillerseife
2½ ,, Soda kristallisiert } pro Liter ¼ Stunde lang.
1¼ ,, Zinnsalz

Vorschrift 26: Alizarinorange.

580 g Stärke-Tragantverdickung (d, siehe Verdickungen),
150 ,, Alizarinorange 20%,
20 ,, Ameisensäure 90%,
50 ,, essigsaurer Kalk 10^0 Bé,
200 ,, essigsaure Tonerde 10^0 Bé
1000 g.

Nachbehandlung wie unter 25.

Druck mit Chrombeizen.

Ein Vorölen des Stoffes ist unnötig. Um eine vorzeitige Lackbildung zu verhindern, mische man die Beizen gerade vor Gebrauch kalt hinzu.

Vorschrift 27: 150 g Farbstoff-Teig 20% (z. B. Alizaringelb GG),
150 „ Wasser,
600 „ Weizenstärke-Tragantverdickung (d, siehe Verdickungen),
<u>100 „ Chromazetat 20^0 Bé</u>
1000 g.

Trocknen, eine Stunde dämpfen und waschen.

Vorschrift 28: Der Farbstoff ist an sich unlöslich und muß in Form seiner löslichen Bisulfitverbindung angewendet werden. Beispiele hierfür sind: das Alizarinblau, das Alizarinschwarz, die Coeruleïne (die S-Marken sind die löslichen Bisulfitverbindungen).

Olivedruckfarbe (M) Coeruleïn.

30 g Coeruleïn A extra
20 „ Bisulfit 38^0 Bé   ⎫ 2 Stunden stehen lassen,
20 „ Glyzerin   ⎬   dann zugeben:
150 „ Wasser   ⎭
500 „ Weizenstärke-Tragantverdickung (d, siehe Verdickungen),
180 „ Wasser,
<u>100 „ Chromazetat 20^0 Bé</u>
1000 g.

Trocknen, dämpfen und waschen.

Vorschrift 29: Es gibt Chromfarben, die mit einer sauren Paste gedruckt nur schlechte Resultate liefern; besser ist es dann, die löslichen Alkalisalze dieser Farbstoffe mit neutraler Chrombeize aufzudrucken.

Beispiel: Anthrazenbraun.

200 g Anthrazenbraun D Teig (B)
40 „ Borax,
630 „ Stärke-Tragantverdickung (d, siehe Verdickungen),
<u>130 „ neutrale Chrombeize 21^0 Bé</u>
1000 g.

Trocknen, dämpfen, waschen.

Neutrale Chrombeize: ⎰ 500 g essigsaures Chrom 20^0 Bé,
⎱ 100 „ Glyzerin,
⎰ 4 „ kalzinierte Soda,
⎱ 36 „ Wasser

auf 21^0 Bé stellen.

Druck mit Eisenbeize.

Am besten eignet sich holzessigsaures Eisen. Das Eisen in Ferriform angewandt fixiert sich schlecht. Man beizt deshalb mit Ferrosalzen, die sich langsam oxydieren und sich als Ferrisalz auf der Faser niederschlagen. Die teerhaltigen Beimengungen des holzessigsauren Eisens verlangsamen die Oxydation zur Ferriform und wirken deshalb günstig. Den gleichen Erfolg soll man durch Zugabe von arseniger oder phosphoriger Säure

Künstliche organische Farbstoffe. 67

erhalten. Nach Persoz verhindern diese Verbindungen eine Entwässerung oder Polymerisation des Ferrihydroxyds, das sich in dieser Form schwerer mit den Farbstoffen verbindet. Auch Ferrizyankalium kann als Beize benutzt werden.

Alizarin mit Eisenbeize gedruckt ergibt einen violetten Ton.

Vorschrift 30:   50 g Alizarin V 20%,
               600 ,, Stärke-Tragantverdickung (d, siehe Verdickungen),
               250 ,, Essigsäure 6^0 Bé (30%ig),
                75 ,, essigsaurer Kalk 10^0 Bé,
                25 ,, holzessigsaures Eisen 15^0 Bé
           1000 g.

Trocknen, dämpfen, waschen.

Mit Hilfe von basischen Farbstoffen (Methylviolett) werden lebhaftere Nuancen erzielt.

Anstatt den Farbstoff mit der Beize zusammen aufzudrucken, kann die Beize für sich aufgedruckt und hierauf durch Dämpfen fixiert werden. Dann wird die Verdickung weggewaschen („degommiert") und zuletzt gefärbt, wobei nur die bedruckten Stellen die Farbe annehmen. Beim Aufdrucken der Beize mischt man noch eine geringe Menge eines Farbstoffs, die sog. Blende, hinzu zum Sichtbarmachen des Drucks.

4. Küpenfarbstoffe.

Ähnlich wie in der Färberei werden diese Farbstoffe in Form ihrer Leukoverbindungen auf die Faser gebracht und nachträglich oxydiert.

A. Anthrachinonküpenfarbstoffe (Indanthren-, Algol-, Cibanon- und einige Helindonfarbtsoffe).

Hier unterscheidet man zwei Verfahren: Das Entwicklungs- und das Dämpfverfahren.

a) Das Entwicklungsverfahren:

Als Reduktionsmittel dienen: Eisenvitriol und Zinnchlorür. Um eine zu rasche Reoxydation des reduzierten Farbstoffes zu verhindern, werden reduzierende Zusätze beigefügt: wie Weinsäure oder Milchsäure. Weinsäure kann beim Trocknen die Baumwolle angreifen und darf nur in geringen Mengen zugesetzt werden; während Milchsäure unschädlich ist. Glukose verstärkt die Wirkung der Milchsäure.

Man bedruckt mit folgendem Ansatz: Z. B. für Indanthrenblau RS.

Vorschrift 31 a: 690 g British-Gum-Verdickung + Senegalgummiverdickung (Verhältnis 3:1),
                    50 ,, Milchsäure 50%,
                    15 ,, Weinsäure 1:1,
                    15 ,, Zinnsalz 1:2,
                    20 ,, Glukose 1:1,
     dann: 135 ,, $FeSO_4$ 1:2. Dieses Gemisch
  einrühren in: 75 ,, Indanthrenfarbstoff Teig fein
                1000 g.

Es wird gut getrocknet und hierauf mit NaOH fixiert. Die Ware passiert während ½—¾ Minuten ein 75—80^0 warmes Bad von 18—20^0 Bé starker NaOH, dann ohne gequetscht zu werden (um ein Ausbluten zu verhindern) ein Bad von kalter Natronlauge (18—20° Bé). Hierauf wird abgequetscht, gewaschen und in H_2SO_4 von 3° Bé abgesäuert. Um etwa niedergeschlagenes Eisenoxyd zu entfernen, ist es vorteilhaft, etwas Oxalsäure zuzusetzen.

b) Das Dämpfverfahren.

Dieses Verfahren ist bedeutend wichtiger als das vorhergehende. Als Verdickungen kommen für mittlere Nuancen British-Gum-Stärkeverdickungen in Betracht; für dunkle Stärketragant-Verdickungen.

Als Reduktionsmittel dienen: Rongalit C (B) = Hydrosulfit NF konz. (M) = Hyraldit C extra (C); eventuell auch noch Glukose + NaOH.

Der Farbstoff kann in reduziertem Zustande aufgedruckt werden durch vorheriges Erwärmen mit Hydrosulfit konz. oder er wird erst beim Dämpfen durch den Rongalit reduziert.

Als Alkali dient vor allem: Pottasche, Soda und in bestimmten Fällen auch NaOH.

Die Verfahren sind:
1. Das Lauge-Rongalit-Dämpfverfahren,
2. das Lauge-Zinnoxydul-Dämpfverfahren,
3. das Lauge-Glukose-Dämpfverfahren,
4. das Pottasche-Rongalit-Dämpfverfahren (bequemer und angenehmer wie Verfahren 1.)

Der Rongalit wird erst beim Dämpfen zersetzt und ist erst dann wirksam.

Beispiel: Pottasche-Rongalitverfahren.

Vorschrift 31 b (je nach gewünschter Stärke):

$$\frac{\begin{array}{rl} 10— 200 \text{ g} & \text{Farbstoffteig,} \\ 990— 800 \text{ ,,} & \text{Stammansatz} \end{array}}{1000 \quad 1000 \text{ g.}}$$

Stammansatz für mittlere Nuancen:

150 g Pottasche ⎫
140 ,, Wasser   ⎬ lösen und verrühren mit:
100 ,, Glyzerin ⎭

500 ,, Stärke-British-Gumverdickung (h, siehe Verdickungen), hierauf zugeben:

$$\frac{\text{von } 40— 60 \text{ ,, Rongalit C} \atop 50 \text{ ccm Wasser}\} \text{ lösen bei } 50—60°}{1000 \text{ g.}}$$

Fünf Minuten im luftfreien Dämpfer bei 100—102° mit gesättigtem Dampf behandeln; dann spülen und kochend seifen.

B. Indigofarbstoffe.

Als Reduktionsmittel werden gebraucht: Rongalit C usw. wie unter A und schließlich Glukose, Maltose, Dextrin in Gegenwart von Alkali.

Als Alkali dienen: Natronlauge, Soda und Pottasche. Letztere soll ergiebigere Drucke liefern als Soda.

Vorschrift 32 a: Lauge-Rongalitverfahren (für Indigo rein BASF). Damit der Indigo leichter aufzieht, verwendet man NaOH wegen seiner merzerisierenden Wirkung.

Künstliche organische Farbstoffe.

Für mittlere Töne (für Indigo rein R, RR, RB, Brillantindigo, Küpenrot).

  42 g Indigo rein BASF Teig 20%,
  45 ,, Rongalit C (bei 60⁰ lösen und kalt mit der Verdickung verrühren),
750 ,, alkalische Verdickung (l, siehe Verdickungen),
163 ,, British-Gum-Verdickung (g, siehe Verdickungen).
1000 g.

Nach dem Druck wird getrocknet, 4—5 Minuten im luftfreien Dämpfer behandelt bei 100—102⁰ und gespült.

Vorschrift 32 b: Soda-(Pottasche)-Rongalitverfahren.

Ansatz wie unter 32a; jedoch kommt anstatt der alkalischen folgende Verdickung in Anwendung:
  1 Teil British-Gum,
  1 Teil Sodalösung 20% (oder Pottasche).

Nachbehandlung wie unter 32a.

In manchen Fällen ist es vorteilhaft, den Farbstoff in schon reduziertem Zustande (mittels Hydrosulfit konz.) aufzudrucken.

Zum Drucken von dunkelblauen Nuancen kann auch Glukose als Reduktionsmittel benutzt werden.

Vorschrift 32 c: Das Gewebe wird mit Glukoselösung vorpräpariert, je nach der gewünschten Nuance mit einer Lösung von 150—300 g Glukose im Liter. Es wird geklotzt und getrocknet. Hierauf folgt das Drucken mit folgendem Ansatz: (z. B. für Indigo MLB, Helindonscharlach S, Helindongelb 3 GN usw.).

  750 g alkalische Verdickung (k, siehe Verdickungen),
  100 ,, NaOH 22⁰ Bé,
  150 ,, Farbstoffteig
1000 g.

Dann wird ¾ Minuten im luftfreien Dämpfer (Mather Platt) bei 101⁰ mit feuchtem Dampf behandelt, gewaschen und eventuell geseift.

Wenn die Glukose der Druckmasse selbst einverleibt wird, so haben die Drucke ein trüberes Aussehen.

Druck mit Indigosol D. H.

(Allgemeines über „Indigosol D. H." siehe unter Färben der Baumwolle.)

Als Oxydationsmittel wird auch hier Eisenchlorid oder Nitrit verwendet.

Beispiel: Indigosol DH . . . . 60—100 g
        Wasser, zum Lösen, Verdickung (Tragant,
        Stärke-British-Gum, Gummi), einstellen auf   1000 g

Trocknen und im Eisenchlorid- oder Nitritbad entwickeln wie unter Färben von Baumwolle mittels Indigosol angegeben.

Man kann auch eventuell das Nitrit der Druckpaste einverleiben und in saurem Bade entwickeln:

Man klotzt (bedruckt) mit einer Lösung von Indigosol und Nitrit und zwar für eine mittlere Nuance 60—100 g des ersteren und 12—20 g des letzteren. Hierauf wird entwickelt durch eine kurze Passage in kalter saurer Lösung (etwa 20 g Schwefelsäure pro Liter) mit oder ohne Kochsalzzusatz.

Für Reserven siehe unter diese.

5. Schwefelfarbstoffe.

Ähnlich den Küpenfarbstoffen werden die Schwefelfarbstoffe in Form ihrer Leukoverbindungen fixiert. Die Reduktion des Farbstoffes geschieht mittels Hydrosulfit NF konz. (M) oder Rongalit C (B) oder Hyraldit C extra (C) in alkalischer Verdickung. Da Na_2S und Schwefel die kupfernen Walzen angreifen und schwärzen, kommen extra präparierte Na_2S- und schwefelfreie Produkte in den Handel, z. B. die sog. ,,D"-Marken der Thiogenfarbstoffe von Höchst. Arbeitet man mit gewöhnlichen Schwefelfarbstoffen, so kann man durch Zugabe von Sulfiten oder Formaldehyd das vorhandene Na_2S binden. — Die BASF empfiehlt noch eine Zugabe von β-Naphthollösung zur Druckpaste zum Zwecke, die Drucke ausgiebiger zu machen.

Stark alkalische Druckpasten ergeben die besten Resultate.

Vorschrift 33: Stark alkalischer Ansatz (M).

> 30 g Farbstoff ,,D"-Marke,
> 50 ,, Glyzerin,
> 50 ,, NaOH 40° Bé,
> 80 ,, Wasser,
> 100 ,, Kaolinteig (1:1),
> 40 ,, Hydrosulfit NF konz. (1:1), anteigen und auf dem Wasserbad erwärmen, bis der Farbstoff gelöst ist; dann zugeben von
> 650 ,, alkalische Verdickung (k, siehe Verdickungen). Nochmals auf 50° erwärmen

1000 g.

Um eine innigere Mischung mit der Verdickung zu erhalten, kann man auch den Farbstoff in der Verdickung selbst reduzieren.

Nach dem Drucken wird vorsichtig getrocknet und im Dämpfer mit feuchtem Dampfe bei 100—102° 3—6 Minuten behandelt. Dann wird gewaschen, abgesäuert mit 10 g H_2SO_4 66° Bé + 2 g $CuSO_4$ im Liter Wasser und geseift. Durch das $CuSO_4$ werden die Nuancen voller.

6. Farbstoffe, die auf der Faser erzeugt werden.

Diese Farbstoffe bilden eine Gruppe für sich. Hierher gehören das Para-Rot, das Nitrosoblau, das Anilinschwarz und die Mineralfarben.

Griesheimer Rot.

Von der Gruppe des Para-Rot sei hier der Druck mit dem wichtigen Naphthol AS angeführt. Eisfarben können auf verschiedene Weise gedruckt werden: a) Das Gewebe wird mit Naphthollösung imprägniert (geklotzt) und mit verdickter Diazolösung bedruckt, b) das Tuch wird mit Diazolösung geklotzt und verdickte Naphthollösung aufgedruckt, c) es werden verdickte Naphthollösungen audgedruckt und mit Diazolösungen ausgefärbt.

Künstliche organische Farbstoffe.

Vorschrift 34: a) Grundieren mit Naphthol AS (Gr. E.):
24 g Naphthol AS werden mit
38 ccm NaOH 36° Bé angeteigt und mit
30 g Türkischrotöl versetzt, in heißem Wasser gelöst und
auf 1 Liter gestellt.

In diesem Bade imprägniert man die Baumwolle bei 50° C und quetscht gut ab. Vorsichtig trocknen.

b) Drucken mit verdickter Diazolösung.

12 g Echtscharlach-G-Base mit
24 „ HCl 22° Bé anteigen, dann
160 „ kochendes Wasser zusetzen und lösen, hierauf
160 „ Eis zugeben und unter Umrühren auf einmal mit:
30 ccm Natriumnitritlösung (1:4) versetzen. Etwas stehen lassen (KJ-Papier),
dann 464 g Stärke-Tragantverdickung (d, siehe Verdickungen) oder
Tragantschleim von 6% einrühren,
100 „ Tonerdesulfat (1:1) und vor Gebrauch:
50 „ essigsaures Natrium (1:1) zugeben.
1000 g.

Nach dem Druck wird getrocknet und gewaschen.

Gummi-, British-Gum- und Dextrinverdickungen eignen sich nicht zum Drucken von Eisfarben.

Etwa entstehendes Schäumen durch Zersetzung der Diazolösung, welches einen schlechten Druck verursacht, kann durch Zusatz von Benzin zur Druckpaste unschädlich gemacht werden.

Paranitranilin oder Dianisidin werden mit β-Naphthol nach dem gleichen Prinzip gedruckt.

Die Rapidechtfarben (Gr. E.), die zum Druck verwendet werden, haben folgende Konstitutionen (siehe Journ. Soc. of Dyers and Col. Juliheft 1924, Nr. 7, S. 228ff.): Rapidechtrot B ist ein Gemisch von 5-Nitro-2-diazoanisol und Naphthol AS; Rapidechtrot BB ist ein Gemisch von 5-Nitro-2-diazoanisol und Naphthol AS—BS (= BS), Rapidechtrot GG besteht aus diazotiertem p-Nitranilin und Naphthol AS; Rapidechtrot 3GL ist ein Gemisch von o-Nitro-p-chloranilin und Naphthol AS; Rapidechtblau B besteht aus Naphthol AS und wahrscheinlich tetrazotiertem Dianisidin; Rapidechtrot GZ ist ein Gemisch von diazotiertem 2, 4-Dichloranilin und Naphthol AS; Rapidechtorange RG besteht aus diazotiertem o-Nitranilin und Naphthol AS. Alle diese Diazoverbindungen sind selbstverständlich haltbar gemacht worden.

Druckansatz für Rapidechtrot GZ, 3GL, GL, B, BB:

150 g Farbstoff-Teig mit
40 „ Monopolbrillantöl und
170 „ kaltem Wasser gut anteigen, dann
500 „ neutrale Stärketragant-Verdickung
120 „ neutrale Kaliumchromatlösung 1:2 und
20 „ Terpentin zurühren
1000 g.

Für Rapidechtbraun B und Rapidechtblau B nimmt man im obigen Ansatz nur: 105 g Wasser, aber: 180 g Chromatlösung.

Man druckt, trocknet, dämpft 3—4 Minuten im Mather-Platt bei 100°, hierauf folgt ein kochend heißes Bad, das 75 g Glaubersalz und 50 ccm Essigsäure 6° Bé im Liter enthält, dann wird gespült, geseift und getrocknet.

Rapidechtfarben können auch durch Verhängen, also ohne Dämpfen entwickelt werden. In diesem Falle unterbleibt der Zusatz von Chromat in der Druckfarbe. Man verhängt 3—12 Std. in mäßig warmer Luft. Nachbehandlung wie oben.

Nitrosoblau (M).

Das Nitrosoblau entsteht durch Kondensation von Nitrosodimethylanilin mit Resorzin. Die Base kommt als Nitrosobase M 50% in den Handel. Zur Druckpaste wird Tannin zugesetzt, da das Nitrosoblau ein basischer Farbstoff ist. Resorzin, das schon mit Tannin gemischt ist, führt im Handel den Namen: Tannoxyphenol R.

Formel des Nitrosoblau:

$$O-\underset{-N=}{\underset{|}{\bigcirc}}-O=\bigcirc-N(CH_3)_2$$

Zum Drucken wird die Base in Wasser und HCl gelöst, dann wird verdickt, Tannin und Resorzin zugegeben und zuletzt Oxalsäure und Natriumphosphat. Werden geringe Mengen Tannin angewandt, so fällt die Nuance voller und rotstichiger aus, als bei größeren Mengen. Das basische Na-Phosphat soll ein Schwächen der Faser durch die Säuren verhindern.

Vorschrift 35:

26 g Nitrosobase M Teig 50% \
20 ,, Wasser } lösen, \
8,7 g HCl 22° Bé /

dann 20 ,, Glyzerin und
600 g saure Stärkeverdickung (b, siehe Verdickungen).

Hierauf 20 ,, Resorzin, gelöst in
147 ,, Wasser einrühren,

dann 6 ,, Oxalsäure gelöst in
52,3 g Wasser,
60 g essigsaures Tannin (1:1),

und vor Gebrauch 40 ,, Na-Phosphat (1:5)
───────
1000 g.

Man trocknet, dämpft 2—3 Minuten im Mather-Platt, passiert dann durch ein Brechweinsteinbad (10 g im Liter bei 30—40°), wäscht und seift.

Anilinschwarz und *Diphenylschwarz*.

Allgemeines über Anilinschwarz siehe unter Färberei.

Beim Drucken dienen als Oxydationsmittel: Chlorate, eventuell auch Chromsalze.

Künstliche organische Farbstoffe. 73

Als Sauerstoffüberträger dienen: Cu-, Vd- und Fe-Salze. Die Vd- und löslichen Cu-Salze ergeben Drucke von geringer Haltbarkeit, besser wirken unlösliche Cu-Verbindungen, wie CuS. Weiter ist das Ferrozyankalium wichtig geworden. Dieses hat den Vorteil, erst bei 100° in Wirksamkeit zu treten und mildernd auf die Oxydation zu wirken (Dampfanilinschwarz).

Vorschrift 36: Dampfanilinschwarz.

40 g $NaClO_3$ ⎫
45 ,, Ferrozyankalium ⎬ lösen,
55 ,, Wasser ⎭
350 ,, Stärke-Tragantverdickung (d, siehe Verdickungen).

Hierzu kalt zugeben:
80 ,, Anilinsalz,
75 ,, kaltes Wasser,
350 ,, Stärke-Tragantverdickung,
 5 ,, Anilinöl
―――――
1000 g.

Etwas trocknen, dann kurze Zeit dämpfen bei 100—102° im gut ventilierten Mather-Platt. Hierauf wird fertig oxydiert in einer Bichromatlösung (2 g Bichromat + 1 g Soda pro 1 Liter Wasser) bei 70°; wobei die dunkelgrüne Färbung in Schwarz übergeht.

Vorschrift 37: Anilinhängeschwarz.

Anstatt zu dämpfen wird hier durch Hängen an der Luft oxydiert. Nachchromieren wirkt günstig.

100 g Weizenstärke ⎫
100 ,, Wasser ⎬
40 ,, Dextrin ⎭
27 ,, $NaClO_3$ ⎫ Das Gemisch wird 10 Minuten verkocht;
597 ,, Wasser ⎭ dann gibt man warm hinzu:
80 ,, Anilinsalz (in wenig Wasser gelöst),
6 ,, Anilinöl,
50 ,, Schwefelkupferteig (Darstellung siehe unten) frisch herstellen
―――――
1000 g.

Man verhängt 1—2 Tage in einem feuchtwarmen Orte bei 35—40° und hierauf wird in einem Chromierungsbade behandelt wie unter 36.

Anstatt CuS-Teig können auch Vd-Salze verwendet werden.

Darstellung von CuS-Teig: 750 g $CuSO_4$, ⎫
5 Liter Wasser, ⎭
780 g Na_2S kristallisiert, ⎫
4 Liter Wasser ⎭

Zusammengießen, den Niederschlag waschen und auf 1000 g abpressen.

Vorschrift 38: Diphenylschwarz (M).

Das Diphenylschwarz ist unvergrünlich, da sich kein Emeraldin aus dem Oxydationsprodukt des p-Amidodiphenylamins bilden kann. Ein Vorteil ist hier auch das Arbeiten mit Essig- und Milchsäure, die im Gegensatz zu den sonst angewandten Mineralsäuren die Faser nicht angreifen und das Nachchromieren wegfällt.

74   Organische Farbstoffe.

	110 g	Weizenstärke
	450 ,,	Wasser
	108 ,,	Essigsäure 6° Bé
	20 ,,	Olivenöl
warm zusetzen	30 ,,	NaClO$_3$,
	35 ,,	Diphenylschwarzbase I (p-Amidodiphenylamin),
in	130 ,,	Essigsäure 6° Bé,
und	45 ,,	Milchsäure 50%. Vor Gebrauch zusetzen:
	18 ,,	Aluminiumchlorid 30° Bé,
	10 ,,	Schwefelkupferteig 30%,
	30 ,,	Wasser,
	14 ,,	Cerchlorid 43° Bé (oder vanadins. Ammon)
	1000 g.	

{ ½ Stunde kochen,

Trocknen bei 98—100°. 1—3 Minuten dämpfen im Mather-Platt. Ferrozyankalium ist hier nicht anwendbar, da es mit p-Amidodiphenylamin schwer lösliche Salze bildet.

NB. Die Diphenylschwarzbase DO (M) ist ein Gemisch von ¾ Anilinöl und ¼ p-Amidodiphenylamin.

7. Drucken mit Albumin (Kasein).

Unlösliche Pigmente (z. B. Ultramarin, Chromgelb) können auf der Faser mit Hilfe von Albumin fixiert werden. Das in der Druckpaste enthaltene Albumin gerinnt (koaguliert) beim nachfolgenden Dämpfen, schließt den Farbstoff ein und klebt ihn auf der Faser fest. Neben den anorganischen Pigmenten können auch basische und Indanthrenfarbstoffe auf diese Weise fixiert werden.

Vorschrift 39: Druck mit Pigmenten.

    300 g Farblack oder Pigmentteig (z. B. Chromgelb),
     30 ,, Glyzerin,
    370 ,, British-Gum 40:100 oder Tragantschleim 6%,
 150—300 ,, Albuminverdickung 1:1 (o, siehe Verdickungen)
    1000 g. Trocknen, dämpfen, waschen.

II. Der Ätzdruck.

Allgemeines siehe vorne. Hier werden nur kurz einige Methoden angeführt:

1. Ätzen von basischen Farbstoffen.

Hier kommt im allgemeinen die Oxydationsätze in Anwendung (Chlorat). Gut ätzbar sind nur helle Nuancen. Manchmal kann mittels Hydrosulfit geätzt werden.

Tanninätzartikel: Tannin oder dessen Sb-Lack können durch starke Alkalien geätzt werden. Man klotzt mit Tannin (20—50 g im Liter), läßt 2—3 Stunden liegen, passiert ein 45° warmes Bad, das 10—20 g Brechweinstein und 10 g NH$_4$Cl im Liter enthält und trocknet. Hierauf wird die Ätze aufgedruckt, gedämpft, gesäuert und schließlich gefärbt.

Künstliche organische Farbstoffe. 75

2. Das Ätzen von
substantiven Farbstoffen
geschieht meistens mit Hilfe von Reduktionsmitteln (Hydrosulfitpräparate, Zinnsalz Zinkstaub + $NaHSO_3$).
Beispiel einer Buntätze: Ätzen eines Azofarbstoffes (z. B. Benzolichtrot (By)) und gleichzeitiges Auffärben eines basischen Farbstoffes (z. B. Auramin).

Vorschrift 40: 40 g basischer Farbstoff,
130 ,, Glyzerin,
150 ,, Wasser,
350 ,, Weizenstärke-Tragantverdickung (d, siehe Verdickung) oder British-Gum-Verdickung (1 : 1),
60 ,, Phenol (zum Lösen des Farbstoffs),
120 ,, wässerige Tanninlösung (1 : 1),
150 ,, Hydrosulfit NF konz. (1 : 1) oder Rongalit C
1000 g.

Aufdrucken, trocknen lassen, dämpfen 3—5 Minuten im luftfreien Mather-Platt bei 101°. Hierauf wird gewaschen und der basische Farbstoff fixiert durch Passieren durch ein Brechweinsteinbad von 10 g Brechweinstein im Liter bei 40°.

Ein Zusatz von Anthrachinon zur Reduktionspaste wirkt günstig (Katalysator).

3. Das Ätzen von Beizenfarbstoffen.

Die Farbstoffe dieser Gruppe sind nur unvollkommen ätzbar. Das Ätzen geschieht mittels Chlorat, Hydrosulfit oder fixen organischen Säuren wie Zitronen- und Weinsäure.

Eventuell kann man das Gewebe zuerst beizen, hierauf die Beize stellenweise wegätzen, wobei beim nachfolgenden Färben die geätzten Stellen weiß bleiben.

Es kann der Ätzmasse auch ein Farbstoff oder ein anorganisches Pigment zugesetzt werden, die den Reduktionsmitteln widerstehen und so eine Buntätze erzeugt werden.

Das Ätzen von Tonerde-, Eisen-, Chromazetatbeizen geschieht mittels Zitronensäure oder einem Gemisch von Zitronen- und Weinsäure.

4. Das Ätzen von Küpenfarbstoffen.

Als Oxydationsätzen für Indigo kommen in Betracht: Chromate, Chlorate, auch Bromate, Nitrate und Ferrizyanalkalien. Die Oxydationsätzen haben jedoch den Nachteil, die Baumwolle anzugreifen. Als Reduktionsätzen dienen: Hydrosulfit, dann auch Zinnsalz, Glukose und Eisenvitriol.

a) *Oxydationsätzen.* Bichromate werden mit Stärke verdickt und aufgedruckt. Bei der folgenden heißen Säurepassage erfolgt ein Freiwerden der Chromsäure, die den Indigo zu Isatin oxydiert. Zum Illuminieren (Buntätze) werden anorganische Pigmente oder Lacke organischer Farbstoffe mit aufgedruckt. Die Fixierung derselben geschieht mit Hilfe von Albumin. Es entsteht bei diesem Verfahren aber immer etwas Oxyzellulose. Als Regulatoren dienen: Glyzerin, Alkohol, Oxalsäure usw.

Die Chloratätzen enthalten neben dem Chlorat Ferro- oder Ferrizyanverbindungen als Regulatoren. Bei einer nicht sorgfältig geleiteten Chloratätze tritt leicht Faserschwächung ein. Man dämpft nach dem Drucken 1—3 Minuten bei 100°, dann wird durch 60° warmes Wasser passiert und schließlich durch Natronlauge von 40° Bé. Für Buntätzen können unlösliche Azofarbstoffe benutzt werden.

Bei der Nitratätze werden Nitrate oder Nitrite aufgedruckt und hierauf mit Mineralsäuren (H_2SO_4 von 42° Bé) behandelt, während zwei bis drei Sekunden bei 65°, wobei HNO_3 oder HNO_2 in statu nascendi den Indigo oxydieren.

b) *Reduktionsätzen.* Die Hydrosulfitätze ist die wichtigste Ätze für Indigo. Eine Schwächung der Faser ist hier ausgeschlossen. Große Schwierigkeiten verursachte, das bei der Reduktion entstehende Indigweiß in eine relativ stabile Form überzuführen, die nicht schon während der einzelnen Operationen durch Reoxydation wieder in Indigblau übergeht. Das Problem wurde gelöst durch Einführung der sog. Leukotrope (B). Es sind gewisse Ammoniumbasen.

Rongalit CL (B), Hydrosulfit CL (M) sind Gemische von Formaldehydnatriumsulfoxylat und Leukotrop W. Bei Gegenwart von Zinkoxyd geben diese Körper mit Indigweiß luftbeständige, orangegefärbte Verbindungen, die nach dem Ätzen mit schwachen Alkalien abgewaschen werden.

Ein Anthrachinonzusatz wirkt günstig für die Erzielung eines reinen Weiß, ebenso Blanc-fixe ($BaSO_4$).

Zur Verdickung der Ätze dienen: British-Gum, Weizenstärke-Tragant oder Tischlerleim.

Leukotrop O (Ätzbase 1 (M)) dient zur Herstellung gelber Ätzeffekte.

Vorschrift 41: 500 g British-Gum-Verdickung (1:1),
150 ,, Zinkoxyd (1:1),
200 ,, Hydrosulfit CL
40 ,, Anthrachinonteig,
110 ,, Wasser
1000 g.

Das Dämpfen der bedruckten Ware dauert 3—5 Minuten im Mather-Platt bei 101° mit feuchtem Dampf. Den Abziehbädern wird zur Verhinderung der Küpenbildung etwas Formaldehyd zugeführt. Man wäscht dann den Hydrosulfitüberschuß in heißem Wasser ab und passiert durch ein kochendes Bad mit 10 g Silikat 38° Bé (oder NaOH) in 1 Liter Wasser. Gut waschen.

Anthrachinonküpenfarbstoffe sind auch mit Rongalit CL oder Hydrosulfit CL usw. ätzbar.

5. Die Schwefelfarbstoffe

sind schwer ätzbar. Als Ätze kann Chlorat benutzt werden; doch kann hierdurch leicht eine Faserschwächung entstehen.

Künstliche organische Farbstoffe. 77

6. Das Ätzen der Eisfarben.

Von Bedeutung ist hier nur die Hydrosulfitätze mittels Rongalit C oder CL bzw. Hydrosulfit NF konz. oder CL. Hydrosulfit NFA ist leichter spaltbar als diese.

Im allgemeinen wird alkalisch (oder neutral) geätzt, es kommt aber auch vor, daß sauer geätzt wird [z. B. zum Ätzen gewisser Azofarbstoffe wie Parabraun (M)]. Hydrosulfit NF konz. kann nämlich bei Gegenwart eines Formaldehydüberschusses in salz- oder essigsaurer Verdickung zum Ätzen benutzt werden, ohne eine Zersetzung zu erleiden.

α-Naphthylaminbordeaux (Diazo-α-naphthylamin → β-Naphthol), Benzidinbraun und andere Azofarbstoffe verursachen beim Ätzen Schwierigkeiten und sind nicht direkt mit Hydrosulfit ätzbar. Es müssen noch Katalysatoren hinzugefügt werden wie gewisse Fe-Salze, dann Einwirkungsprodukte von CH_2O auf gewisse Amidobasen (Xylidin), Farbstoffe wie Indulinscharlach. Am besten wirkt jedoch Anthrachinon [1]).

Als Verdickungsmittel eignen sich Mehl- und Stärke-Tragantverdickungen.

Bei Anwendung von Hydrosulfit NFA (M) sind British-Gum und gebrannte Stärkeverdickungen zu gebrauchen. Mit Hilfe von Hydrosulfit NFA können auch ohne Anwendung von Katalysatoren gute Ätzeffekte erzeugt werden.

Reduktionsbeständige Farbstoffe für Buntätzen sind: Basische Farbstoffe, dann Küpen-, Schwefelfarbstoffe und Pigmente.

III. Reservedruck.

Allgemeines siehe vorne.

1. Basische Farbstoffe.

Basische Farbstoffe werden mit Antimon- oder Zinkverbindungen reserviert. Man bedruckt die Ware mit der Reserve und klotzt dann mit der tanninhaltigen Lösung des Farbstoffes. Man trocknet, dämpft eine Stunde, spült, behandelt in einem Brechweinsteinbad (10 g im Liter) und seift. Die reservierten Stellen werfen den Farbstoff ab.

Vorschrift 42. Reserve: 300 g Na-Brechweinstein (oder Sb-Laktat),
50 ,, $ZnSO_4$
650 ,, British-Gum (1:1)
―――――――――――――
1000 g.

Für Buntreserven von basischen Farbstoffen setzt man am besten der Reserve einen substantiven Farbstoff zu.

2. Beizenfarbstoffe

werden reserviert durch Vordrucken von fixen organischen Säuren wie Zitronensäure, Weinsäure, Oxalsäure (oder deren Salze). Das Aufziehen der Farbstoffe wird an den bedruckten Stellen verhindert.

---

[1]) Siehe: Bull. Soc. Ind. Mulh. Tome 89, No. 6. 1923. Battegay et Brandt: dann desgl. Tome 87, p. 233. 1921; dann Battegay: Étude sur l'anthraquinone. Rev. générale des sciences 1922. p. 502.

Vorschrift 43 (für Alizarinrosa).
Reserve: 300 g British-Gum-Pulver (M),
600 ,, Wasser,
30 ,, Zitronensäure,
50 ,, Kaolin,
20 ,, zitronensaures Na 28° Bé
—————
1000 g.

Die Reserven werden aufgedruckt, dann mit den Farbstoffen überdruckt, hierauf wird 1—1½ Stunden ohne Druck gedämpft, gekreidet, gewaschen und geseift.

Man kann auch mit rein mechanischen Mitteln reservieren wie Pfeifenton usw.

3. Küpenfarbstoffe.

a) Pappreserve (speziell für Indigo).

Die Pappreserven sind reservierende Mittel, die vor dem Färben mit erhabenen Mustern (Handdruck, Perrotine oder Walze mit erhabenen Mustern) aufgedruckt werden und rein mechanisch ein Benetzen der Faser durch die Küpe verhindern (z. B. $BaSO_4$, $PbSO_4$, Pfeifenton usw.). Durch die Zugabe von Oxydationsmitteln wie $CuSO_4$, Pb-Salzen usw. wird auf der Reserve eine feine schützende Indigohaut gebildet, die nach dem Färben entfernt wird.

Eine Zugabe von Säuren beeinflußt im günstigen Sinne die Wirkung der Reserve. Ein Zusatz von Fettsubstanzen zur Reservedruckpaste ergibt eine bessere Druckfähigkeit.

Der Stoff wird vor dem Bedrucken mit der Reserve mit einem Kleister von 7—10 g Stärke und 5 g Tischlerleim pro Liter vorpräpariert.

Die bedruckte Ware wird bei ca. 40° getrocknet.

Beim nachfolgenden Färben wird am besten in der Zink-Kalkküpe oder in der Eisenvitriolküpe gearbeitet; die Hydrosulfitküpe eignet sich hierfür weniger gut. Die Ware wird zum Färben auf Sternreifen gespannt.

Vor dem Färben ist es vorteilhaft, die Pappreserven zu härten durch Aufklotzen von alkalischen Substanzen, wie NaOH oder Soda.

Nach dem Färben und Trocknen wird die Pappreserve durch Behandeln in Bädern von verdünnter H_2SO_4 von 2—3° Bé bei 35° entfernt. Hierauf wird noch mit kaltem Wasser gespült.

Vorschrift 44: Weißreserve
300 g Pfeifenton,
200 ,, Wasser,
100 ,, $CuSO_4$ (pulver.),
50 ,, Cu-Nitrat,
350 ,, Gummiverdickung (1:1) (n, siehe Verdickungen)
—————
1000 g. Das Ganze wird erwärmt und auf ein Kilogramm gestellt.

Gelbe Buntreserven kann man erhalten durch Aufdrucken bleihaltiger Reserven, die nach dem Färben mit Bichromatlösung behandelt werden.

Künstliche organische Farbstoffe. 79

b) Schwefelreserve (Indigo). Das Reservieren mit fein verteiltem Schwefel ergibt nur gute Resultate auf mit Glukose präparierte Ware (nach Schlieper-Baum).

c) Serodit MLB ist ein Produkt von Höchst, das durch oxydierende Wirkungen ein Fixieren von Küpenfarbstoffen an den bedruckten Stellen verhindert.

Indigosol D. H.

(Allgemeines über „Indigosol D. H." siehe unter Färben und Bedrucken der Baumwolle.)

Um weiße Reserven unter Indigosol zu erhalten, wird an bestimmten Ftellen die Wirkung des Nitrits durch Reduktionsmittel wie Hydrosulfit-Sormaldehyd verhindert. Ein Dämpfen ist unnötig. Entwickelt wird durch Absäuern. Nach letzterer Operation ist es angezeigt, die Stücke mit Natronlauge von 1^0 Bé zu behandeln und dann nochmals zu waschen.

Weißreserve: Hydrosulfit NF (1:1) . . . . 200—400 g
Zinkweiß (1:1) . . . . 0—100 ,,
Verdickung (Tragant, British-Gum,
Stärke) einstellen auf . . . . . . 1000 ,,

Buntreserven können unter anderem mittels Küpenfarbstoffen erhalten werden (Indanthren, Algol, Ciba, Helindon).

Rot-blau-Artikel: Man klotzt mit Indigosol und reserviert mittels Thiosulfat (10—20%). Hierbei wird die Thiosulfatreserve mit β-Naphthol versetzt und z. B. Nitrosamin. Hiermit bedruckt man eine mit Indigosol-Nitrit vorbehandelte Ware, trocknet, dämpft einige Minuten und behandelt mit Säure.

4. Reservieren von Schwefelfarbstoffen.

Zum Reservieren von Schwefelfarbstoffen eignen sich am besten Zinksulfat oder Zinkchlorid[1]). Die gebleichte und merzerisierte Baumwolle wird mit der Reservemasse bedruckt und getrocknet.

Vorschrift 45: Weißreserve (M).
200 g British-Gum-Pulver,
300 ,, Wasser,
200 ,, Kaolin (1:1),
300 ,, $ZnCl_2$
_____
1000 g.

Hierauf wird im Foulard mit der Farbstofflösung geklotzt und abgequetscht.

Klotzbad: 25—50 g Farbstoff (je nach der gewünschten Nuance),
50 ,, Na_2S kristallisiert,
30 ,, Soda kalziniert. Einstellen auf 1 Liter.

Temperatur je nach der Konzentration der Flotte und der gewünschten Nuance 50—90^0.

Zur Klotzbrühe kommt eventuell noch ein Zusatz von Türkischrotöl, Wasserglas usw.

Nach dem Färben wird gewaschen, hierauf abgesäuert (20—30 ccm H_2SO_4 66^0 Bé in 1 Liter Wasser bei 40^0 C), dann noch zweimal gewaschen.

Für Buntreserven können Eisfarben verwendet werden. Hierfür wird die Ware mit Naphthollösung vorpräpariert und der Reserve wird

___
[1]) Auch Pappreserven können gebraucht werden.

Diazolösung hinzugefügt. Werden basische Farbstoffe anstatt Eisfarben benutzt, so muß die Ware mit Tannin (20 g Tannin + 10 g Na-Azetat im Liter) geklotzt werden. Die Reservedruckpaste enthält zum Fixieren des Farbstoffes Na-Brechweinstein.

5. Reserven unter Eisfarben.

Das Reservieren von Eisfarben geschieht durch Zinnsalzreserven (für Weiß- und Bunteffekte), Sulfitreserven (für Weiß- und Bunteffekte), Tanninreserven (für Bunteffekte) und Persulfatreserven. Letztere kommt nur in besonderen Fällen zur Anwendung.

a) Das Zinnsalz zerstört die Diazolösung, so daß an den bedruckten Stellen keine Entwicklung mit dem Naphthol zustandekommen kann. Organische Säuren verstärken die Wirkung.

Vorschrift 46: Weißreserve (M).

450 g Zinnsalz,
450 ,, Gummiwasser (1:1) (n, siehe Verdickung),
50 ,, Weinsäure,
50 ,, Glyzerin
─────
1000 g.

Der mit Naphthol grundierte Stoff wird mit der Reserve bedruckt, bei 45^0 getrocknet und entwickelt im Diazobade.

Buntreserven können mit basischen Farbstoffen erhalten werden oder auch mit Pigmentfarben (z. B. Chromgelb).

b) Durch Reservieren mittels Sulfiten erhält man ein reineres Weiß als mit Zinnsalzen, auch können letztere die Baumwolle angreifen.

Vorschrift 47: Weißreserve (M).

250 g British-Gum-Pulver,
750 ,, Kaliumsulfit 45^0 Bé
─────
1000 g.

Manchmal wird der Druckpaste auch Zinkoxyd zugesetzt.

Buntreserven geschehen mit Pigmentfarben, die mit Albuminverdickungen fixiert werden (z. B. Ultramarin), auch Indanthren-Rongalit-Pottasche-Farben und sulfitbeständige Beizenfarbstoffe lassen sich hierzu verwenden.

c) Tanninreserve. Das Tannin hat die Eigenschaft, mit dem Diazo-p-nitranilin einen unlöslichen Niederschlag zu bilden, der ein Kuppeln des Diazokörpers mit dem Naphthol des grundierten Stoffes an den bedruckten Stellen verhindert. Nach dem Drucken wird gedämpft und dann im Diazobade entwickelt, gewaschen und geseift.

Organische Säuren begünstigen die Wirkung des Tannins.

Buntreserven geschehen mittels basischen Farbstoffen.

d) Persulfatreserven kommen für den Blaurotartikel in Betracht. Man setzt der Persulfatdruckpaste tetrazotierte Dianisidinlösung zu, die mit dem Naphthol des grundierten Stoffes sofort Dianisidinb au bildet, wobei überschüssiges Naphthol durch das Persulfat zersetzt wird. Hierauf werden die unbedruckten Stellen im Diazo-p-nitranilinbade entwickelt.

Künstliche organische Farbstoffe. 81

6. Das Reservieren von Nitrosoblau
geschieht mit Zinnoxydulsalzen oder Sulfiten.

7. Das Reservieren von Anilinschwarz.

Das Anilinschwarz wird in Form von Ferrozyandampfschwarz reserviert. Die mit der Anilinschwarzmasse vorbehandelte Ware wird rasch getrocknet und vor dem Vergrünen mit alkalischen Mitteln, wie NaOH, Soda, Zinkoxyd, Wasserglas, Hydrosulfit usw. bedruckt, wodurch an diesen Stellen die Entwicklung des Schwarz beim nachfolgenden Dämpfen verhindert wird.

Vorschrift 48: Weißreserve.

100 g Zinkoxyd,
100 ,, Wasser,
400 ,, Tragant 6%,
150 ,, essigsaures Natrium,
150 ,, Wasser,
100 ,, Albuminlösung (1:1)
1000 g.

Zwei Minuten im Mather-Platt dämpfen, 1—1½ Minuten mit 5 g $K_2Cr_2O_7$ + etwas Soda in 1 Liter H_2O bei 50° chromieren, zum Entwickeln des Schwarz, dann waschen und trocknen.

Für Buntreserven werden verwendet: basische Farbstoffe, substantive Farbstoffe, anorganische Pigmente, Schwefel- und Küpenfarbstoffe.

Der Wolldruck.

I. Präparieren der Wolle.

Die Wolle muß vor dem Druck gereinigt, gebleicht, gechlort und eventuell mit Zinnsalzen behandelt werden. Durch die beiden letzteren Operationen wird die Faser für die Farbstoffe aufnahmstähiger gemacht.

a) Reinigen: Die Wolle wird durch Wasser von 35°—40° passiert, das pro 100 Liter 1—3 kg Soda + etwas Seife enthält. Es muß kalkfreies Wasser benutzt werden. Spülen.

b) Bleichen: Mit ca. 7—8 Liter Bisulfit à 38° Bé + 0,6 Liter H_2SO_4 66° Bé pro 100 Liter Wasser. Einige Stunden umziehen, eventuell über Nacht darin liegen lassen.

c) Chloren: Die Wolle wird in einem Bade enthaltend 10 g HCl 20° Bé pro Liter behandelt, in das man pro 10 g Stoff langsam 25 g Chlorkalklösung von 1° Bé zugibt. Man zieht ca. ½—1 Stunde um und spült.

Beim Chloren der Wolle erhält sie einen gelben Ton, der durch Behandeln derselben, während ½ Stunde, in einem Bisulfitbade von 50 bis 200 g Bisulfit 38° Bé pro Liter entfernt wird. Spülen.

d) Zinngrundieren: Eventuell wird nach dem Chloren noch mit Zinn grundiert. Man behandelt die Ware während einer Stunde mit einer Lösung von zinnsaurem Natron von 30° Bé, dann wird verhängt und hierauf folgt ein H_2SO_4-Bad von 1° Bé zum Fixieren des Zinns, dann wird gewaschen und getrocknet.

Organische Farbstoffe.

Allgemeines.

Als **Verdickungsmittel** dienen: British-Gum, Gummi, Tragant, Weizenstärke, Dextrin, gebrannte Stärke, Mehl usw.

Lösungsmittel sind: Essigsäure, Ameisensäure, Azetin, Glyzerin, Alkohol usw.

Das **Dämpfen** hat mit feuchtem Dampfe zu geschehen, da die Farben dann lebhafter werden. Am besten läßt man den Dampf über einen Wasserbehälter streichen, wo er genügend Feuchtigkeit aufnehmen kann. Hölzerne Dämpfapparate sind am besten geeignet.

II. Der direkte Druck.

1. Basische Farbstoffe.

Vorschrift 49:
  20 g Farbstoff,
  50 ,, Glyzerin,
  180 ,, Wasser,
  50 ,, Essigsäure 6⁰ Bé,
  650 ,, British-Gumverdickung (40:100),
  20 ,, Weinsäure,
  30 ,, wässerige Tanninlösung (1:1)
  ―――
  1000 g.

Der Tanninzusatz verbessert die Wasser-, Seifen- und Lichtechtheit. Eine Stunde dämpfen ohne Druck, mit feuchtem Dampfe spülen.

2. Resorzinfarbstoffe (Eosin, Rhodamin usw.).

Vorschrift 50: (für lebhafte Nuancen, wo große Echtheit keine Rolle spielt).
  20 g Farbstoff,
  200 ,, Wasser,
  700 ,, Gummiverdickung (n, siehe Verdickung),
  20 ,, Glyzerin,
  20 ,, Zinnsalz (ergibt schönere Nuancen),
  40 ,, Na-Phosphat.
  ―――
  1000 g.

Eine Stunde feucht dämpfen ohne Druck und spülen.

3. Saure Farbstoffe.

Diese werden im allgemeinen sauer gedruckt, nur selten neutral oder schwach alkalisch.

Vorschrift 51:

	a	b
Farbstoff	20 g	20 g
Wasser	520 ,,	520 ,,
Ammoniak	—	20 ,, 25%ig
British-Gum-Pulver	300 ,,	300 ,,
Glyzerin	20 ,,	20 ,,
Oxalsäure	20 ,,	10—12 ,,
Alaun	10 ,,	—
Wasser	100 ,,	100 ,,
Terpentin	10 ,,	10 ,,
	1000 g	1000 g.

1—2 Stunden feucht und ohne Druck dämpfen, spülen.

Künstliche organische Farbstoffe.

Ist ein Farbstoff schwer löslich oder schlecht zu drucken, so wird ein neutraler oder erst im Dampf sauer reagierender Zusatz gewählt. Ein Zusatz von NH_3 hat einen günstigen Einfluß auf das Egalisieren und wird auch als Zusatz bei Farbstoffen verwendet, die durch Säuren leicht ausgefällt werden.

4. Substantive Farbstoffe.

Die Drucke mit direkten Farbstoffen zeigen zum Teil eine bessere Wasser- und Waschechtheit wie die basischen und sauren Farbstoffe.

Vorschrift 52:

30 g	Farbstoff,
620 „	Wasser,
300 „	British-Gum-Pulver,
30 „	Glyzerin,
20 „	Na-Phosphat (Fixierungsmittel),
	(oder Borax, Essigsäure, Weinsäure)
1000 g.	

1—2 Stunden feucht und ohne Druck dämpfen, spülen.

5. Beizenfarbstoffe.

Die Drucke mit Beizenfarbstoffen zeigen eine gute Wasch-, Walk- und Lichtechtheit. Sie sind wichtig für Kammzugdruck (Vigoureuxdruck). Als Beizen dienen Al- und Cr-Salze.

Vorschrift 53 a: Tonerdebeize.

30 g	Alizarin S Pulver (Alizarinsulfosäuren),
100 „	Wasser,
40 „	schwefelsaure Tonerde,
100 „	Wasser,
20 „	Oxalsäure,
50 „	Wasser,
660 „	British-Gumverdickung (40:100)
1000 g.	

1—2 Stunden dämpfen.

Vorschrift 53 b: Chrombeize.

Als Chrombeize dienen Fluorchrom oder Chromazetat.
Die Vorschriften sind hier je nach den einzelnen Farbstoffen verschieden.

20 g	Beizengelb,
160 „	Wasser,
50 „	Essigsäure 6^0 Bé,
20 „	Oxalsäure,
50 „	Wasser,
600 „	British-Gum (40:100),
100 „	Chromazetat 20^0 Bé
1000 g.	

Dämpfen wie unter 53a.

6. Küpenfarbstoffe

werden nur selten gedruckt. Druck von Indigo auf Wolle siehe unter Seide: Vorschrift 61.

Organische Farbstoffe.

III. Der Ätzdruck.
(Auf vorgefärbter Wolle).

Verwendung findet fast nur die Reduktionsätze, nur selten werden Oxydationsätzen mittels HNO_3 ausgeführt.

Ätzmittel sind: Zinnsalz, Zinkstaub und als wichtigstes das Hydrosulfit (Rongalit usw.).

Durch Zugabe von reduktionsbeständigen Farbstoffen zur Ätzmasse erhält man Buntätzen.

Der Seidendruck.

Die Seide wird in Stück- oder Strangform bedruckt. Außer der Entbastung wird die Seide nur selten zum Drucken vorbehandelt.

Als Verdickungsmittel kommen Gummisorten, Tragant, Dextrin und British-Gum in Anwendung. Stärkeverdickungen lassen sich nur schwer entfernen.

I. Der direkte Druck.

1. Basische Farbstoffe.

Diese werden mit oder ohne Tanninzusatz gedruckt. Das Tannin ergibt eine bessere Wasser- und Seifenechtheit.

Vorschrift 54:

```
        20 g Farbstoff,
       150 ,, Wasser,
        30 ,, Glyzerin,
       100 ,, Essigsäure 6° Bé,
       650 ,, Gummiwasser (1:2),
        10 ,, Weinsäure,
        40 ,, essigsaures Tannin (1:1)
      ─────
      1000 g.
```

Man druckt, trocknet, dämpft eine Stunde ohne Druck, passiert kalt eine Brechweinsteinlösung (5 g im Liter), wäscht und seift kalt.

Beim Drucken ohne Tannin fällt selbstverständlich die Brechweinsteinnachbehandlung fort.

2. Saure Farbstoffe.

Vorschrift 55:

	a	b
Farbstoff	40 g	40 g
Ammoniak 25%	—	50 ,,
Wasser	310 ,,	260 ,,
Gummiverdickung (1:1)	600 ,,	600 ,,
Glyzerin	30 ,,	30 ,,
Weinsäure	20 ,,	20 ,,
	1000 g.	1000 g.

Eine Stunde dämpfen ohne Druck, waschen.

Der NH_3-Gehalt erhöht die Egalisierungsfähigkeit des Farbstoffes.

Künstliche organische Farbstoffe.

3. Eosinfarbstoffe.
Vorschrift 56: 10 g Farbstoff,
320 ,, Wasser,
650 ,, Gummiwasser (1:1),
20 ,, oxalsaures Ammoniak
1000 g.

Nachbehandlung wie unter Vorschrift 55.

4. Substantive Farbstoffe.
Diese ergeben auf Seide wasser- und waschechte Drucke.

Vorschrift 57: 20 g Farbstoff,
200 ,, Wasser,
30 ,, Glyzerin,
670 ,, Gummiwasser (1:1),
20 ,, Na-Phosphat,
60 ,, Wasser
1000 g.

Eine Stunde dämpfen ohne Druck, waschen.

5. Beizenfarbstoffe.
Vorschrift 58: Tonerdebeize (in Form von Rhodanaluminium, essig- oder schwefelsaure Tonerde).

60 g Alizarinrot S Pulver,
140 ,, Wasser,
120 ,, Rhodanaluminium 20° Bé,
40 ,, essigsaurer Kalk 10° Bé,
50 ,, oxalsaures Zinn 16° Bé,
540 ,, Gummiwasser (1:1),
50 ,, Türkischrotöl
1000 g.

Drucken, trocknen, dämpfen eine Stunde bei ¼ Atmosphäre Überdruck, spülen, waschen, seifen.

Vorschrift 59: Chrombeize (Fluorchrom oder essigsaures Chrom). Bei der Anwendung von Chrombeize darf keine Gummiverdickung angewandt werden, da die bedruckten Stellen hart werden.

60 g Eriochromschwarz A (Geigy),
670 ,, Wasser,
200 ,, British-Gum,
10 ,, Oxalsäure,
60 ,, Fluorchrom
1000 g.

Drucken, trocknen, eine Stunde dämpfen, waschen, ca. zwei Minuten bei 40° seifen und trocknen.

6. Küpenfarbstoffe
ergeben sehr echte Drucke,

Vorschrift 60: Indanthrenfarbstoff oder Küpenrot.

    10—125 g Farbstoff Teig (je nach der gewünschten Nuance),
    <u>990—875 „ Stammansatz für Seide</u>
    1000 g.

Stammansatz 100 g Pottasche } lösen,
            190 „ Wasser
   mit 480 „ British-Gum-Gummiverdickung (siehe unten) verrührt,
   dann 100 „ Glyzerin,
        50 „ Rongalit C, gelöst in
        <u>80 „ warmem Wasser</u>
        1000 g.

British-Gum-Gummiverdickung: 750 g British-Gumverdickung (4:6),
                                <u>250 „ Gummi arabicum (1:1)</u>
                                1000 g.

Drucken, trocknen, 3—5 Minuten im luftfreien Dämpfer behandeln, spülen, leicht seifen.

Vorschrift 61: Indigo.

    150 g Indigo rein BASF Teig 20%,
    100 „ NaOH 38—40° Bé,
    650 „ Glyzerinverdickung (siehe unten),
      90 „ Rongalit C,
      <u>10 „ Terpentinöl</u>
    1000 g.

Glyzerinverdickung: 400 g British-Gum,
                     200 „ Wasser,
                     <u>400 „ Glyzerin</u>
                     1000 g. Erwärmen auf 70—80°.

Drucken, trocknen, 4—5 Minuten luftfrei dämpfen, spülen.

7. Anilinschwarz.

Vorschrift 62:
     75 g Anilinöl,
    105 „ Salpetersäure 32° Bé,
     40 „ Essigsäure 6° Bé,
    500 „ Weizenstärke-Tragantverdickung (d, siehe Verdickung),
     50 „ Olivenöl,
     40 „ $NaClO_3$,
     75 „ Ferrozyankalium,
    <u>115 „ Wasser</u>
    1000 g.

Drucken, 3 Minuten dämpfen, waschen, seifen.

II. Der Ätzdruck.

Das Ätzen geschieht wie bei der Wolle mittels der Zinn-, Zinkstaub- und Hydrosulfitätze.

Am meisten werden saure und substantive Farbstoffe geätzt.

Einige Reagenzien, die in d. Färberei u. Druckerei Anwendung finden. 87

Die Zinnsalzätze wird meistens nur bei Buntätze angewandt, da das Weiß leicht nachgilbt.
Die Zinkstaubätze wird nur noch im Handdruck benutzt.
Die Hydrosulfitätze.

Vorschrift 63:   200 g Rongalit C oder CW,
                    100 ,, Wasser,
                    <u>700 ,, Gummiverdickung (1:1)</u>
                   1000 g. Schwach erwärmen.

Drucken, trocknen, 3—5 Minuten dämpfen im luftfreien Dämpfer, spülen, wenn nötig säuren, spülen, avivieren.

Bei weniger gut ätzbaren Farbstoffen wird zur Ätzmasse noch Zinkoxyd zugegeben.

Buntätzen erhält man durch Zumischen reduktionsbeständiger Farbstoffe zur Ätzmasse.

III. Der Reservedruck.

Die Reservemittel auf Seide können chemischer Natur sein, wie Zinnsalz oder Zinkstaub (Ätzreserve) oder mechanischer Natur wie Wachs, Fette, Harz (Batik).

B. Einige Reagenzien, die in der Färberei und Druckerei Anwendung finden.

1. Aluminiumverbindungen.

a) Alaun: $Al_2(SO_4)_3 \cdot K_2SO_4 + 24 H_2O$ Mol. 949.

b) Aluminiumazetat (essigsaure Tonerde): $Al_2(CH_3COO)_6$. Mol. 408. Wird erhalten durch Auflösen von $Al(OH)_3$ in Essigsäure oder durch Umsetzen von Aluminiumsulfat oder Alaun mit Bleiazetat.

Man löst 2040 g Bleizucker und 1000 g Al-Sulfat jedes für sich heiß auf, gibt sie zusammen und stellt auf 10^0 Bé.

Diese Verbindung zersetzt sich beim Stehen, sie wird deshalb oft durch Al-Sulfoazetat ersetzt.

c) Aluminiumchlorat: $Al_2(ClO_3)_6$. Mol. 555. Wird als Lösung von 22^0 Bé verwendet. Darstellung durch Umsetzung von Al-Sulfat mit Bariumchlorat (200 g $Al_2(SO_4)_3$ und 300 g $Ba(ClO_3)_2$). Getrennt in Wasser lösen und zusammengießen. Zuletzt wird auf 22^0 Bé eingestellt. Dient zum Ätzen von Indigo.

d) Aluminiumchlorid: $AlCl_3$ Mol. 133,5. Wird als Lösung von ca. 30^0 Bé angewandt.

e) Aluminiumsilikate: China-Clay = Kaolin = Ton.

f) Aluminiumsulfat (schwefelsaure Tonerde): $Al_2(SO_4)_3$ Mol. 342,4. Ist mehr oder weniger wasserhaltig (12—18 Mol.).

g) Basisches Aluminiumsulfat (basisch-schwefelsaure Tonerde): 40 kg Al-Sulfat (18% Al_2O_3) werden in der fünffachen Menge Wasser gelöst und hierzu eine Lösung von 5 kg Soda (heiß gelöst) langsam zutropfen gelassen. Einstellen auf 6^0 Bé.

Diese Verbindung hat verschiedene Zusammensetzung (ca. $Al_2(SO_4)_2$-$(OH)_2$).

$Al_2(SO_4)_3 + Na_2CO_3 + H_2O = Al_2(SO_4)_2(OH)_2 + Na_2SO_4 + CO_2$
$Al_2(SO_4)_3 + 2 Na_2CO_3 + 2 H_2O = Al_2(SO_4)(OH)_4 + 2 Na_2SO_4 + 2 CO_2$.

h) **Aluminiumsulfoazetat** (essigschwefelsaure Tonerde) hat verschiedene Zusammensetzung: $Al_x(SO_4)_y(CH_3COO)_z$. Es entsteht aus Bleizucker und Al-Sulfat.

1. Normales Sulfoazetat.

$Al_2(SO_4)_3$: 6650 g
       6 Liter Wasser ⎫ Wird im Alizarinrotdruck
Bleiazetat: 9450 g   ⎬   verwendet.
       9 Liter Wasser ⎭

Auf 10° Bé einstellen.

2. Basisches Sulfoazetat.

Al-Sulfat: 1336 g
       2 Liter Wasser ⎫
Bleiazetat: 1590 g   ⎬
       1600 ccm Wasser (M) ⎭

Heiß zusammengießen und nach dem Erkalten 150 g kristallisierte Soda zugeben. Absitzen lassen, abziehen und auf 12° Bé einstellen. Dient in der Alizarinrotfärberei.

i) **Aluminiumsulfozyanat** (Rhodanaluminium): $Al_2(CNS)_6$ Mol. 402. Es wird hergestellt aus Al-Sulfat + Rhodanbarium.
       3 kg Al-Sulfat (18% Al_2O_3),
       2,5 Liter Wasser.
       4,1 kg Rhodanbarium kristallisiert,
       2,5 Liter Wasser (B).
Vom $BaSO_4$ dekantieren und auf 20° Bé stellen.

k) **Nitratbeize** entsteht durch Umsetzung von Al-Sulfat mit essig- und salpetersaurem Kalk. $Al(NO_3)(CH_3COO)_2$. Mol. 207.

l) **Aluminiumnitrat** (salpetersaure Tonerde): $Al_2(NO_3)_6 + 15 H_2O$. Mol. 695. Es wird hergestellt aus $Al(OH)_3 + HNO_3$ oder aus Al-Sulfat + Pb-Nitrat.

2. Ammoniumverbindungen.

Ammoniumazetat wird aus Essigsäure + Ammoniak bereitet. Es spaltet sich beim Erwärmen langsam in NH_3 + Essigsäure und wird so nach und nach sauer. Es dient als Badezusatz beim Färben schwer egalisierender Farbstoffe.

Darstellung: 190 g Ammniak 24%ig werden mit 500 g Essigsäure 6° Bé vermischt.

3. Antimonverbindungen.

a) **Brechweinstein** ist Kalium-(Na)-Antimonyltartrat. Mol. 332. (Na-Salz 316,) ($KOOC — CHOH — CHOH — COOSbO$) + ½ H_2O.) Er dient zum Fixieren der Gerbsäure beim Färben von Baumwolle mit basischen Farbstoffen. Enthält ca. 43% Sb_2O_3.

b) **Antimonkaliumoxalat**: $K_3Sb(C_2O_4)_3 + 6 H_2O$. Mol. 610. (24% Sb_2O_3.) Es dient als Brechweinsteinersatz.

Einige Reagenzien, die in d. Färberei u. Druckerei Anwendung finden. 89

c) Antimonnatriumfluorid oder Doppelantimonfluorid: $SbFl_3$, NaFl (ca. 66% Sb_2O_3). Mol. 219. Es dient als Brechweinsteinersatz.

d) Antimondoppelfluorid: $NaFl \cdot 3\, SbFl_3$. Mol. 573. (Enthält 74% Sb_2O_3.) Es wird als Brechweinsteinersatz gebraucht.

e) Antimonsalz: $SbFl_3(NH_4)_2SO_4$. Mol. 309 (ca. 47% Sb_2O_3-Gehalt). Ist ebenfalls ein Brechweinsteinersatz.

f) Antimonin ist Antimonyl-Kalzium-Bilaktat $[(SbO)(C_3H_5O_3)]_2 \cdot Ca_2(C_3H_5O_3)_4 \cdot 2\, C_3H_6O_3$. Mol. 970.

10 Teile Antimonin entsprechen 10 Teilen Brechweinstein.

g) Patentsalz ist ein Doppelsalz von Sb-Fluorid und NH_4-Fluorid. Es dient als Ersatz von Brechweinstein. Enthält ca. 73—75% Sb_2O_3.

4. Kalziumverbindungen.

a) Kalziumazetat (essigsaurer Kalk) $Ca(CH_3COO)_2$. Mol. 158. Enthält 1—2 Mol. H_2O. Es wird in der Alizarinfärberei benutzt.

Darstellung (M): 3,5 kg CaO werden mit
5 Liter Wasser gelöscht und mit
7 Liter Wasser verdünnt. Dann werden
20 Liter Essigsäure 6° Bé zugefügt und 12 bis 24 Stunden stehen gelassen. Vom Bodensatz abziehen, mit Essigsäure bis zur schwach sauren Reaktion versetzen und auf 18° Bé einstellen.

b) Chlorkalk: $CaOCl_2$. Mol. 127. Ist ein Bleichmittel. Die Wirkung der unterchlorigen Säure beruht auf ihrer Spaltung in $O_2 + HCl$. Es wird nur die klare Lösung von ca. 1° Bé-Konzentration verwendet.

c) Rhodankalzium: $Ca(CNS)_2 \cdot 3\, H_2O$. Mol. 210. Es kommt im Handel als Lösung von 17—41° Bé vor.

5. Chromverbindungen.

a) Chlorchrom ist ein Gemisch basischer Chromchloride wie z. B. $CrCl(OH)_2$ und $CrCl_2(OH)$. Es kommt im Handel als Lösung von 20—30° Bé vor. Das Chromchlorid Cr_2Cl_6 wird erhalten durch Behandeln von Chromoxydhydrat mit HCl oder durch Umsetzung von Chromalaun mit $CaCl_2$. Wird basisches Chromoxydhydrat in Chromchlorid aufgelöst, so erhält man das basische Chromchlorid.

b) Chromazetat (essigsaures Chrom). $Cr_2(CH_3COO)_6$. Mol. 458. Es wird erhalten durch Auflösen von Chromoxydhydrat $(Cr_2(OH)_6)$ in Essigsäure oder durch Umsetzung von Chromalaun mit Bleizucker.

{1200 g Chromalaun (M),
{2400 ccm Wasser,
{1200 g Bleizucker,
{1000 ccm Wasser, fällen, filtrieren, waschen und auf 20° Bé einstellen.

Im Handel kommen das violette Chromazetat $(Cr_2(OH)_2(CH_3COO)_4)$ und das grüne Chromazetat $(Cr_2(CH_3COO)_6)$ vor.

Es dient als Beize in der Alizarinfärberei und -Druckerei.

c) Chromalaun: $Cr_2(SO_4)_3 \cdot K_2SO_4 + 24\, H_2O$. Mol. 999.

d) **Chrombisulfit**: $Cr_2(HSO_3)_6$. Mol. 591. Grüne Lösung von 21 bis 28° Bé mit ca. 9 resp. 12% Cr_2O_3. Es wird erhalten aus Chromalaun + Bisulfit oder aus Chromoxydhydrat $Cr_2(OH)_6$ + wässeriger schwefliger Säure.

e) **Fluorchrom**: $Cr_2Fl_6 + 8 H_2O$. Mol. 362. Grünes Pulver von 42% Cr_2O_3-Gehalt.

f) **Rhodanchrom**: $Cr_2(CNS)_6$. Mol. 452. Lösung von 20° Bé. Es dient als Beize beim Drucken von Alizarinfarbstoffen.

g) **Alkalische Chrombeize (Koechlin)**.

250 ccm	Chromazetat 20° Bé (M),	
320 ,,	NaOH 38° Bé,	
10 ,,	Glyzerin 30° Bé,	
420 ,,	Wasser.	
1 Liter.		

h) **Chrombeize GA II**. 35° Bé, erhält man durch Auflösen von Chromoxydhydrat in Chromsäure (eventuell auch unter Zusatz von Essigsäure).

6. Eisenverbindungen.

a) **Ferroazetat** (essigsaures Fe-Oxydul, holzessigsaures Eisen): $Fe(CH_3COO)_2$. Mol. 174.

Es kommt in Lösung 15—30° Bé in den Handel und wird durch Umsetzen von Eisensulfat mit Bleizucker oder durch Auflösen von Eisen in Holzessigsäure gewonnen.

b) **Ferriazetat**: $Fe(CH_3COO)_3$. Mol. 233.

c) **Salpetersaures Eisen** (fälschlich so genannt) ist basisches Ferrisulfat, dessen Zusammensetzung verschieden ist: etwa $Fe_4(OH)_2(SO_4)_5$. Dunkelbraune Flüssigkeit von 45° Bé, die durch Behandeln von $FeSO_4$ mit HNO_3 erhalten wird.

d) **Rhodaneisen**: $Fe(CNS)_2$ erhält man aus $FeSO_4 + Ba(CNS)_2$. Es kommt im Handel vor als Flüssigkeit von 10° Bé und dient als Beize im Druck.

7. Kaliumverbindungen.

a) **Laktolin** ist saures, milchsaures Kalium. Mol. 218.

$CH_3CH(OH)COOK + CH_3CH(OH)COOH$. An Stelle von Kalium sind manchmal auch Natrium oder Ammonium vertreten.

Braune Flüssigkeit von 50% Laktolingehalt. Dient als Weinsteinersatz beim Beizen der Wolle mit Chrom. Günstig wirkt ein Zusatz von H_2SO_4 (1%) zum Laktolin (3%) (v. Kapff).

b) **Weinstein** ist saures, weinsaures Kalium (COOH·CHOH·CHOH·COOK). Mol. 188. Dient als schwaches Reduktionsmittel des Bichromats beim Beizen der Wolle mit Chrom.

8. Magnesiumverbindungen.

Essigsaures Magnesium: $Mg(CH_3COO)_2 + 4 H_2O$. Mol. 214. Wird erhalten durch Auflösen von $MgCO_3$ in Essigsäure. Dient bei Reserven unter Anilindampfschwarz und als Zusatz zu Aluminiumbeizen in der Druckerei. Es ist leicht zerfließlich.

Einige Reagenzien, die in d. Färberei u. Druckerei Anwendung finden. 91

9. Natriumverbindungen.

a) Weinsteinpräparat ist Natriumbisulfat: $NaHSO_4$. Mol. 120. Dient als Schwefelsäureersatz beim Färben mit sauren Wollfarbstoffen
b) Natriumazetat: $CH_3COONa + 3 H_2O$. Mol. 136.
c) Natriumphosphat: $Na_2HPO_4 + 12 H_2O$. Mol. 358.
d) Antichlor ist Natriumthiosulfat: $Na_2S_2O_3 + 5 H_2O$. Mol. 248.
e) Seignettesalz ist Natrium-Kaliumtartrat ($COOK \cdot CHOH \cdot CHOH \cdot COONa + 4 H_2O$). Mol. 210.
f) Schwefelnatrium: $Na_2S + 9 H_2O$. Mol. 240. Kommt auch als Na_2S konz. ohne Wassergehalt im Handel vor und ist doppelt so stark wie das kristallisierte Produkt.

g) Natriumwolframat: $Na_2WO_4 + 2 H_2O$. Mol. 330. Wird im Reservedruck und zum Erzeugen von Damasteffekten gebraucht.

h) Natriumperborat: $NaBO_3 + 4 H_2O$. Mol. 154, ist ein Oxydationsmittel.

i) Wasserglas ist eine sirupöse Flüssigkeit und ist ein Gemisch von $Na_2Si_3O_7$ und $Na_2Si_4O_9$.

k) Das Natriumhydrosulfit: $Na_2S_2O_4$ entsteht durch Reduktion von $NaHSO_3$ mit Zinkstaub.

Es bildet ein Hydrat: $Na_2S_2O_4 + 2 H_2O$. Dieses ist schlecht haltbar (Bildung von $Na_2S_2O_5$) und muß entwässert werden. Dies geschieht durch Erhitzen des Hydrats mit hochprozentigem Alkohol. Bei ca. 52^0 tritt die Entwässerung ein unter Wärmeabsorption. Man erhitzt ein bis zwei Stunden bei 65—70°, filtriert, wäscht mit absolutem Alkohol und trocknet im Vakuum bei 50—60°. — Es kann auch im Soxlethschen Extraktionsapparat einige Stunden mit siedendem Alkohol extrahiert werden, wobei der Alkohol mittels CaO wasserfrei gehalten wird.

Weiter kann das Hydrosulfit auch entwässert werden durch Behandeln der Lösung oder des feuchten Salzes mit konzentrierten Ätzalkalien in der Kälte, dann unter Kochsalzlösung (BASF) oder durch Eindampfen im Vakuum gemischt mit Anilin oder ähnlichen Körpern bei 35—65° C (Gr. E.), schließlich durch Erhitzen auf heißen Platten.

Bei der Wirkung des Hydrosulfits als Reduktionsmittel entstehen z. B. bei der Spaltung von Azofarbstoffen neben dem Reduktionsprodukt noch $NaHSO_3$ und $NaHSO_4$.

Darstellungsmethoden des Rongalits[1]).

α) Versetzt man Natriumhydrosulfithydrat mit 40%igem Formaldehyd, so entsteht eine Lösung in der Natriumhydrosulfitformaldehyd: $Na_2S_2O_4 \cdot 2 CH_2O$ vorhanden ist. Diese Verbindung ist jedoch nicht einheitlich und besteht aus: Natriumbisulfi'formaldehyd $NaHSO_3 \cdot CH_2O + H_2O$ und $NaHSO_2 \cdot CH_2O + 2 H_2O$. Getrennt werden beide Verbindungen durch fraktionierte Kristallisation, indem bei der Abkühlung der erhaltenen Lösung zuerst die Bisulfitverbindung auskristallisiert, wobei in der Mutterlauge das Sulfoxylat immer mehr angereichert wird. Rascher geschieht die Trennung der beiden Verbindungen durch Arbeiten in verdünntem Alkohol.

β) Eine andere Darstellungsmethode des Sulfoxylats ist folgende:
$CH_2O + Na_2S_2O_4 + NaOH = NaHSO_2 \cdot CH_2O + Na_2SO_3$.

---
[1]) Jelinek: Das Hydrosulfit.

γ) Methode einer Sulfoxylatdarstellung aus Bisulfitformaldehyd, Zn und HCl[1]).

Die Reaktion wird so angesetzt, daß 1 Mol. Bisulfitformaldehyd mit 1 Mol. Zn und 2 Mol. HCl zur Reaktion kommen.

$$1\ NaHSO_3 \cdot CH_2O + Zn + 2\ HCl = ZnCl_2 + NaHSO_2 \cdot CH_2O + H_2O$$

aber:

$$2\ NaHSO_3 \cdot CH_2O + Zn + 2\ HCl = ZnCl_2 + Na_2S_2O_4 \cdot 2\ CH_2O + 2\ H_2O.$$

Die Hydrosulfitpräparate.

Hydrosulfit konz. Pulver (B) (M) (C), ist Natriumhydrosulfit: $Na_2S_2O_4$. Mol. 174.

In alkalischer Lösung ist es einige Zeit haltbar. In neutraler oder saurer Lösung zersetzt es sich. Dient zum Ansetzen von Küpen.

Das Natriumhydrosulfit kann man sich folgendermaßen selber herstellen: 100 Liter Bisulfitlauge von 38^0 Bé (= 135 kg) werden mit 60 Liter Wasser verdünnt. Hierauf werden 13,5 kg Zinkstaub mit 15 Liter Wasser angeteigt und langsam eingetragen, wobei die Temperatur 30^0 C nicht überschreiten soll. Nach zwei Stunden Stehen wird die klare Lösung in 50 Liter 20%iger Kalkmilch eingerührt und 6—12 Stunden sich selbst überlassen. Hierauf wird die klare Lösung abgezogen, die 16—16,5^0 Bé spindelt.

Rongalit C einfach (B) = **Hydrosulfit NF** (M) = **Hyraldit A** (C) ist ein Gemisch von Formaldehydsulfoxylat und Formaldehydbisulfit: $(NaHSO_2 . CH_2O + 2\ H_2O) + (NaHSO_3 . CH_2O + 2\ H_2O)$. Enthält ca. 44% $NaHSO_2 . CH_2O + 2\ H_2O$.

Zersetzt sich erst in der Wärme. Wird beim Drucken von Küpen- und Schwefelfarbstoffen und als Ätzmittel gebraucht.

Rongalit spezial (B) = **Hyraldit spezial** (C) hat gleiche Wirkung wie Rongalit C einfach bzw. Hyraldit A und enthält gewisse Zusätze zum direkten Ätzen von α-Naphthylaminbordeaux.

Hydrosulfit NF konz. (M) = **Rongalit C** (B) = **Hyraldit C extra** (C) ist eine Formaldehyd-Hydrosulfitverbindung und enthält 88% $NaHSO_2 . CH_2O + 2\ H_2O$. Mol. 154. Es ist doppelt so stark wie Hydrosulfit NF (M) und dient zum Ätzen.

Hydrosulfit NFA (M) ist auch eine Formaldehyd-Hydrosulfitverbindung. 2 Teile Hydrosulfit NFA entsprechen 1 Teil Hydrosulfit NF konz. Dient zum Ätzen.

Rongalit CW (B) = **Hydrosulfit NFW** (M) = **Hyraldit W** (C) ist gleich zusammengesetzt wie Hydrosulfit NF konz., enthält aber noch Zinkoxyd. Wird beim Ätzdruck auf Wolle verwendet.

Rongalit CL (B) = **Hydrosulfit CL** (M) = **Hyraldit CL** (C) ist Natriumsulfoxylat-Formaldehyd mit einem Zusatz von Leukotrop. Wird zum Ätzen von Indigo gebraucht.

Hydrosulfit AZ (M) = **Dekrolin** (B) = **Hyraldit Z** (C) ist ein basisches Zinksulfoxylat-Formaldehyd. Ist löslich in Essigsäure und dient zum Abziehen von Färbungen, zu demselben Zwecke werden gebraucht:

Hyraldit Z löslich konz. (C) = **Hydrosulfit AZA** (M) = **Dekrolin löslich konz.** (B). Ist eine wasserlösliche, neutrale Zinksulfoxylat-Formaldehydverbindung.

---

[1]) Reinking, Dehnel und Labhardt: BB, 38, S. 1070. 1905. D. R. P. 165807 (B).

Einige Reagenzien, die in d. Färberei u. Druckerei Anwendung finden. 93

Zum Abziehen verfährt man folgendermaßen:
Man nimmt 2 —4 % Hyraldit Z   ⎱ vom Gewicht
         2,5—5,5% Ameisensäure 85%   ⎰   der Ware
oder 1 —2,5% H_2SO_4
oder 5 —10% Hyraldit A bzw.
     2,5— 5% Hyraldit C extra   ⎱ vom Gewicht
     5 —10% Essigsäure 6° Bé od.   ⎰   der Ware
           Bisulfit 35° Bé.

Man geht mit der Ware bei 40—50° ein, treibt langsam zum Kochen innerhalb ½—¾ Stunden und kocht 20—30 Minuten. Hierauf wird gespült, neutralisiert und nochmals gespült.

l. Egalisol (Eberle, Stuttgart) ist das saure Na-Salz der Borschwefelsäure. Es wird zum Ansieden der Wolle mit Chromaten empfohlen. Kompakte, kristallinische Stücke.

10. Vanadiumverbindungen.

a) Vanadinsaures Ammoniak: NH_4VO_3. Mol. 117. Wird in der Anilinschwarzdruckerei und -färberei gebraucht.

Ebenso das:

b) Vanadiumchlorid: VCl_2. Mol. 122, das aus vanadinsaurem NH_4 dargestellt wird.

    10 g vanadinsaures Ammoniak (B),
    100 „ HCl 21° Bé,
    1000 „ Wasser,
    5 „ Glyzerin, erwärmen, bis die Lösung blau ist.

Einstellen auf 10 Liter.

11. Zinkverbindungen.

a) Zinkweiß ist Zinkoxyd, ZnO. Mol. 81,4.

b) Zinkbisulfit: $Zn(HSO_3)_2$. Mol. 227,5. Wird gebraucht in Form einer Flüssigkeit von 20° Bé.

12. Zinnverbindungen.

a) Zinnsalz ist Stannochlorid: $SnCl_2 + 2 H_2O$. Mol. 225,4. Dient als Reduktionsmittel.

b) Zinnchlorid (Doppelchlorzinn, Chlorzinn): $SnCl_4 + 3 H_2O$. Mol. 314. Kommt in kristallinischer Form in den Handel. Wasserfreies Zinnchlorid ist flüssig, während das wasserhaltige Produkt fest ist. Es dient zum Beschweren der Seide und wird auch in der Baumwollfärberei gebraucht.

c) Zinnazetat (essigsaures Zinnoxydul): $Sn(CH_3COO)_2$. Mol. 236. Kommt als Flüssigkeit von 21° Bé in den Handel.

d) Zinnoxalat (Mordant OX): $Sn(C_2O_4)_2$. Mol. 294.

Darstellung: $SnCl_4 + 2 Na_2CO_3 + 2 H_2O = 4 NaCl + 2 CO_2 + Sn(OH)_4$

$$Sn(OH)_4 + 2 \begin{pmatrix} COOH \\ | \\ COOH \end{pmatrix} = Sn(C_2O_4)_2 + 4 H_2O.$$

e) **Pinksalz** ist: $SnCl_4 + 2\,NH_4Cl$. Mol. 367. Es ist ein Seidenbeschwerungsmittel.

f) **Zinnsaures Natrium** (Präpariersalz, Zinnsoda): $Na_2SnO_3 + 3\,H_2O$. Mol. 266,7. Dient als Beize in der Baumwollfärberei und findet ebenfalls in der Seidenbeschwerung Anwendung.

g) **Zinnoxydulhydrat**: $Sn(OH)_2$. Mol. 152,5. Wird erhalten aus Zinnsalz + Soda. Dient im Druck von Indanthren- und Schwefelfarbstoffen.

Seifen, Fette, Öle.

a) Seifen:

Marseillerseife ist Natronseife (Talgkernseife).

Schmierseife (flüssig) ist Kaliseife.

Bastseife sind die Seifenbäder, die zum Entbasten der Seide benutzt wurden und gelösten Seidenbast enthalten. Sie wird in der Seidenfärberei als Egalisierungsmittel benutzt.

b) Öle:

Rizinusöl dient zur Darstellung von Türkischrotöl.

Tournantöl ist ranziges Olivenöl (Alizarinrotfärberei, Altrotprozeß).

Türkischrotöl wird erhalten durch Sulfurieren von Rizinusöl. (Es kommen auch Sorten im Handel vor, die Olivenöl, Kottonöl, Kokosöl usw. enthalten.)

Darstellung von Rotöl[1]): In 100 Teile Rizinusöl werden 20 Teile H_2SO_4 66° Bé (oder 30—40 Teile H_2SO_4 60° Bé) langsam eingetragen. Am besten arbeitet man in Steingut-, Blei- oder Porzellangefäßen. Die Temperatur soll nicht über 20—35° steigen. Eventuell muß gekühlt werden. Man läßt über Nacht stehen und gibt die der angewandten Ölmenge entsprechende Wassermenge zu, rührt um und läßt absitzen. Ist genug Säure vorhanden, so soll sich die Ölschicht gut von der Wasserschicht trennen. Die vom Waschwasser getrennte Ölschicht wird nun mit Soda, Natronlauge oder Ammoniak neutralisiert. Vorteilhaft ist die Anwendung von NaOH von 20—25° Bé, nur darf man keinen Alkaliüberschuß zugeben. Die letzten Reste werden am besten mit Ammoniak neutralisiert, da ein Ammoniaküberschuß viel weniger schadet wie ein NaOH-Überschuß.

Türkischrotöl muß mit Wasser eine **lange dauernde Emulsion** geben, aus der sich erst bei längerem Stehen Öltröpfchen ausscheiden dürfen. Auf Lackmus soll die Emulsion schwach sauer reagieren; ist ein Überschuß von Alkali vorhanden, so muß dieses durch tropfenweisen Zusatz verdünnter Essigsäure abgestumpft werden. In Ammoniak soll sich ein gutes Öl in jeder Konzentration annähernd klar, höchstens bei starker Verdünnung mit nur leichter Trübung lösen.

Probefärbungen, von geübter Hand ausgeführt, können gute Resultate über den Wert eines Türkischrotöls liefern.

Der Wert eines Türkischrotöls ist in erster Linie abhängig von dem Gehalt an Gesamtfett, d. h. der Menge unlöslicher Fettsäuren, die bei der Zersetzung des Öls mit verdünnten Säuren in der Wärme entstehen. Außer dem Gesamtfett werden bestimmt: **Neutralfett, Schwefelsäure** und **Alkali**.

---

[1]) Sansone: Kompendium der Färberei-Chemie 1912. S. 116.

Einige Reagenzien, die in d. Färberei u. Druckerei Anwendung finden. 95

Gesamtfett. In eine samt Glasstab gewogene kleine Porzellanschale (tiefe Form) wägt man 3—4 g Türkischrotöl ein und rührt mit 20 ccm Wasser an, das man langsam hinzufügt. Trübt sich die Flüssigkeit, so setzt man einen Tropfen Phenolphthalein und darauf Ammoniak zu bis zur bleibenden Rotfärbung, wobei sich alles löst. Nun fügt man 30 ccm verdünnte Schwefelsäure (1:4) und 5—8 g technische Stearinsäure (oder Hartparaffin) zu und erhitzt zum schwachen Sieden, bis· die Ölschicht sich klar abgeschieden hat. Man läßt erkalten und bringt den erstarrten Fettkuchen samt dem Glasstabe auf Filtrierpapier. Auf der Lauge umherschwimmende Fettpartikelchen bringt man durch Erwärmen zu größeren Tropfen zusammen und läßt sie an der Gefäßwand erstarren. Man gießt nun die Lauge ab, wäscht die Schale aus, tupft anhaftende Wassertropfen mit Fließpapier ab, bringt den Fettkuchen in die Schale zurück und erhitzt unter dauerndem Rühren auf einer ganz kleinen Flamme, bis das knatternde Geräusch entweichenden Wasserdampfs aufgehört hat und eben weiße Dämpfe aufzutreten beginnen. Man läßt erkalten und wägt das Gesamtfett.

Neutralfett: Etwa 30 g Substanz werden in 50 ccm Wasser gelöst, mit 20 ccm Ammoniak und 30 ccm Glyzerin versetzt und 2—3mal mit je 60 ccm Äther ausgeschüttelt. Die vereinigten Ätherextrakte werden mit Wasser gewaschen, der Äther aus einem gewogenen Kölbchen abdestilliert und der Rückstand in demselben bei 100—105° getrocknet und gewogen.

Gesamtschwefelsäure. Eine Probe wird vorsichtig mit Soda-Salpetergemisch verschmolzen, die Lösung der Schmelze angesäuert und die gebildete Schwefelsäure mit Bariumchlorid gefällt.

Anorganisch gebundene Schwefelsäure. Man fügt zu 5—10 g der Probe etwa das Doppelte an Äther und schüttelt einige Male mit je 10 ccm reiner konzentrierter Kochsalzlösung aus. Die so erhaltenen Auszüge werden vereinigt, mit Wasser verdünnt, filtriert und die Schwefelsäure mit $BaCl_2$ gefällt.

Die Differenz aus der Gesamtschwefelsäure und der anorganisch gebundenen ergibt die organisch gebundene Schwefelsäure.

Ammoniak und Natron. 10—20 g Öl werden in etwas Äther gelöst und viermal mit je 10 ccm verdünnter Schwefelsäure (1:5) ausgeschüttelt. Die vereinigten Auszüge werden zu 50 oder 100 ccm aufgefüllt und in aliquoten Teilen das Natron durch Eindampfen und Glühen als Sulfat, das Ammoniak durch Destillation mit Ätzkalk, Auffangen in titrierter Schwefelsäure usw. bestimmt [1]).

Abstammung des Öls. Man stellt eine größere Menge des Gesamtfettes dar und bestimmt von demselben die Jod- und Azetylzahl (Lunge-Berl, Untersuchungen Bd. III, S. 671, 676; 6. Aufl.). Liegt erstere um 70 herum, letztere über 120, so besteht das Gesamtfett im wesentlichen aus Rizinolsäure. Wurden dagegen ölsäurehaltige Fette verwendet wie Olein, Olivenöl, Baumwollsamenöl usw., so enthält das Gesamtfett einen mehr oder weniger großen Gehalt an Oxystearinsäure, $C_{18}H_{36}O_3$, die als gesättigte Säure kein Halogen addiert.

---

[1]) Siehe auch Welwart: Chem.-Zg. 1920. S. 719.

Bestimmung des Gesamtfettes nach Sansone[1]): In einem Glaskölbchen von 200 ccm Inhalt mit graduiertem Hals werden 10 g des zu untersuchenden Öls eingefüllt, dem man etwas kaltes Wasser und 5 ccm H_2SO_4 60—66° Bé zusetzt. Das Gemisch wird geschüttelt, wobei die Fettsäure frei wird. Man füllt nun den Kolben bis zur Nullmarke mit Wasser auf und läßt einige Zeit stehen. Die Fettsäure sammelt sich oben an und die Quantität kann an der Graduierung direkt abgelesen werden. Beispielsweise ergeben eine Menge von 6 ccm Fettsäure = 60% Fettsäuregehalt des Öls. Es ist dies nur eine rohe Methode, sie genügt jedoch meistens, vor allem wenn man Vergleichstypen hat.

Zusammensetzung des Türkischrotöls (Arbeiten von Liechti und Suida, dann Juillard, Scheurer-Kestner und Benedikt): Beim Behandeln von Olivenöl oder Rizinusöl mit H_2SO_4 gehen Reaktionen verschiedener Art vor sich.

Das Rizinusöl ist der Glyzerinester der Rizinolsäure:

$$\left.\begin{array}{l}CH_2 \cdot O \cdot \\ CH \cdot O \cdot \\ CH_2 \cdot O \cdot \end{array}\right\} [CO \cdot (CH_2)_7 \cdot CH = CH \cdot CH_2 \cdot CHOH(CH_2)_5 \cdot CH_3]_3.$$

Dieser wird teilweise verseift. Nebenbei bilden sich Ester der Schwefelsäure durch Reaktion mit der OH-Gruppe und es entsteht die Rizinolschwefelsäure: $C_{17}H_{32}(O \cdot SO_3H) \cdot COOH$. Dann sollen auch Oxydationsprodukte entstehen durch oxydierende Wirkung der Schwefelsäure, wobei durch Angriff des Sauerstoffes an der C-Doppelbindung sich Trioxystearinsäure bildet. Möglicherweise finden auch innere Anhydridbildungen statt zwischen den COOH- und OH-Gruppen.

Rizinusölseife (für Pararot) wird nach Cassella folgendermaßen dargestellt: 10 kg Rizinusöl Ia werden mit 8½ kg Natronlauge von 22° Bé gut verrührt und eine Stunde gekocht. Man läßt ca. 5 Stunden abkühlen und fügt dann 2,2 kg Salzsäure von 20° Bé hinzu; dann wird noch ½ Stunde gekocht und erkalten gelassen. Die hierbei entstandene Kochsalzlösung wird abgezogen.

Monopolseife (Stockhausen, Krefeld) entsteht durch Behandeln von Rizinusöl mit Schwefelsäure und durch rasches Verseifen des Reaktionsproduktes mittels NaOH bei höherer Temperatur.

Monopolseife wird oft an Stelle von Türkischrotöl angewandt in der Baumwollfärberei und Appretur.

Tetrapol ist Monopolseife, die 12—16% CCl_4 enthält. Dient als Entfettungsmittel.

Chloröl entsteht durch Mischen von 1 Teil Rizinusöl mit 1 Teil Chlorkalklösung von 2° Bé. Wird beim Drucken von Alizarinrot verwendet.

Lizarol D (R) konz. (M) sind Mischungen von sulfuriertem Rizinusöl mit Formaldehyd. Anwendung im Alizarinrotdruck.

Paraseife PN dient in der Pararotfärberei und -druckerei und wird erhalten durch teilweise Neutralisation von Rizinolsäure mit Ammoniak.

Azetin N ist ein Reaktionsprodukt von Glyzerin und Essigsäure und besteht aus Mono-, Di- und Triazetin. Es dient in der Druckerei zum Lösen von basischen Farbstoffen.

---

[1]) Sansone: Kompendium der Färberei-Chemie 1912. S. 117.

Einige Reagenzien, die in d. Färberei u. Druckerei Anwendung finden. 97

Gerbstoffe.

Tannin ist ein Gemisch von Penta-Galloyl-Glukose und Penta-Digalloyl-Glukose. Es ist löslich in Wasser und besteht aus ca. 100% Gerbsäure.

Sumach kommt als Sumachblätter oder in gemahlenem Zustande in den Handel. Enthält 5—25% Gerbsäure.

Sumachextrakt enthält ca. 30% Gerbsäure und wird durch Extraktion von Sumach gewonnen.

Galläpfel sind harte Auswüchse, die auf Eichenblättern durch den Stich gewisser Insekten entstehen. Es gibt sehr viele Arten. Gerbsäuregehalt: ca. 20—80%.

Myrobolanen (Nüsse) enthalten bis zu 40% Gerbsäure.

Divi-Divi ist ähnlich den Myrobolanen.

Katechu (Gambir) enthält bis zu 50% Gerbsäure.

Quebracho ist eine brasilianische Holzart mit einem Gerbsäuregehalt von ca. 20%.

Diverse Produkte.

Protectol Agfa ist ein Produkt, das neuerdings in den Handel kommt und das dazu dient, Wolle und Seide gegen Alkali zu schützen, so daß Küpen- und Schwefelfarbstoffe auf der tierischen Faser gefahrlos gefärbt werden können. Eine schädliche Wirkung des Alkalis soll laut Aussage der Patentinhaber nicht zu befürchten sein. Auch soll Seide mit Hilfe von Protectol ohne Schaden mit der billigen Natronlauge entbastet werden können.

Katanol (By) ersetzt die Tannin-Brechweinsteinbeize und vereinigt die zwei Operationen des Tannierens und der Behandlung mit Brechweinstein in einem einzigen Bade.

3 Teile Katanol werden in 1—2 Teilen Soda kalz. heiß gelöst durch Eingießen des Katanols in die Sodalösung. Man arbeitet in kurzer Flotte 1:10 bis 1:15. Bei dunklen Nuancen verwendet man 6% Katanol, die nötige Soda und 50% NaCl. Man geht bei 70—80° ein und zieht ca. 2 Stunden auf erkaltendem Bade um. Zuletzt wird gespült. Das Färben mit basischen Farbstoffen geschieht kalt oder lauwarm in neutralem Bade.

Diastafor (Deutsche Diamaltgesellschaft, München) ist eine maltosehaltige, sirupöse Masse von braungelber Farbe. Das Produkt dient zum Lösen von Stärke und zum Entschlichten von Geweben usw. Man löst hierzu 1—1½ kg Diastafor in 100 Liter Flotte auf und zieht die Ware ½ Stunde bei 50—70° darin um. Dann wird kalt oder lauwarm gespült. Zur Herstellung von Stärkelösungen versetzt man den Stärkekleister bei 60—65° mit 1—2% Diastafor, rührt eine Zeit lang um und erhitzt zum Kochen.

Dient u. a. zum Entfernen von stark haftenden, stärkehaltigen Verdickungen auf dem bedruckten Gewebe.

Ludigol (B) ist m-Nitrobenzolsulfosaures Na. Es wird den Bäuchflotten von Indanthrenfärbungen zugesetzt, um ein Auslaufen der Farbe zu verhüten.

Eulan F (By) ist ein Mottenschutzmittel, das in der Appretur von Wollwaren benutzt wird.

Chrosozin Geigy dient zum Verbessern von Färbungen basischer Farbstoffe. Darstellung: 700 g $CuSO_4$ werden in 3 Liter Wasser heiß gelöst, abkühlen gelassen, mit 6 kg Glukose versetzt und auf 10 Liter verdünnt.

Echtheitsproben.

Erst in den letzten Jahren wurden von der Echtheitskommission der Fachgruppe für Chemie der Farben- und Textilindustrie im Verein deutscher Chemiker für eine eindeutige Bestimmung der Echtheitseigenschaften der Farbstoffe bestimmte Prüfungsverfahren und -normen festgelegt. Die einzelnen Echtheitseigenschaften werden durch ausgewählte Repräsentanten, den sog. Typen, vorgestellt, wobei jede Echtheitsklasse ihren Vertreter hat. Alle Prüfungen geschehen auf der nach bestimmten Vorschriften gefärbten Faser. Die Typen müssen in bezug auf ihre Zusammensetzung und Herkunft genau bekannt sein.

Die Zahl der Echtheitsklassen wurde auf 5 festgesetzt, bei der Lichtechtheit auf 8, wobei 1 die geringste und 5 bzw. 8 die beste Echtheit bezeichnet [1]).

a) Lichtechtheit.

Darunter versteht man in der Regel außer der Beständigkeit gegen Licht und Luft auch diejenige gegen Wärme, Feuchtigkeit, Staub und die in letzterem vorhandenen sauren oder alkalischen Bestandteile.

Die zu prüfenden Muster (Stränge oder Stofflappen) werden neben Proben von bekanntem Echtheitsgrad auf einem glatt gehobelten Brett oder auf einem Pappdeckel nebeneinander befestigt, etwa zur Hälfte mit einem Stück Papier oder Karton bedeckt und in diesem Zustande im Freien der Wirkung des Lichtes, der Luft usw. ausgesetzt. Die Expositionszeit und die Witterungsverhältnisse (ob und wieviel Sonnenschein oder Regen) werden notiert und von Zeit zu Zeit die Muster behufs Ermittlung allfälliger Veränderungen genau besichtigt.

Da schwache Färbungen weniger widerstandsfähig sind als starke, darf man nur Muster von gleicher Farbstärke exponieren. Ferner müssen vergleichende Versuche zu derselben Zeit und auf gleichartigem Fasermaterial ausgeführt werden, da ein und derselbe Farbstoff auf verschiedenen Fasern verschiedene Echtheit besitzt.

Appreturen wirken schützend, deshalb zeigt ein auf appretiertem Stoff gefärbter Farbstoff eine bessere Lichtechtheit, als wenn er auf einem nicht appretierten Stoff gefärbt ist.

Für die Typen und deren Ausfärbung siehe: Z. angew. Chemie 1916. S. 101.

b) Waschechtheit und Kochechtheit.

1. **Baumwolle.** Ein mit ungefärbtem Garn zusammengeflochtener Zopf wird:

A. in 50facher Flottenlänge ½ Stunde bei 40^0 mit 2 g Marseillerseife im Liter Wasser behandelt. Dann wird zehnmal im Handballen mit den Fingern in der Weise ausgedrückt, daß das Zöpfchen jedesmal in die

---

[1]) Siehe: Z. angew. Chemie Bd. I, S. 57. 1914; Chem.-Zg. 1914. S. 154; Färber-Zg. 1914. Nr. 3 u. 4 (I. Ber.) und Z. angew. Chemie 1916. S. 101 (II. Ber.).

Flotte eingetaucht, herausgenommen und ausgedrückt wird. Dann spülen und trocknen.

B. Eine neue Probe wird mit 5 g Marseillerseife und 3 g kalzinierter Soda im Liter Wasser ½ Stunde gekocht, dann innerhalb ½ Stunde auf 40° abkühlen gelassen und in gleicher Weise zehnmal ausgedrückt wie unter A.

2. Wolle. A. Die Probe, mit je der gleichen Gewichtsmenge weißer, gewaschener Zephirwolle und abgekochter, weißer Baumwolle verflochten, wird in 50facher Flottenmenge eine Viertelstunde bei 40° mit 10 g ätzalkalifreier Marseillerseife und 0,5 g kalzinierter Soda im Liter Wasser behandelt, dann fünfmal in der Hand durchgeknetet, gut ausgedrückt, gespült und getrocknet.

B. Dasselbe mit einer neuen Probe bei 80°, nur daß nach der Behandlung bei 80° die Zöpfchen herausgelegt, eine Viertelstunde lang abkühlen gelassen und dann wie oben geknetet werden.

Für die Normen und Typen siehe den Bericht der Echtheitskommission.

c) Wasserechtheit.

Die Probe wird derart mit abgekochter, weißer Baumwolle, gewaschener Zephirwolle und weißer Seide verflochten, daß auf zwei Teile Färbung je ein Teil des weißen Materials kommt, und jedes in direkter Berührung mit der Färbung ist. Die Probe wird eine Stunde in kaltes Kondenswasser (etwa 20°) bei 40facher Flottenmenge eingelegt, ausgedrückt und bei gewöhnlicher Temperatur getrocknet.

Bei Wolle dauert die Behandlung 12 Stunden.

Für die Normen und Typen siehe den Bericht der Echtheitskommission.

d) Reibechtheit.

Man reibt mit einem über den Zeigefinger gespannten, unappretierten, weißen Baumwollappen auf der Färbung zehnmal kräftig hin und her. Die Reiblänge betrage etwa 10 cm. Typen sind hier nicht aufgestellt.

Die Intensität der Färbung der Reibfläche erlaubt namentlich dann ein Urteil, wenn ein Farbstoff von bekannter Reibechtheit zur vergleichenden Untersuchung beigezogen wurde.

e) Alkaliechtheit.

10 g Ätzkalk und 10 g Ammoniak 24%ig werden im Liter gemischt. Die Färbung wird damit betupft, abgedrückt, ohne zu spülen bei gewöhnlicher Temperatur getrocknet und dann gut abgebürstet.

Für die Normen und Typen siehe den Bericht der Echtheitskommission.

f) Schweißechtheit.

1. Baumwolle. Die Färbung wird, mit der gleichen Menge weißer, abgekochter Baumwolle verflochten, 10 Minuten in eine 80° heiße Lösung, die 5 ccm neutrales, essigsaures Ammonium (der Handelsware 30%ig = 7,5° Bé) im Liter Kondenswasser enthält, eingelegt. Hierauf wird ohne zu spülen getrocknet.

2. **Wolle.** Die Prüfung erfolgt nach zwei Methoden: α) Durch Betupfen mit einer Kochsalzlösung. β) Durch Behandeln mit essigsaurem Ammonium.

α) Die Färbung wird mit einer Lösung von 100 g NaCl im Liter destillierten Wassers betupft, bei gewöhnlicher Temperatur eintrocknen gelassen und dann abgebürstet.

β) Die Prüfung erfolgt wie bei der Baumwolle angegeben, nur ist die Wollfärbung mit je der gleichen Menge gewaschener Zephirwolle und abgekochter, weißer Baumwolle zu verflechten.

Für die Typen und Normen siehe den Bericht der Echtheitskommission.

g) Chlorechtheit gefärbter Baumwolle (Bleichechtheit).

Die Probe wird mit der gleichen Menge abgekochter, weißer Baumwolle verflochten, in heißem Wasser genetzt und eine Stunde bei etwa 15° in ein frisch bereitetes Bad von Chlorkalk von 1 g wirksamem Chlor im Liter (eine Chlorkalklösung von 5° Bé im Verhältnis 1:20 verdünnt und nach Titration eingestellt) bzw. von frisch bereitetem, unterchlorigsaurem Natron von ebenfalls 1 g wirksamem Chlor im Liter und nicht mehr als 0,3 g Soda im Liter eingelegt, gespült, abgesäuert, nochmals gespült, ausgedrückt und getrocknet.

Das unterchlorigsaure Natron erhält man durch Umsetzung von Chlorkalk mit Soda. (Siehe Bericht der Echtheitskommission.)

h) Bügelechtheit.

Die Färbung soll sich beim heißen Bügeln nicht verändern oder dann nach kurzem Liegen an der Luft wieder ihre ursprüngliche Beschaffenheit erlangen. (Für die genaue Ausführung und Typen siehe Bericht der Echtheitskommission.)

i) Bleichechtheit gefärbter Wolle.

Der gefärbte Wollstoff wird mit weißen Woll-, Baumwoll- und Seidenfäden durchnäht und mit H_2O_2 gebleicht. Das Bleichbad wird angesetzt mit 100 Teilen destillierten Wassers und 20 Teilen H_2O_2 von 10—12 Vol. %; diese Lösung wird mit geringen Mengen NH_3 spurenweise alkalisch gemacht. Das Bad muß während der Behandlung schwach alkalisch bleiben (Kongopapier). Man legt die Probe in das etwa 45—50° warme Bad ein (40—50fache Flottenmenge vom Gewicht der Probe) und läßt 12 Stunden im erkaltenden Bade liegen. Die Proben sollen unter der Flotte gehalten werden; starkes Umrühren ist zu vermeiden. Dann spülen und trocknen.

Für die Typen und Normen siehe den Bericht der Echtheitskommission.

k) Dekaturechtheit.

Eine Probe wird gespanntem Dampf bei ca. 110° ausgesetzt oder wenn möglich neben einem im großen zu behandelnden Stück gedämpft.

Für die ganz genaue Ausführung siehe Bericht der Echtheitskommission.

Kolorimetrie.

Für die Beurteilung der Färbekraft von Farbstoffen gibt das Vergleichen der Intensität ihrer Lösungen keine ausschlaggebenden Re-

Allgemeiner Gang für die chemische Untersuchung von Farbstoffen. 101

sultate; für orientierende Zwecke jedoch mag eine kolorimetrische Bestimmung gute Dienste leisten.

Den zu diesem Zwecke konstruierten Apparaten von Houton-Labillardière, Salleron, Collardeau, Mills, A. Müller (Komplementärkolorimeter) und Lovibond (Tintometer; J. Soc. Dyers and Col. 1887. p. 186)[1]) liegt das gleiche Prinzip zugrunde. Eine Lösung von bekanntem Gehalte dient als Normallösung und auf diese wird die Lösung des fraglichen Farbstoffes zurückgeführt. Die Bestimmung der Intensität geschieht entweder durch Versetzen eines gemessenen Volums der zu untersuchenden Lösung mit Wasser bzw. Alkohol, bis die Farbstärke der Normallösung erreicht ist; oder es wird die Mächtigkeit der Schicht, durch welche man hindurchsieht, so lange verändert, bis gleiche Intensität mit der Normallösung erreicht ist. Die Mengen Farbstoff, welche in zwei verschiedenen Lösungen von gleicher Intensität enthalten sind, verhalten sich wie die Volumina dieser Lösungen.

Die Farbstofflösungen müssen in starker Verdünnung verglichen werden. Steht kein Kolorimeter zur Verfügung, so kann man sich auch zweier mit Quetsch- oder Glashahn versehener Büretten von gleichem Durchmesser und gleicher Einteilung, oder zweier gleich breiter und gleich kalibrierter Maßzylinder bedienen.

Allgemeiner Gang für die chemische Untersuchung von Farbstoffen.

Bei der Untersuchung eines Farbstoffes wird man in erster Linie seine Löslichkeit in Wasser oder Alkohol feststellen und einen Färbeversuch vornehmen (s. Kapitel über Probefärben).

Gemenge verschiedener Farbstoffe geben sich als solche zu erkennen, wenn man sie in pulverigem Zustande dünn über ein mit Wasser oder Alkohol befeuchtetes Papier streut (verschieden gefärbte Flecke) oder wenn man einen Tropfen ihrer Lösung auf Filtrierpapier fallen läßt, wobei dann der Rand anders gefärbt ist als die Mitte des Fleckes; oder: man streut den Farbstoff in eine mit kaltem Wasser gefüllte Porzellanschale und wird dann bei der verschiedenen Löslichkeit der Komponenten verschiedene Farbzonen beobachten.

Die wichtigeren Reagenzien sind: konzentrierte Schwefelsäure und Salzsäure, Alkalilauge, Zinkstaub, Natriumhydrosulfit und speziell für die Azofarbstoffe noch Chlorkalziumlösung.

Konzentrierte Säuren bewirken bei den meisten Farbstoffen charakteristische Veränderungen; konzentrierte Schwefelsäure eignet sich daher auch vorzüglich zur Erkennung von Gemischen. Man gießt auf ein Porzellanschälchen einige Tropfen konzentrierte Schwefelsäure und streut eine kleine Menge des Farbstoffpulvers darüber. Man beobachtet dann,

---

[1]) Über andere Kolorimeter siehe Lunge-Berl: Bd. I, S. 463; Bd. III, S. 507 (6. Aufl.); ferner: Kolorimeter von Otto Bismer: (Österr. Chem.-Zg. (2) Bd. 8, S. 277 und Chem. Zentralbl. 1905. Bd. II, S. 531. — O. Schreiner: J. Am. Chem. Soc. Vol. 27, p. 1192; Chem. Zentralblatt 1905. Bd. II, S. 1380. — George Steiger: J. Am. Chem. Soc. Vol. 30, p. 215; Chem. Zentralblatt 1908. Bd. I, S. 1323. — F. H. Eijdam jr.: Färber-Zg. Bd. 2, S. 21. 1909 und Z. angew. Chemie Bd. 22, S. 414. 1909; dann: Dr. Hugo Krüß und Dr. Paul Krüß: Kolorimetrie und quantitative Spektralanalyse usw. (Leop. Voß)

namentlich beim Hin- und Herneigen der Schale verschiedenfarbige Streifen, von den verschiedenen Gemengteilen herrührend.

Basische Farbstoffe, welche stets in Form ihrer neutralen Salze zur Verwendung kommen, zeigen häufig ein verschiedenes Verhalten gegen Alkalien. Die Salze des Rosanilins werden z. B. unter Abscheidung der Base durch verdünnte Alkalilauge zersetzt, während dies beim Safranin nicht der Fall ist.

Besonders charakteristisch ist das Verhalten gegen Reduktionsmittel wie Hydrosulfit, Zinkstaub usw.

1. Safranin, Magdalarot usw. werden durch Reduktionsmittel entfärbt, gehen jedoch, namentlich in alkalischer Lösung, bei Berührung mit der Luft sehr rasch in den ursprünglichen Farbstoff über (Küpenbildung).

2. Eine andere Klasse (z. B. sämtliche Rosanilinfarbstoffe) gehen durch Reduktion in sog. Leukobasen über, die sich an der Luft meist wenig oxydieren, durch passende Oxydationsmittel jedoch in die ursprünglichen Körper zurückgeführt werden können.

3. Die Azokörper endlich werden durch Reduktion völlig gespalten, und zwar meist in der Weise, daß die beiden N-Atome der Azogruppe sich auf die beiden Komponenten verteilen und zu Amidogruppen werden. So gibt z. B. Oxyazobenzol:

$C_6H_5 - N = N - C_6H_4OH \to$ Anilin $C_6H_5NH_2$ und Paraamidophenol

$$C_6H_4 \begin{cases} NH_2 & (1) \\ OH & (4) \end{cases}$$

Befinden sich in diesen Resten Sulfogruppen, so entstehen die entsprechenden Sulfosäuren.

Spektroskopische Untersuchung der Farbstoffe.

Manche Farbstoffe lassen sich an den charakteristischen Absorptionsspektren ihrer Lösungen erkennen. Die Intensität und Breite der Absorptionsstreifen wird durch die Konzentration der Farbstofflösung, sowie durch die Dicke der Schicht beeinflußt.

Eine Methode zur spektroskopischen Untersuchung von Farbstoffen wurde von J. Formánek ausgearbeitet (Spektralanalytischer Nachweis künstlicher organischer Farbstoffe. Berlin: Julius Springer).

Farbstofftabelle.

1. Basische Farbstoffe:

Farbstoffe	Konstitution	F. V.[1])	Echt- heiten [2]) Li. | Wa.		Reaktionen auf der Faser[3]) mit H_2SO_4 66° Bé	HNO_3 s = 1,4
1. Äthylviolett (G) (J) (B)	Chlorid des Hexa- äthyl-p-rosanilins	1 6 11			W.: orange, beim Verdünnen grün bis violett	W.: gelb mit orangem Rand
2. Auramin O (B) (J) (G) (M) (P) (By) (t. M.) (A) (L) (S)	$C_6H_4N(CH_3)_2$ | C = NH | $C_6H_4N(CH_3)_2$ HCl	1 6 11[4])	1	2 2—3	Bw.: fast entfärbt, bräunlich	Bw.: hellgelb
3. Auramin G (B) (G) (J)	$C_6H_3 \cdot CH_3 \cdot NH \cdot CH_3$ | C = NH | $C_6H_3 \cdot CH_3 \cdot NH \cdot CH_3$ HCl	1 6 11	1 1—2	2 2—3	Bw.: fast entfärbt, bräunlich	Bw.: entfärbt
4. Baumwollblau B, BB (B)	Kondensation von Neublau R mit Dimethyl-p- phenylendiamin	11	z. g.	m.	Bw.: beide grün	Bw.: ... B.: violett BB: blau
5. Bengalblau BR, R (G)	...	11	2	1	Bw.: beide grün	Bw.: ... BR: stumpfes Violett R: stumpfes Rot- violett
6. Bismarckbraun- marken (A) (By) (K)	Tetrazotiertes m- Phenylendiamin wird mit 2 Mol. m-Phenylendia- min gekuppelt	1 6 11	1 2	2—1 2—1	Bw.: (K) gelber	Bw.: (K) stumpfes Gelb
7. Bismarckbraun R (A) (J) (By)	= 6, mit m-Toluy- lendiamin an- statt m-Pheny- lendiamin	1 6 11	1 2	2—1 2—1	Bw.: (K) gelber	Bw.: (K) stumpfes Gelb
8. Blau C III (J)	...	2 b 11	2—1	2—1	W.: stumpfes Braunrot	W.: grün
9. Brillantblau C, 2 C (J)	...	1 6 11			Bw.: beide gelb- stichiges Grün	Bw.: beide olive- grün, dann miß- farbig bräunlich

[1]) Färbeverfahren. — [2]) Li = Lichtechtheit, Wa = Waschechtheit. Die Echtheitsangaben gelten jeweils für die Faserart und das Färbeverfahren, hinter denen sie angegeben sind. Ist nur eine Echtheitszahl bei mehreren Marken angegeben, so haben alle Marken ungefähr die gleiche Echtheit. Bei den Echtheitsangaben bezeichnet die Zahl 5 die beste Echtheit, die Zahl 1 die geringste. Obgleich nach den neuesten Bestimmungen bei der Lichtechtheit die Zahl 8 die beste Echtheit vorstellt, mußte bei diesen Tabellen die Zahl 5 auch bei der Licht- echtheit als beste Echtheit beibehalten werden, da die 8-Teilung noch nicht bei allen Fabriken durchgeführt worden ist. Dann mußten weiter auch die Bezeichnungen: sehr gut (s. g.), gut (g.), ziemlich gut (z. g.), mäßig (m.) und gering (ger.) beibehalten werden, da sie sich auch bei einzelnen Fabriken vorfinden. „Sehr gut" entspricht ungefähr der 5 und „gering" der 1. Alle diese Echtheitsangaben sind ja auch nur relative Begriffe, da die subjektive Beurteilung der Farbstoffe sehr verschieden ausfallen kann. — [3]) Bei den Reaktionen auf der Faser bedeuten: W. Wolle, Bw. Baumwolle, S. Seide. [4]) Färbetemp. Max. 70°.

Organische Farbstoffe.

Farbstoffe	Konstitution	F. V.	Echtheiten Li.	Echtheiten Wa.	Reaktionen auf der Faser mit H_2SO_4 66° Bé	Reaktionen auf der Faser mit HNO_3 s = 1,4
10. Brillantdiazinblau B, 2 B (K)	...	11	3	3—4	Bw.: beide olivegrün	Bw.: beide blaustichiges Grün
11. Brillantfirnblau (J)	Dichlorbenzaldehyd wird mit Monomethyl-o-toluidin kondensiert und oxydiert	1 6 11	3—2	g.	Bw.: rotstichiges Gelb	Bw.: gelb-orange
12. Brillantgrün, krist. (By) (DH) (L) (K) (Gr. E.)	Kondensation von Benzaldehyd mit 2 Mol. Diäthylanilin und Oxydation	1 6 11	3 2	2 3—4	Bw.: (K) gelbgrün zuletzt grünstichiges Gelb	Bw.: rotstichiges Gelb
13. Brillantindulin 5 B (K)	...	11			Bw.: grüner	Bw.: röter
14. Brillantphosphin G, 3 G, 5 G, R (J)	Acridinderivate	1 11	z. g.	g.	W.: ... G: Spur grüner	W.: ... G: Spur grüner
15. Brillantviktoriablau RB. (J)	...	1 6 11	m.	m.	W.: grün, dann gelb	W.: rotstichiges Gelb, dann olive
16. Cachoubraun (G)	...	11	1	1	Bw.: dunkelbraun	Bw.: braungelb, langsam heller
17. Chrysidin (G)	...	11	1	1	Bw.: wenig Veränderung	Bw.: gelb
18. Chrysoidin (A) (C) (G) (K) (B)	Anilin → m-Phenylendiamin	1 6 11	1	1	Bw.: (G) dunkler	Bw.: (G) bräunlich Gelb
19. Chrysoidin R. (G) (J) (Gr. E.)	Anilin → m-Toluylendiamin	1 6 11	1	1	W.: gelbbraun	W.: orangerot
20. Clematin (G)	Oxydation von p-Amidodimethylanilin mit o- od. p-Toluidin und Anilin	1 6 11	1 2	1 1—2	W.: mißfarbig, dann grün	W.: grünblau, dann grün
21. Diazingrün S (K)	Safranin → Dimethylanilin	11	2—3	3—4	Bw.: gelbgrün	Bw.: stumpfes blaustichiges Grün
22. Diazinschwarz (K)	Safranin → Phenol	11	z. g.	z. g.	...	...
23. Euchrysin 3 R (B)	Tetramethyldiamidoacridin (Zn Cl$_2$-doppelsalz)	6 11			...	...
24. Flavindulin O, II. (B)	Aus Phenanthrenchinon und Amidodiphenylamin	11	g.	g.	Bw.: II: rotorange, langsam röter	Bw.: II: grüner
25. Fuchsin (DH) (t. M.) (M)	$C_6H_4 \cdot NH_2$ $C - C_6H_3 \diagdown CH_3$ $\diagdown NH_2$ $C_6H_4NH \cdot HCl$ Ist nicht einheitlich	1 6 11	1	1—2	W. u. Bw.: bräunliches Gelb Lös.: gelb	W. u. Bw.: gelb

Farbstofftabelle.

Farbstoffe	Konstitution	F. V.	Echt-heiten Li.	Wa.	Reaktionen auf der Faser mit H_2SO_4 66° Bé	HNO_3 s = 1,4
26. Gentianin (G)	Gemisch von Methylenblau und Lauthschem Violett?	11	2	2	Bw.: gelbstichiges Grün	Bw.: blaustichiges Grün
27. Grün P für Seide (J)	...	6 11	m.	m.	Bw.: gelbstichiges Grün	Bw.: grünblau
28. Grün flüssig BB, 3B extra, G (J)	...	11	m.	g.	Bw.: ... BB: gelb	Bw.: ... BB: gelb-braun, dann grünlich
29. Heliotrop B, 2B (K)	Tetraäthylphenosafraninchlorid	6 11	2—3	3—4	Bw.: ... 2B: grasgrün	Bw.: 2B: blau, dann grüner, zuletzt mißfarbig
30. Helvetiablau (G)	CH_2O wird mit Diphenylaminsulfosäure kondensiert u. dann oxydiert in Gegenwart eines 3. Mol. Diphenylaminsulfosäure	1 6 11	1—2	1	Bw.: braun, dann rotbraun	Bw.: grünstichiges Blau
31. Indoinblau R, BR, BB (B)	Safranin→β-Naphthol	11	2—3	2—3	Bw.: ... BB: grünlichgelb	Bw.: ... BB: dunkelgrün
32. Indulin spritl. (J) (B) (By)	Amidoazobenzol wird mit Anilin und salzsaurem Anilin verschmolzen				...	...
33. Indulinscharlach (B)	Verschmelzen von Azoderivaten des Äthyl-p-toluidins mit salzsaurem α-Naphthylamin	11	3	3	Bw.: braunrot	Bw.: bräunliches Orange, langsam gelber
34. Juteschwarz GN, N, V, 5093, 3891 (J)	...	11	m.	m.	Bw.: N, 5093, 3891: rotstichiges Gelb	Bw.: die gleichen: rotbraun
35. Kristallviolett (B) (G) (S)	Chlorid des Hexamethyl-p-rosanilins	1 6 11	1 1	2 2	W.: orange, beim Verdünnen grün bis violett	W.: gelb, mit dunklerem Rand
36. Malachitgrün (S) (B) (K)	Benzaldehyd wird mit 2 Mol. Dimethylanilin kondensiert und oxydiert	1 6 11	1 1	1 2	Bw.: gelb, beim Verdünnen grün. Lös.: gelb	Bw.: braunrot, langsam entfärbt
37. Marineblau RRN, RN, B, BN (B)	...	11	2	3	Bw.: RRN: olivegelb. RN: grüngelb. B u. BN: gelbgrün	Bw.: sämtlich grün
38. Methylenblau B, BG (B)	Oxydation von Dimethyl-p-phenylendiamin und Dimethylanilin bei Gegenwart von Thiosulfat und $ZnCl_2$	11	2—3	2	Bw.: B: gelbstichiges Grün	Bw.: blaugrün

Farbstoffe	Konstitution	F. V.	Echtheiten Li.	Echtheiten Wa.	Reaktionen auf der Faser mit H_2SO_4 66° Bé	Reaktionen auf der Faser mit HNO_3 s = 1,4
39. Methylengrün B (B) (By)	Nitroderivat des Methylenblaus	11	2—3	2—3	Bw.: gelber	Bw.: blaugrün
40. Methylviolett B-Marken (A) (By) (B) (M) (C) (t. M.)	Pentamethyl-p-rosanilin	1 6 11	1 1	2 2—3	Bw.: B: gelbbraun	Bw.: gelb, dann grün
41. Methylviolett 5B, 6B, 7B (K) (By) (M) (A) (C)	Benzyliertes Methylviolett B und 2B	1 6 11	1—2	2	Bw.: 6B: orange, beim Verdünnen lebhaft blau	Bw.: 6B: gelb
42. Neublau R: (J) (By) (C) (WDC) (G)	Aus salzsaurem Nitrosodimethylanilin und β-Naphthol	11	1—2	3	. . .	. . .
43. Neuechtgrau (By)	p-Amidodimethylanilin wird oxydiert	6 11	4	4	. . .	. . .
44. Neufuchsin (Gr. E.) (By) (t. M.)	$C_6H_3\cdot CH_3 \cdot NH_2$ $C=C_6H_3\cdot CH_3 =NH\cdot HCl$ $C_6H_3\cdot CH_3 - NH_2$	1 6 11	1—2 1—2	2 2	W. u. Bw.: gelb	W. u. Bw.: lebhaft gelb
45. Neumethylenblau 2G (C)	Aus Neublau R und Dimethylamin, hierauf Oxydation	6 11	z. g.	g.	. . .	. . .
46. Neusolidgrün 2B (J)	Kondensation von 2,5 Dichlorbenzaldehyd mit 2 Mol. Dimethylanilin und Oxydation	1 6 11	2	g.	Bw.: rotstichiges Gelb	Bw.: braungelb, dann stumpfes Olive
47. Neusolidgrün 3B (J)	= 46: nur o-Chlorbenzaldehyd anstatt Dichlorbenzaldehyd	1 6 11	2	2	Bw.: braungelb	Bw.: braunschwarz
48. Nigrosin spritlöslich (B) (A) (M) (G) (K)	Nitrobenzol wird mit Anilin und salzsaurem Anilin und Fe erhitzt				W.: dunkelgrünlich schiefer. Lös.: dunkelgrau	. . .
49. Nilblau A (B)	Entsteht aus Nitrosodiäthyl-m-amidophenol u. α-Naphthylamin	11	2	3	Bw.: orangebraun	Bw.: gelbgrün
50. Nilblau BB. (B)	Aus Nitrosodiäthyl-m-amidophenol und Benzyl-α-Naphthylamin	11	2	3	Bw.: braunorange	Bw.: bräunliches Gelb, dann grüner
51. Parafuchsin (M) (K)	$C_6H_4\cdot NH_2$ $C=C_6H_4=NH\cdot HCl$ $C_6H_4\cdot NH_2$	1 6 11	1	1—2	. . .	. . .
52. Pfaublau A, G, R. (K)	. . .	1 11	1—2 2	2 3—4	Bw.: sämtlich olive, dann rötlichgelb	Bw.: sämtlich braungelb, dann grün

Farbstofftabelle.

Farbstoffe	Konstitution	F. V.	Echtheiten Li.	Wa.	Reaktionen auf der Faser mit H₂SO₄ 66° Bé	HNO₃ s = 1,4
53. Phenylenbraun C, S. (P)	...	11			Bw.: beide rötlichbraun	Bw.: beide gelbbraun
54. Phosphin E, N (B) -N, G (K)	Acridinderivate. Nebenprodukt der Fuchsinfabrikation	11	1—2	1	Bw.: G (K): hellgelb	Bw.: G (K): hellgelb
55. Reinblau B KC. (K)	...	11¹)			Bw.: rotbraun	Bw.: grüner
56. Rheonin A, G, N, GD. (B)	Acridinfbst. aus Tetramethyldiamidobenzophenon und m-Phenylendiamin	11²)	g.	g.	Bw.: A u. N: hellgelb	Bw.: A u. N: grünliches Gelb
57. Rhodamin 6G extra, 6G. (B) (J) (M)	Monoäthyl-m-amidophenol u. Phthalsäureanhydrid werden kondensiert und dann esterifiziert	1 6 11	1	2—3	W.: fleischfarben, dann gelb	W.: gelbstichiges Rot. Lös.: blaurot
58. Rhodamin B, B extra (B) (J) (By) (K) (M) (C)	Phthalsäureanhydrid wird mit 2 Mol. Diäthyl-m-amidophenol kondensiert	1 6 11	1	2—3	W.: schwaches Gelb	W.: stumpfes, schwaches Gelb
59. Rhodamin S, S extra (B) (J) (By)	Dimethyl-m-amidophenol wird mit Bernsteinsäureanhydrid verschmolzen	11	1	3	Bw.: gelb. Lös.: gelb, beim Verdünnen rosa	Bw.: orangerot
60. Rhodamin G, G extra (B) (J) (S) (K) (M)	Triäthylrhodamin	1 6 11	2 1	3 2—3	Bw.: (J) gelb	Bw.: (J) fast entfärbt, gelblich
61. Rhodamin 3B, 3D extra (J) (B)	Äthylester des Tetraäthylrhodamins	1 6 11	1	3	W.: gelb. Lös.: gelb, beim Verdünnen lebhaft rosa	W.: rot
62. Rhodamin 3G, 3G extra (J) (B), Irisamin G, G extra (C)	Äthylester des Dimethylhomorhodamins	1 6 11	1	3	Bw.: gelb	Bw.: (J) stumpfes Braunrot
63. Rhodulinrot B, G (By)	Reaktionsprodukte von p-Nitrosoalkylarylaminen mit Phenyl-p-amido-o-toluidin oder Homologe	1 6 11	z. g.	g.	W.: G: rotbraun, dann grün und blau	W.: G: blau, dann gelbgrün
64. Safranin (G) (DH) (t. M.) (L)	Gleiche Moleküle p-Toluylendiamin und o-Toluidin werden oxydiert u. dann mit Anilin oder o-Toluidin kondensiert	11	2	2	Bw.: B u. G (G): braun, dann gelbstichiges Grün	Bw.: B u. G (G): rotblau, dann grünblau

¹) Mit 10 % Alaun und 40—100 % NaCl. — ²) und für Leder.

Farbstoffe	Konstitution	F. V.	Echtheiten Li.	Echtheiten Wa.	Reaktionen auf der Faser mit H_2SO_4 66° Bé	Reaktionen auf der Faser mit HNO_3 s = 1,4
65. Setocyanin (G)	o-Chlorbenzaldehyd wird mit Äthyl-o-toluidin kondensiert und oxydiert	1 6 11	1 1	2 2	Bw.: braungelb	Bw.: braungelb
66. Tannoflavin T (S)	...	11			Bw.: entfärbt	Bw.: entfärbt
67. Thiazinblau (G)	...	11	2—3	2	Bw.: gelbstichiges Grün	Bw.: blaugrün
68. Türkisblau B, BB, G, GG, GL extra (By)	Tetramethyldiamidobenzhydrol wird mit p-Nitrotoluol kondensiert und oxydiert	6 11	 m.	 g.	...	...
69. Victoriablau 4R (B) (S) (J) (M) (K)	Methylphenyl-α-naphthylamin wird mit Tetramethyldiamidobenzophenonchlorid zur Reaktion gebracht	1 6 11	 1—2	 2	W.: (K) rotbraun	W.: (K) gelbgrün mit braunem Rand
70. Viktoriablau R (B) (J) (M) (t. M.) (A)	Tetramethyldiamidobenzhydrol wird mit Äthyl-α-naphthylamin kondensiert und oxydiert	1 6 11	 1—2	 3	W.: (J) grün, dann gelb	W.: (J) gelb, dann grün
71. Viktoriablau B (B) (J) (S) (M) (K)	Tetramethyldiamidobenzophenonchlorid läßt man mit Phenyl-α-naphthylamin reagieren	1 6 11	1—2	3	W.: (K) braunrot	W.: (K) olivegrün
72. Viktoriareinblau B (B)	...	11	1	3	Bw.: gelb	Bw.: gelbgrün
73. Violett B—5B R—3R, 4RN (J)	...	1 6 11	 m.	 m.	W.: R: gelbbraun. B.: braungelb. 4RN: rotbraun, dann gelber	W.: R: stumpfes Gelb, dann grüner. B: bräunliches Gelb, dann grün 4RN: olive

2. Saure Farbstoffe.

Zur Orientierung seien einige Präfixe von sauren Farbstoffklassen hier angeführt:

Amin-
Guinea- } (A)

Neptun-
Palatin- } (B)

Anthracyanin-
Kaschmir-
Sulfon-
Supramin- } (By)

Farbstofftabelle.

Alphanol-	
Azomerino-	
Cyanol-	(C)
Formyl-	
Lanacyl-	
Radio-	

Erio-	
Polar-	(G)
Säure-	

Echtsäure-	
Kresol-	
Supranol-	(Gr. E.)
Woll-	

Benzyl-	
Kiton-	
Lanasol-	(J)
Neolan-	
Säure-	
Tuchecht-	

Lana-	
Echtwoll-	
Echtsäure-	(K)
Säure-	
Tolan-	

Adria-	
Domingo-	(L)

Coomassie-   (Lev)

Amido-	
Patent-	(M)
Säure-	

Azidol-   (t. M.)
Xylen-   (S)

Farbstoffe	Konstitution	F. V.	Echtheiten Li. | Wa.	Reaktionen auf der Faser mit	
				H_2SO_4 66° Bé	HNO_3 s = 1,4
74. Acetylrot BB, G. (B)	Azofarbstoff	2a	3—4 | 2	W.: beide blauer	W.: beide rotorange
75. Äthylblau B (B)	Azofarbstoff	2a	2 | 2	W.: dunkles Rotbraun	W.: rotbraun, dann gelbbraun
76. Äthylsäureblau RR, RRX (B)	p-Amidodimethylanilin → 1,8 Dioxynaphthalin-4-sulfosäure	2a	3—2 | 3—4	W.: RRX: rotviolett	W.: RRX: rotbraun
77. Äthylsäureviolett S4B (B)	p-Phenylendiamin → Chromotropsäure	2a	2 | 3—4	W.: blauviolett	W.: helles Rotbraun
78. Äthylschwarz 3BN, T. (B)	Azofarbstoff	2a	s. g. | z. g.	W.: 3BN: stumpfes Blaugrün T: stumpfes Violettrot	W.: 3BN: stumpfes Bordeaux T: stumpfes Orange
79. Ätzblau B, G, BG extra (C)	Azofarbstoffe	2a	BG ex. 3—2 | BG ex. 2—3	W.: BG ex.: rotbraun	W.: BG ex.: braunrot, dann ocker
80. Agalmagrün B (B)	Tetramethyldiamidobenzhydrol wird mit Dinitrodiphenylamindisulfosäure kondensiert und oxydiert	2a 7a	g. | s. g.	...	...
81. Agalmaschwarz 10B, 4B, 4BG, GG, B. (B)	10B: p-Nitranilin ↓ H-Säure ↑ Anilin	2a 7a	10B. | 10B. 3—4 | 3	W.: 10B: blaugrün 4BG: violett	W.: 10B: zuerst grün, dann stumpfes Blaurot 4BG: bräunliches Rot
82. Alizarinastrol B (By)	$C_6H_4\diagdown^{CO}_{CO}\diagup C_6H_2\diagdown^{(1)}_{(4)}$ (1)—NH·CH$_3$ (4)—NH·C$_6$H$_4\diagdown^{CH_3}_{SO_3Na}$	2a 7b ev. 4bα	s. g. | g.	W.: langsam grau	W.: braungelb

Farbstoffe	Konstitution	F. V.	Echtheiten Li. / Wa.		Reaktionen auf der Faser mit	
					H_2SO_4 66° Bé	HNO_3 s = 1,4
83. Alizarin-brillantechtblau R. (Gr. E.)	...	2a	s.g.	g.	W.: entfärbt	W.: stumpfes Gelb
84. Alizarincyanol EF, B, BE, BB, ZEF, KR, KG, KE, SB, SR (C)	Marke B: [Struktur mit $-CO-$, $-NH_2$, $-Br$, $-CO-$, SO_3H, $NH\ C_6H_5$] (u. entsprechende 8-Sulfosäure)	2a 7a	B, BE, EF: 5–4 übr. 3	sämtlich 2	W.: B: grüner SB: gelbgrün und entfärbt SR: blaugrau	W.: B: ocker SB: gelbgrün SR: stumpfes Braun
85. Alizarincyanolgrünblau B (C)	...	2a 7a	5	2–3	W.: graublau	W.: rötlich, dann ocker
86. Alizarincyanolrot B (C)	...	2a	5–4	2–3	W.: wenig Veränderung	W.: orangerot
87. Alizarincyanolviolett R. (C)	Einwirkung von p-Toluidinsulfosaurem Na auf Chinizarin	2a 7a	5	2–3	W.: dunkelblau	W.: stumpfes Braun
88. Alizarinechtblau B (Gr. E.)	...	2a ev. 4bα	s.g.	g.	W.: graublau	W.: ocker
89. Alizarinechtgeranin B (Gr. E.)	...	2a ev. 4bα	s.g.	g.	W.: (nach 2a) langsam entfärbt	W.: ocker, dann gelb
90. Alizarinechtgrün G (Gr. E.)	...	2a	s.g.	g.	W.: rotviolett, dann fleischfarben	W.: rotviolett
91. Alizarinechtrot 5G, GW, R. (Gr.E.)	...	2a ev. 4bα	s.g.	m.	W.: sämtlich etwas blauer	W.: sämtlich gelb stichiges Rot
92. Alizarinechtviolett R (Gr. E.)	...	2a	s.g.	s.g.	W.: dunkelblau	W.: rotbraun
93. Alizarinegalisierungsviolett B, BR (C)	Alizarinfarbstoffe	2a 7a	3–4	2	W.: B: entfärbt BR: entfärbt	W.: B: stumpfes Braungelb BR: gelbbraun
94. Alizarinemeraldol G (By)	Dinitroanthrarufindisulfosäure wird mit Na_2S reduziert	2a 7a	m.	g.	W.: langsam fleischrot	W.: rotviolett
95. Alizaringeranol B (By)	Alizarinfarbstoff	2a 7a	s.g.	g.	W.: langsam entfärbt	W.: gelb
96. Alizarinindol B, SE (Gr. E.)	...	2a ev. 4bα	s.g.	g.	W.: grün, dann stumpfes Gelb	W.: beide grün, dann braunolive
97. Alizarinlichtblau B, SE. (S)	...	2a	g.	g.	W.: B: grün, dann olivegelb SE: grün, dann mißfarben gelbbraun	W.: beide grün, dann olive

Farbstofftabelle.

Farbstoffe	Konstitution	F. V.	Echtheiten Li. | Wa.	Reaktionen auf der Faser mit H$_2$SO$_4$ 66° Bé	HNO$_3$ s = 1,4
98. Alizarinreinblau B (By)	Sulfosäure des Reaktionsproduktes aus p-Toluidin und 1-Amido-2, 4-dibromanthrachinon	2a 7a ev. 4aα 4bα 4cα	s.g. | g.	W.: blau W.: Cr-Beize: grünblau	W.: rotbraun, langsam gelb bis olive W.: Cr-Beize: rotbraun
99. Alizarinrubinol 3G, 5G, GW. R (By)	R: 4-p-Toluido-1-methylanthrapyridonsulfosäure (Georgiev.)	2a 7a	s.g. | g.	W.: 3G: blauer, übrigen blaurot	W.: 3G: orange, übrigen orangerot
100. Alizarinsaphirol B, SE, BH, SH, WSA. (By)	1,5-Dioxy-4,8-diamido-2,6-anthrachinondisulfosäure	2a ev. 4bα 7a	g. | g.	W. (nach 2a): B: gelbbraun SE: olive	W.: B: grün SE: braun
101. Alizarinuranol BB, R (By)	Entsteht aus 5-Nitro(?)-1,4-diamidoanthrachinon und Epichlorhydrin. Sulfurierung	2a 7a	g. | g.	W.: beide entfärbt	W.: beide gelb
102. Alkaliblau-Marken (B bis 5B) u. (R−5R) (J) (B) (C) (G) (A) (DH) (By)	Monosulfosäure des Triphenylrosanilins	2d 8	3 | 2	W.: 2B: (B) dunkelbraun, dann stumpfes Orange	W.: 2B: (B) grüngelb
103. Alkaliblau 6B (C)	Monosulfosäure des Triphenyl-p-rosanilins	2d 8	3 | 2	W.: stumpfes Orange	W.: blaugrün
104. Alkaliechtgrün 3B, 3G. (By)	Triphenylmethanderivat	2a 7a	m. | g.	W.: beide langsam hellgelb	W.: beide gelb
105. Alkaliviolett 6B (B) (J)	Methyldiphenylamin und Tetraäthyldiamidobenzophenon werden kondensiert und sulfuriert	2d 8	3 | 2	. . .	. . .
106. Alphanolblau BR extra, GN, 5RN. (C)	Azofarbstoffe 5RN: ähnlich Nr. 423	2b mit NH$_4$-acet. ev. 4cα 7b	2−3 | 4	W.: BR: grüner GN: grüner 5RN: grün	W.: BR: grün, dann braunstichiges Gelb GN: schwarzbraun, dann braungelb 5RN: grün, dann ocker
107. Alphanolbraun B, R. (C)	Azofarbstoffe	2b 7b	2−3 | 3	W.: B: bordeaux R: lila	W.: B: braunrot R: braun
108. Alphanolechtgrau B (C)	. . .	2b 7b	3−4 | 3	W.: viel röter	W.: stumpfes Gelbbraun
109. Alphanolgelbbraun G (C)	. . .	2b 7b	3 | 3	W.: rotbraun	W.: rotbraun
110. Alphanolschwarz 3BN, BG, KWAN, KV. (C)	Azofarbstoffe	2b 7b	2−3 | 4	W.: 3BN: blauviolett BG: rotviolett, übrige violett	W.: sämtlich rötliches Braun

Organische Farbstoffe.

Farbstoffe	Konstitution	F. V.	Echtheiten Li.	Echtheiten Wa.	Reaktionen auf der Faser mit H_2SO_4 66° Bé	Reaktionen auf der Faser mit HNO_3 s = 1,4
111. Amarant (P) (C) (J) (DH)	Naphthionsäure → 2 3, 6-Naphtholdisulfosäure	2a 7a	3	2—3	W.: (P) violett	W.: (P) gelber
112. Anilingrau B, R. (C)	Sulfurierte Spritnigrosine	2a 7a	2	1	W.: stumpfes Blaugrau	W.: olive
113. Anthracitschwarz B (C)	1-Naphthylamin-3,6-disulfosäure → α-Naphthylamin → Diphenyl-m-phenylendiamin	2b 7b	2—1	4	W.: stumpfes Olive	W.: braungelb
114. Anthracyanin BL, DL, FL, RL 4RL (By)	Azofarbstoffe	2a 7a	g.	m.	W.: BL: rotbraun DL: bräunliches Rot RL: braun	W.: BL und DL: braungelb RL: braun, langsam gelber
115. Anthracyaninbraun GL, RL. (By)	Azofarbstoffe	2a 7a	s.-g.	m.	W.: GL: gelbbraun RL: rotbraun	W.: beide orange
116. Anthracyaningrau GL (By)	Azofarbstoff	2a	g.	m.	W.: gelbstichiges Braun	W.: stumpfes Gelb
117. Anthracyaningrün BL, 3GL. (By)	Azofarbstoffe	2a	s.g.	m.	W.: beide gelb	W.: beide olivegelb
118. Anthracyaninviolett 3B. (By)	Azofarbstoff	2a	g.	m.	W.: rotbraun	W.: rotbraun
119. Anthrarubin B (K)	Azofarbstoff	2a	4—5	4	W.: gelber	W.: gelbstichiges Rot
120. Anthraverdon G, 2G (K)	Azofarbstoffe	2b	4—5	3—4	W.: beide dunkler ohne Nuancenveränderung	W.: beide ocker
121. Anthraviol R (K)	Azofarbstoff	2a	4—5	2—3	W.: dunkelblau	W.: rotbraun
122. Anthrazurin G, B, 3B (K)	Azofarbstoffe	2a	4—5	3 3B: 4	W.: sämtlich grün, dann schmutzig gelbbraun	W.: sämtlich grün, dann braungelb
123. Azocarmin G, GX. (B)	Disulfosäure des Phenylrosindulins	2a	2	2	W.: GX: dunkelbraun, dann grün	W.: GX: blaurot
124. Azocyanin GR, 5R (K)	ähnlich Nr. 423	2b 7b	5	4—5	W.: beide blaugrün	W.: beide grün, dann braunstichiges Gelb
125. Azodunkelblau S (S)	. . .	2a	g.	g.	W.: graublau mit rötlichen Rändern	W.: grün, dann rotbraun
126. Azoechtblau B, BD, BR konz. (C)	Azofarbstoffe	2a	3—2	2	W.: sämtlich stumpfes Orange	W.: B und BD: rotbraun, dann ocker BR konz.: rotbraun
127. Azoechtviolett 2R (C)	Azofarbstoff	2a 7a	3	2—3	W.: rotbraun	W.: braunrot, dann ocker
128. Azoeosin (By)	o-Anisidin → N.W.-Säure	2a 7a	g.	m.	W.: fuchsinrot	W.: orangerot

Farbstofftabelle.

Farbstoffe	Konstitution	F. V.	Echtheiten Li.	Echtheiten Wa.	Reaktionen auf der Faser mit H_2SO_4 66° Bé	Reaktionen auf der Faser mit HNO_3; s = 1,4
129. Azoflavin FF, RS, 3G extra, SGR, 2R, 3R, II. (B)	RS: Nitrierungsprodukte von Orange 4.	2a 7a	3—2	1	W.: 3G ext.: blaurot 2R und RS: klares Rotviolett	W.: 3G ext.: blaurot, dann gelber 2R und RS: Violettrot, dann gelbliches Rot
130. Azofuchsin G (By)	Sulfanilsäure → Dioxynaphthalinsulfosäure S	2a 7a	g.	m.	W.: rotviolett	W.: orangerot
131. Azofuchsin 6B, S, GN extra (By)	ähnlich Nr. 130	2a 7a	g.	z. g.	W.: 6B: gelber	W.: 6B: stumpfes Gelborange
132. Azogrenadin S, L. (By)	Azetyl-p-phenylendiamin → 1-Naphthol-3,6-disulfosäure (S) L: Kup. Komp.: R-Salz	2a 7a	3	2	W.: S: wenig Veränderung	W.: S: orange
133. Azomerinoschwarz 6BE, 6BN, 3BN, B, BN. (C)	Azofarbstoffe	2a	2	2—3	W.: 6BE: rotviolett B: rötlich BN: blaugrün	W.: 6BE und B: braunrot BN: bordeaux
134. Azonavyblau B, 3B (C)	Azofarbstoffe	2a	2	2—1	W.: B: stumpfes Bordeaux 3B: rötliches Violett	W.: beide rotstichiges Orange
135. Azoorseille 2B. (C)	...	2a 7a	2—1	2—3	W.: bräunlich, dann olivegrün	W.: leuchtendes Blaurot
136. Azopatentschwarz 3BK, TK. (K)	Azofarbstoffe	2a	3—4	2—3	W.: 3BK: rotstichiges Blau TK: blaugrün	W.: 3BK: rot TK: blaurot
137. Azorhodin 6B, 2G, 2GN, BB. (S)	Azofarbstoffe 6 B = Nr. 267?	2a	g.	g.	W.: 6B: gelber. 2G und 2B: wenig Veränderung 2GN: blaurot	W.: 6B und 2B: orange 2G und 2GN: ebenso
138. Azorot A (C)	Naphthionsäure → 1-Naphthol-3,6-disulfosäure	2a	2—1	2	W.: dunkelblau, dann violett mit rötlichen Rändern	W.: fuchsinrot, dann gelber
139. Azorubin (Gr. E.)	Naphthionsäure → NW-Säure	2a 7a	2—3	2—3	W.: violett	W.: blaurot, dann gelber
140. Azosäureblau B (S)	= Nr. 76?	2a	m.	g.	W.: wenig Veränderung	W.: rotbraun
141. Azosäurecarmin B (M)	Azofarbstoffe aus Dioxynaphthalinsulfosäure	2a	m.	g.	...	...
142. Azosäurerot L (S)	= Nr. 273?	2a	g.	g.	W.: fuchsinrot	W.: blaurot, dann gelbrot
143. Azosäureschwarz FL (S)	...	2a	m.	g.	W.: braun, dann gelbrot	W.: rotbraun, langsam röter
144. Azosäureviolett A2B, AL. (By)	...	2a 7a	g.	m.	W.: A2B: wenig Veränderung AL: dunkelblau	W.: A2B: gelborange AL: blaurot

Organische Farbstoffe.

Farbstoffe	Konstitution	F. V.	Echtheiten Li. | Wa.		Reaktionen auf der Faser mit H$_2$SO$_4$ 66° Bé	HNO$_3$ s = 1,4
145. Azowalkgelb 5G, R. (Gr. E.)	Azofarbstoffe	2a ev. 4bα	g.	s.g.	W.: 5G: röter R: braunrot	W.: 5G: röter R: rotbraun
146. Azowalkorange G, SG, 3R. (Gr. E.)	Azofarbstoffe	2a ev. 4bα	m.	s.g.	W.: G: gelbstichiges Rot, dann orange SG: stumpfes Rot 3R: blaustichiges Rot	W.: G: gelbstichiges Rot SG: braunrot 3R: gelbstichiges Rot sämtlich zuletzt orange
147. Azowalkrot G, GRL, RR, B. (Gr. E.)	Azofarbstoffe	2a	GRL s.g. übr. m.	s.g.	W.: G und B: blaurot GRL: stumpfes Rot 2R: rotviolett	W.: G: braunrot GRL: orangerot RR und B: violettrot, dann gelbstichiges Rot
148. Azowollviolett 7R, 4B. (C)	Azofarbstoffe	2a	7R: 3—2 4B: 1	2	W.: beide rotviolett	W.: 7R: blaurot, dann rotorange 4B: blaurot, dann braunrot
149. Azurblau V, VE, Z. (K)	...	2a	3	3—4	W.: sämtlich langsam entfärbt	W.: sämtlich gelb
150. Baumwollscharlach (B)	Amidoazobenzol → 2-Naphthol-6,8-disulfosäure	2a 7a	3	2—3	W.: blaurot	W.: dunkelblau, dann mißfarbiges Gelbbraun
151. Benzylblau B, S. (J)	Triphenylmethanfarbstoffe	2a	1	4—3	W.: rotstichiges Gelb	W.: rotstichiges Gelb
152. Benzylbordeaux B. (J)	Azofarbstoff	2a	2	4	W.: dunkelblau, mit rötlichen Rändern	W.: Spur gelber
153. Benzylgrün B (J)	o-Chlorbenzaldehyd wird mit Äthylbenzylanilinsulfosäure kondensiert und oxydiert	2a	1	4	W.: gelbgrün, dann rotstichiges Gelb	W.: rotstichiges Gelb
154. Benzylschwarz B, 4B. (J)	Azofarbstoffe	2a	3	5—4	W.: beide stumpfes Blauschwarz	W.: beide stumpfes Braunrot
155. Benzylviolett 4B, 5BN, 6B, 10B, 5R. (J)	Triphenylmethanfarbstoffe	2a	2—1	4	W.: sämtlich braungelb, zuletzt stumpfes Orange	W.: sämtlich braun, dann stumpfes Gelb 5BN: zuletzt grün
156. Biebricher Patentschwarz JBL, E, EST, 4B, 4AN, 6AN, KS, W. (K)	4AN, 6AN: Disazofarbstoffe mit Clevesäure in Mittelstellung u. α-Naphthylamin in Endstellung	2b	4	4	W.: JBL: grün E: violett KS: blaugrün W.: grünblau 4B: graublau	W.: JBL, E, 4B: bordeaux KS: gelbbraun W: braunrot
157. Biebricher Säureblau B, BB. (K)	Triphenylmethanfarbstoffe	2a	2	3—4	W.: beide gelb	W.: beide stumpfes Gelb, dann grün
158. Biebricher Säurerot B, BB, 4B, 5B. (K)	Azofarbstoffe mit 1,8-Dioxynaphthalinsulfosäure K	2a	3—4	3	W.: sämtlich blauer	W.: B: stumpfes Gelbrot BB und 5B: gelber 4B: blauer

Farbstofftabelle.

Farbstoffe	Konstitution	F. V.	Echtheiten Li.	Wa.	Reaktionen auf der Faser mit H_2SO_4 66° Bé	HNO_3 s = 1,4
159. Biebricher Säureschwarz SB, ST. (K)	Azofarbstoffe	2a	3—4	2—3	W.: SB: grünlich ST: violett	W.: beide bordeaux
160. Biebricher Säureviolett 2B, 6B. (K)	Azofarbstoffe	2a	2	3—4	W.: beide wenig Veränderung	W.: beide langsam rotbraun
161. Blauschwarz N. (K)	Anilin ↓ K-Säure ↑ p-Nitranilin	2b	3—4	3	W.: grün	W.: bordeaux
162. Bordeaux B (M) (A)	α-Naphthylamin → 2-Naphthol-3,6-disulfosäure	2a 7a	3	2	W.: rotviolett	W.: Spur gelber
163. Bordeaux extra (By)	Benzidin → 2 Mol. 2-Naphthol-8-sulfosäure	2a 7a 12a	m.	m.	. . .	. . .
164. Bordeaux G (M) (By)	Amidoazotoluol-sulfosäure → 2,6-Naphtholsulfosäure	2a 7a	3	2	. . .	. . .
165. Brillant-anthrazurol G (B)	Alizarinfarbstoff	2a	3	2	W.: grünlich, dann mißfarbiges Braun	W.: olivegrün, dann gelber
166. Brillant-carmin L konz. (B)	. . .	2a	2—3	3—4	W.: leuchtendes Blaurot	W.: orange, Lös. rötlich
167. Brillantcochenille 2R, 4R (C)	m-Xylidin → 1-Naphthol-3,6-disulfosäure	2a 7a	3—4	2—3	W.: 2R: blaurot 4R: rötliches Violett	W.: 2R und 4R: blauer, dann stumpfes Orange
168. Brillantcrocein MD (Gr.E.)	. . .	2a	s.g.	m.	W.: rotviolett	W.: dunkelblau, dann mißfarbig bräunlich
169. Brillant-doppelscharlach 3R. (By)	2-Naphthylamin-6-sulfosäure → NW-Säure	2a	m.	m.	W.: fuchsinrot	W.: dunkler, dann ursprüngliche Nuance
170. Brillant-kitonrot B (J)	Benzaldehyd-2,4-disulfosäure wird mit 2 Mol. Diäthyl-m-amidophenol kondensiert u. oxydiert	2a	2	4—5	W.: fleischrot, dann entfärbt	W.: orange, zuletzt röter
171. Brillantlanafuchsin BB, GG, SL. (C)	Azofarbstoffe	2a	4	2—3	W.: BB: violettrot GG: blauer, dann stumpfes Rot	W.: BB: blaustichiges Rot GG: gelbrot
172. Brillantnaphtholblau R, B, 4B. (C)	Azofarbstoffe	2a	1	2—3	W.: R: dunkelblau B: graublau 4B: blaugrün	W.: sämtlich braunrot
173. Brillant-ponceau G (C)	Xylidin → 2-Naphthol-3,6-disulfosäure	2a 7a	3—2	1—2	W.: blaurot	W.: bordeaux, dann stumpfes Rotbraun
174. Brillant-ponceau GG (C)	Anilin → 2-Naphthol-3,6-disulfosäure	2a 7a	3—2	1—2	W.: wenig Veränderung	W.: wenig Veränderung

8*

Organische Farbstoffe.

Farbstoffe	Konstitution	F. V.	Echtheiten Li.	Echtheiten Wa.	Reaktionen auf der Faser mit H_2SO_4 66° Bé	Reaktionen auf der Faser mit HNO_3 s = 1,4
175. Brillantponceau R, RR, 3R, 4R, 6R. (C)	Naphthionsäure → 2-Naphthol-6,8-disulfosäure	2a 7a	3	2	W.: R und 2R: blaurot 6R: fuchsinrot, zuletzt violett	W.: R: blauer, dann ursprüngliche Nuance 2R: blauer, dann stumpfes Orange 6R: fuchsinrot, dann gelbrot
176. Brillantsäureblau A (By)	Äthylbenzylanilin wird mit m-Oxybenzaldehyd kondensiert, sulfuriert und oxydiert	2a 7a	3	3	W.: entfärbt	W.: leuchtendes Gelb
177. Brillantsäureblau V (By)	= Nr. 176, nur Diäthylanilin anstatt Äthylbenzylanilin	2a 7a	2	3	W.: entfärbt	W.: leuchtendes Gelb
178. Brillantsäureblau B, CB, EG, FF. (By)	Triphenylmethanfarbstoffe	2a 7a	m.	g.	W.: B: gelb CB: helles Lila, dann mehr bräunlich	W.: B: rötliches Gelb CB: grünliches Gelb
179. Brillantsäureblau R (K)	...	2a	3	3	W.: mißfarbig, dann orange	W.: gelb, dann grün
180. Brillantsäurecarmin B, 2B, 6B, G, GG. (Gr. E.)	6B: p-Amidoazetanilid→ Azetyl-H-säure 2G: Anilin→ Azetyl-H-säure	2a	3—4	2—3	W.: B, BB, 6B: wenig Veränderung G, GG: dunkler	W.: B, BB, 6B: gelbstichiges Rot G, GG: gelber
181. Brillantsulfonrot B, 5B, 10B. (S)	B: Farbstoffe aus 1-Amido-4-naphtholsulfosäure werden mit Benzolsulfochlorid behandelt	2a 7a	g.	g.	W.: B: wenig Veränderung 5B: rotviolett 10B: heller und gelber	W.: sämtlich orange
182. Brillanttuchblau BB, B, R, G, IIIF. (K)	IIIF: H-säure- → Tolyl-1,8-naphthylaminsulfosäure	2b 7b	5	4	W.: B und BB: rotstichiges Blau R: grün, dann rötlich	W.: BB: gelbolive, langsam gelber B und R: gelbstichiges Braun, dann olive
183. Brillantwalkblau B, FF, FG (C)	Triphenylmethanfarbstoffe	2b 7b	1	4	W.: B und FF: grüngelb, dann gelb	W.: B und FF: gelb
184. Brillantwalkorange G, GR (C)	Azofarbstoffe	2b 7b	2—1	5	W.: beide blaurot	W.: beide zuerst blaurot, zuletzt G: gelber GR: orange
185. Brillantwalkrot G, R., B (C)	Azofarbstoffe	2b 7b	1—2	5	W.: sämtlich fuchsinrot	W.: sämtlich braunviolett, dann rotorange
186. Brillantwollblau B extra, FFR extra, G extra (By)	B: ähnlich Echtsäureblau B (By)	2a 7a	m.	g.	W.: B extra: rotbraun G extra: rotviolett, dann braunrot	W.: B extra: braun, dann grün G extra: braun, dann olivegrün

Farbstofftabelle.

Farbstoffe	Konstitution	F. V.	Echtheiten Li. | Wa.		Reaktionen auf der Faser mit H_2SO_4 66° Bé | HNO_3 s = 1,4	
187. Brun acide J (P)	2 Mol. Sulfanilsäure→α-Naphthol	2a			W.: blaurot	W.: dunkles Braunrot, dann stumpfes Gelb
188. Carbazolwollgrün S (C)	Azofarbstoff	2a 7a	1	2—3	W.: entfärbt	W.: gelbstichiges Orange
189. Chinagelb B (C)	Azofarbstoff	2a 7a	3—2	1	W.: röter	W.: Spur röter
190. Chinolingelb extra, O, wasserlöslich (A) (B) (By) (S) (J) (M) (G)	α-Methylchinolin wird mit Phthalsäureanhydrid kondensiert und sulfuriert	2a 7a	3—2	3—4	W.: (B) röter	W.: (B) wenig Veränderung
191. Chloraminechtrot F (S)	...	2b mit NH_4-azet.	g.	g.	W.: violett, langsam mißfarbig bräunlich	W.: braunstichiges Orange
192. Chloraminrot B, 3B. (S)	Azofarbstoffe	2b mit NH_4-azet.	g.	g.	W.: B: rotviolett 3B: leuchtendes Violett, Lösung rötlich	W.: B: dunkles rötliches Violett, dann gelbstichiges Rot 3B: bräunliches Rot, dann orange
193. Chromazonrot A. (G)	p-Amidobenzaldehyd-→ Chromotropsäure	2a	3	3	W.: viel blauer	W.: blauer
194. Chrysoin (G) (DH) (J) (P)	Sulfanilsäure, → Resorzin	2a 7a	2—3	3—4	W.: unverändert	W.: unverändert
195. Chrysolin (G)	...	2a	4	2	W.: braunrot	W.: braunstichiges Bordeaux, dann stumpfes Gelb
196. Citron R, R konz. (K)	...	2a	3	2	W.: R konz. bräunlich, dann violett	W.: R konz.: fuchsinrot, dann gelbrot
197. Crocein AZ (C)	Amidoazobenzol → 1-Naphthol-3,6-disulfosäure	2a 7a	4	2—3	W.: blauviolett	W.: grünstichiges Blau
198. Crocein G65 (Gr. E.)	...	2a	z. g.	z. g.	W.: violettrot	W.: braunrot, dann gelber
199. Croceinorange G, R. (By)	R.: Toluidin → 2,6-Naphtholsulfosäure	2a 7a	3—4	2—3	W.: G: fast unverändert	W.: G: orangerot
200. Croceinscharlach 3BX (K) (By)	Naphthionsäure → 2,8-Naphtholsulfosäure	2a 7a	3	3—4	W.: purpur	W.: gelb
201. Croceinscharlach 3B. (K) (By) (t. M.)	Amidoazobenzolsulfosäure → 2-Naphthol-8-sulfosäure	2a 7a	4—5	3—4	W.: dunkelblau	W.: dunkelblau, dann braungelb
202. Cyanantrol G, 3G, BGA, BA, RA, RT, RB, R. (B)	G und R: Methylanthrachinonderivate	2a 7a ev. 4bα	RB: 5—4 BGA 3—4	2	W.: (nach 2a) 3G: gelber, zuletzt fast entfärbt RB und R: stumpfes Violett	W.: 3G: gelbbraun, dann olivegrün RB und R: gelbbraun

Organische Farbstoffe.

Farbstoffe	Konstitution	F. V.	Echtheiten Li.	Echtheiten Wa.	Reaktionen auf der Faser mit H_2SO_4 66° Bé	Reaktionen auf der Faser mit HNO_3 s = 1,4
203. Cyananthrolgrau G. (B)	...	2a	3—2	2—3	W.: rotbraun	W.: rotbraun, dann gelber
204. Cyanin B, BS. (M)	B: Patentblau wird mit Chromsäure oxydiert	2a 7a	3	3	W.: grün, dann schmutzig gelb	W.: B: gelb mit grünem Rand
205. Cyanol FF, extra, AB, BSB, C, BB, GG. (C)	FF: Sulfurierung des Kondensationsproduktes von m-Oxybenzaldehyd mit 2 Mol. Monoäthyl-o-toluidin und Oxydation	2a 7a	2	2—3	W.: FF, AB, extra: sämtlich entfärbt	W.: FF, AB, extra: sämtlich gelb
206. Cyanolechtgrün G, GG. (C)	Triphenylmethanfarbstoffe	2a 7a	2	3	W.: gelber, dann entfärbt	W.: beide rotstichiges Gelb, dann brauner
207. Cyanolgrau KW. (C)	...	2a	2	2	W.: olivegrün	W.: braunrot
208. Cyanolgrün B, S, 6G. (C)	B: Sulfosäure des Kondensationsproduktes von Tetramethyldiamidobenzophenonchlorid mit β-Naphthol	2a 7a	2	2	W.: stumpfes Gelb, dann fast entfärbt	W.: stumpfes Gelbbraun, B: zuletzt olivegrün
209. Cyanolmarineblau KR. (C)	Triphenylmethanfarbstoff	2a 7a	2	2—3	W.: mißfarbig, zuletzt entfärbt	W.: bräunliches Gelb, dann grüner
210. Cyanolseidenblau B. (C)	...	2a 7a	1	3	W.: mißfarbig, zuletzt rotbraun	W.: braungelb
211. Doppelponceau 4R (By)	α-Naphthylamin → 1-Naphthol-5-sulfosäure	2a 7a	m. g.	m.	...	...
212. Echtbraun N (B)	Naphthionsäure → α-Naphthol	2a 7a	3—4	3	W.: bordeaux	W.: stumpfes Orange
213. Echtgelb extra (B) (By)	Amidoazobenzoldisulfosäure (Gemische)	2a 7a	3	2	W.: röter	W.: blaurot, dann gelb
214. Echtgelb Y (B) -R (K)	Amidoazotoluolsulfosäuren	2a 7a	3—2	2	W.: gelbstichiges Braun	W.: rotbraun, dann gelb
215. Echtgelb extra. (J)	...	2a	3	4—5	W.: rotstichiges Orange	W.: rotbraun, zuletzt gelb
216. Echtgrün, extra, bläulich, extra bläulich, CR, W. (By)	m-Nitrobenzaldehyd wird mit 2 Mol. Dimethylanilin kondensiert, reduziert, benzyliert, sulfuriert, oxydiert	2a 7a	m.	m.	W.: extra, extra bläulich CR: gelb	W.: extra und CR: gelb, extra bläulich: grünstichiges Gelb, dann grün
217. Echtjasmin G konz. (G)	...	2b 7b	4	3—4	W.: braun, dann bordeaux	W.: rotviolett, dann gelbbraun und gelb

Farbstofftabelle.

Farbstoffe	Konstitution	F. V.	Echtheiten Li.	Echtheiten Wa.	Reaktionen auf der Faser mit H_2SO_4 66° Bé	Reaktionen auf der Faser mit HNO_3 s = 1,4
218. Echtlichtgelb G, GG, 3G, E3G, GGN. (By)	Anilin→1-p-Sulfophenyl-3-methyl-5-pyrazolon	2a 7a	4	2—3	W.: sämtlich unverändert	W.: sämtlich unverändert
219. Echtlichtgrün (By)	Triphenylmethanfarbstoff	2a 7a	m.	m.	W.: gelb	W.: gelb
220. Echtlichtorange G. (By)	Anilin→2-Naphthol-6,8-disulfosäure	2a 7a	3—4	2	W.: brauner	W.: unverändert
221. Echtmarineblau B, G. (C)	Azofarbstoffe	2a	3	2—3	W.: beide bordeaux	W.: beide braunrot
222. Echtmarineblau C neu, spezial. (J)	. . .	2a	3	3	W.: C neu: stumpfes Violettbraun	W.: C neu: rotbraun
223. Echtponceau B, G, GGN. (B)	B, G: Amidoazobenzoldisulfosäure → β-Naphthol	2a	3—4	3	. . .	. . .
224. Echtponceau L. (By)	Azofarbstoff	2a	g.	m.	W.: violett	W.: blaurot, dann orangerot
225. Echtrot E(By) (B) (K) (Gr. E.)	Naphthionsäure → 2,6-Naphtholsulfosäure	2a 7a	3	2	W.: dunkel purpur	W.: gelb mit stumpfem scharlach. Rand
226. Echtrot A (A) (By) (L) (K) (Gr. E.) (t. M.)	Naphthionsäure → β-Naphthol	2a 7a	2—3	2—3	W.: rotviolett	W.: dunklesBraunviolett, dann gelbstichiges Rot
227. Echtsäureblau B, B extra (By)	Tetramethyldiamidobenzhydrol wird mit 1-Naphthylamin-2-sulfosäure kondensiert u. oxydiert	2a 7a	m.	g.	W.: B: hellbraun	W.: B: gelbgrün
228. Echtsäureblau A, BA, V. (Gr. E.)	Azofarbstoffe	2a A, BA: ev. 4bα	m.	m.	W.: sämtlich gelber, dann entfärbt	W.: sämtlich gelb
229. Echtsäurecochenille L. (By)	Azofarbstoff	2a 7a	g.	g.	W.: blaurot	W.: blauer, dann bräunliches Rot
230. Echtsäurecyanin GR, 5R (By)	Azofarbstoffe	2a 7a	m.	m.	W.: GR: rotbraun 5R: violettbraun, dann rotbraun	W.: beide rotbraun dann gelber GR: zuletzt olive
231. Echtsäureeosin G. (M)	Sulfosäuren des Rhodamins	2a	2	2—3	W.: hellgelb	W.: hellgelb
232. Echtsäurefuchsin G, G konz. (M)	Sulfosäure des Rhodamins	2a	m.	m.	. . .	. . .
233. Echtsäuregelb TL, 3G. (C)	Pyrazolonfarbstoffe	2a 7a	5—4	2—3	W.: beide Spur röter	W.: beide Spur röter
234. Echtsäuregelb G, R. (K)	Azofarbstoffe	2b	3—4	4—5	W.: G: Spur brauner R: unverändert	W.: G: grüner R: unverändert

Organische Farbstoffe.

Farbstoffe	Konstitution	F. V.	Echtheiten Li.	Wa.	Reaktionen auf der Faser mit H_2SO_4 66° Bé	HNO_3 s = 1,4
235. Echtsäuregrün BN. (C)	Triphenylmethanfarbstoff	2a	2—1	2	W.: gelbgrün, dann entfärbt	W.: gelborange
236. Echtsäuregrün CR, 6B, 8B, LB, extra bläulich (Gr.E.)	Triphenylmethanfarbstoffe	2a	LB: g. übr. m.	m.	W.: CR, LB, extra bl.: gelb 6B, 8B: braunorange	W.: CR: rotstichiges Gelb 6B, 8B: gelbbraun LB, extra bläulich: gelb, extra bläulich: zuletzt grün
237. Echtsäuremarineblau HBB, HBT, HRR. (B)	Azofarbstoffe	2a	3—2	2	W.: HRR: braunrot übrige: rotbraun	W.: HBB: gelbbraun übrige: rotbraun
238. Echtsäuremarineblau BLN, RLN, GRL konz. (J)	...	2a	3	3	W.: BLN, RLN: braunrot GRL: stumpfes Orange	W.: sämtlich rotbraun
239. Echtsäureorange G. (K)	...	2b	3—4	4—5	W.: wenig Veränderung	W.: röter
240. Echtsäurerot B, G, 3G. (K)	...	2b	3—4	4	W.: sämtlich fuchsinrot	W.: sämtlich blaurot, dann braunrot
241. Echtsäureviolett B. (M) Violamin B (M)	Sulfurieren des Reaktionsproduktes von Anilin mit Fluoresceinchlorid	2a 7a	3	3	W.: lebhaft scharlach	W.: lebhaft scharlach
242. Echtsäureviolett A2R.(M) Violamin R.(M)	= Nr. 241, nur o-Toluidin anstatt Anilin	2a	3	3	W.: rot	W.: stumpfes Scharlach
243. Echtsäureviolett 10B. (By)	Tetramethyldiamidobenzhydrol wird mit Äthylbenzylanilindisulfosäure kondensiert und oxydiert	2a 7a	m.	m.	W.: grün, dann stumpfes Hellgelb	W.: gelb, dann grün
244. Echtsulfonschwarz F, FB. (S)	Naphthionsäure→ H-säure → β-Naphthol	2a	g.	g.	W.: F: violettbraun	W.: F: braun, dann rotbraun
245. Echttiefblau B, R. (G)	...	2a	1—2	1—2	W.: beide bordeaux	W.: beide rotbraun, dann braun
246. Echtwollblau GL, BL.(Gr.E.)	...	2a ev. 4bα	s. g.	z. g.	W.: beide gelbstichiges Grün	W.: beide blaugrün Lös.: rotstich. Blau
247. Echtwollbraun T.(Gr.E.)	...	2b mit NH_4-azet.	z. g.	g.	W.: rotbraun	W.: gelbbraun, dann orange
248. Echtwollgelb GT, GL, 2GL, 3GL. (K)	Azofarbstoffe	2a	4—5	2—3	W.: GL: Spur röter übrig.: unveränd.	W.: GL: Spur röter übrig.: unveränd.
249. Echtwollgrün CB. (K)	Triphenylmethanfarbstoff	2a	3	3—4	W.: langsam gelborange	W.: bräunliches Gelb, dann olive

Farbstofftabelle.

Farbstoffe	Konstitution	F. V.	Echtheiten Li.	Echtheiten Wa.	Reaktionen auf der Faser mit H_2SO_4 66° Bé	Reaktionen auf der Faser mit HNO_3 s = 1,4
250. Echtwollviolett 3RL. (K)	...	2a	3—4	3	W.: gelbstichiges Rot	W.: Spur blauer
251. Echtwollviolett B. (Gr. E.)	...	2a ev. 4bα	g.	g.	W.: grün	W.: rotviolett, dann grün
252. Elacidschwarz. 3BK, TK, TKL (Gr. E.)	...	2a	g.	m.	W.: 3BK: blaugrau, übrig: blaugrün	W.: sämtlich bordeaux
253. Eosin GGF(C)	Tetrabromfluorescein	2c 7b	1	3—4	W.: orangegelb	W.: gelb
254. Eosin spritlöslich (M)	Äthyliertes Eosin	7b	1		...	...
255. Eosinscharlach B (C)	Dinitrodibromfluorescein	2c	1—2	3—4	...	...
256. Erioazurin B. (G)	= Nr. 76?	2a	2—3	1	W.: röter	W.: rotbraun
257. Erioblau N, DE, DEW, H, BN. (G)	N: Triphenylmethanfarbstoff	2a	3	1—2	W.: BN: Spur grüner	W.: BN: rotbraun
258. Eriocarmin BB. (G)	Azofarbstoff	2a	3	2	W.: Spur blauer	W.: gelbstichiges Rot
259. Eriochlorin A, B, BB, GB, EGB, L, PS, WS. (G)	Triphenylmethanfarbstoffe	2a	2—3	2—3	W.: A: farbschwächer, zuletzt rötlich GB: schwaches Gelb	W.: A und GB: gelb
260. Eriocyanin A, LM, R, B. (G)	A: Tetramethyldiamidobenzhydrolsulfosäure wird mit Dibenzylanilinsulfosäure kondensiert u. oxydiert	2a 7a	2	3	W.: A, B, R: entfärbt	W.: A, B, R: gelb R: zuletzt grün
261. Erioechtblau SWR. (G)	Azofarbstoff	2b	4—5	4	W.: blaugrün	W.: gelbbraun
262. Erioechtbrillantblau 3R. (G)	Azofarbstoff	2b	4—5	4	W.: blaugrün	W.: ocker
263. Erioechtfuchsin BL konz. (G)	Azofarbstoff	2a	4	3—4	W.: gelbstichiges Rot	W.: gelbstichiges Rot
264. Erioechtpurpur A, 5B. (G)	Azofarbstoffe	2b	4—5	4	W.: 5B: grünblau A: violett	W.: 5B: ocker A: gelb
265. Erioechtviolett RMS konz. BMS konz. (G)	Azofarbstoffe	2a	4	1—2	W.: RMS: rotbraun BMS: stumpfes Braunrot	W.: RMS: blaurot BMS: bordeaux
266. Erioflavin G konz., R konz., 3G konz. (G)	R: p-Toluidinsulfosäure→-p-Chlor-m-sulfophenylmethylpyrazolon	2a	4—5	2	W.: 3G: fast unverändert R: desgleichen	W.: 3G: fast unverändert R: desgleichen

Organische Farbstoffe.

Farbstoffe	Konstitution	F. V.	Echtheiten Li.	Echtheiten Wa.	Reaktionen auf der Faser mit H_2SO_4 66° Bé	Reaktionen auf der Faser mit HNO_3 s = 1,4
267. Eriofloxin BB, 6B, GG. (G)	6B: p-Amidoacetanilid → Acetyl-H-säure (alk.)	2a	3	2	W.: sämtlich Spur brauner	W.: sämtlich gelber
268. Erioglaucin A, B, BB, G, extra, supra, X, L, 3L, V, CS, HV, J superf., VII, RB, FF. (G)	A: Benzaldehydo-sulfosäure wird mit Äthylbenzylanilinsulfosäure, kondensiert und oxydiert	2a 7a	[sämtlich] 2	3	W.: A, extra, supra: gelber und entfärbt	W.: A, extra, supra: gelb
269. Eriogrenadin B. (G)	Azofarbstoff	2a	2—3	2	W.: wenig Veränderung	W.: bräunlich
270. Eriogrün extra. (G)	Kondensation von Tetraalkyldiamidobenzhydrol mit Naphthalindis. u. Oxydation	2a	2—3	3	W.: gelb, fast entfärbt	W.: gelb, langsam röter
271. Eriomarineblau B neu, S neu, CYI, PMLS, PK, VB, VBA. (G)	Azofarbstoffe	2a	3	1—2	W.: B neu: wenig Veränderung PK: stumpfes Braunrot CYI: gelbstichiges Braun	W.: B neu: gelbstichiges Rot PK: orange CYI: rotbraun, dann gelber
272. Erioreinblau. (G)	...	2a	1	3	W.: grau, dann stumpfes Braungelb	W.: rötliches Gelb dann grün
273. Eriorubin B supra, BB, G, . R. (G)	G: p-Amidoacetanilid →1-Naphthol-3,6-disulfosäure	2a	G,R: 3—2 B sup. 4	2—3	W.: BB: violett G, R: blauer	W.: BB: gelb G: braunrot R: gelber
274. Eriosolidgelb R. (G)	Azofarbstoff	2a	5	2—3	W.: unverändert	W.: Spur röter
275. Erioviolett B, RL. (G)	RL: p-Nitranilinsulfosäure- → γ-säure B: = Nr. 461?	2a	B : 2 RL: 3—4	2—1	W.: B: grüner RL: braunrot	W.: B: rotbraun RL: stumpfes Braun
276. Erythrin 7B. (B)	Amidoazotoluolsulfosäure → 2,8-Naphtholsulfosäure	2a 7a	4	3	W.: dunkelblau	W.: schwärzlich, dann braungelb
277. Erythrin P. (B)	Amidoazobenzol- → 2-Naphthol-3,6, 8-trisulfosäure	2a 7a	3—4	2—3	...	...
278. Erythrosin extra gelblich. (B)	Dijodfluorescein	2c 7b	1	3	...	...
279. Fluorescein (C) (DH) (L) (P) Uranin. (B) (A) (M)	Verschmelzen von Phthalsäureanhydrid mit Resorzin	2a 7a	1		W.: grüngelb	W.: wenig Veränderung
280. Formylblau B. (C)	Triphenylmethanderivat	2b 7b	1	4	W.: olivegrün, dann gelb	W.: gelb

Farbstofftabelle.

Farbstoffe	Konstitution	F. V.	Echtheiten Li. | Wa.		Reaktionen auf der Faser mit H_2SO_4 66° Bé	HNO$_3$ s = 1,4
281. Formylviolett S$_4$B, 5BN. (C)	Diäthyldibenzyldiamidobenzhydroldisulfosäure wird mit Diäthylanilin kondensiert u. oxydiert	2b 7b	1	5	W.: mißfarbig, dann stumpfes Gelb	W.: braunstich. Gelb
282. Fuchsin S, SN, ST. (B)	Gemische von Di- und Trisulfosäuren des Fuchsins	2a	1	1	W.: S: rotbraun, dann gelbbaun	W.: mißfarbig, dann grün, zuletzt gelb
283. Gelb WR. (J)	Orange IV wird sulfuriert	2b	3—4	3—4	W.: blaurot	W.: leuchtendes Violett, dann mißfarbig
284. Grenadin SR, SB. (G)	...	2a	2—3	2	W.: beide wenig Veränderung	W.: beide braunviolett
285. Hutschwarz BB, MC, FC, KAP, H extra. (C)	...	2b	BB und FC: 3 übr. 2	2	W.: BB: stumpfes Graublau H ext.: desgleichen	W.: BB und H ext.: stumpfes Braunrot
286. Hutschwarz BF extra. (By)	...	2a	m.	m.	W.: blau	W.: rotbraun
287. Indigoblau N, SGN. (C)	...	2a	1	2—1	W.: N: gelblich und entfärbt SGN: rötliches Gelb	W.: N: gelbgrün SGN: grünliches Gelb
288. Indigocarmin. (B) (P)	Indigodisulfosaures Na.	2a	z. g.	m.	W.: (P) rötlicher	W.: (P) gelb
289. Indomarin BL, RL. (K)	...	2a	3	3—4	W.: wenig Veränderung	W.: beide rotviolett, dann stumpfes Braunrot
290. Indulin NN (B)	Sulfurierte Indulinmarken	2a	1—2	1—2	W.: röter	W.: dunkelviolett
291. Isolanblau 3FL, BL, RL. (Gr. E.)	...	2a	g.	m.	W.: 3FL: grün, dann stumpfes Gelb BL, RL: braunrot	W.: 3FL: gelbstichiges Grün BL, RL: braun
292. Karbinolechtgrün G, 8B. (Gr. E.)	...	2a ev. 4bα	m.	z. g.	W.: langsam entfärbt	W.: beide rotstichiges Gelb
293. Kaschmirblau TG extra. (By)	Azofarbstoff	2a 7a	m.	m.	W.: grünblau	W.: blaurot
294. Kaschmirgrün B. (By)	Azofarbstoff	2a 7a	m.	g.	W.: wenig Veränderung	W.: bräunliches Rot, dann gelber
295. Kaschmirschwarz 3BN, V, TN. (By)	Azofarbstoffe	2a 7a	g.	m.	W.: 3BN, TN: rotviolett V: blauviolett, dann röter	W.: 3GN, TN: blaurot V: braunrot
296. Kitonblau N. (J)	Triphenylmethanfarbstoff	2a	1	4—5	W.: entfärbt	W.: grün, dann gelb
297. Kitonbraun R. (J)	...	2a	3	4	W.: violett	W.: braunrot
298. Kitonechtblau V. (J)	...	2a	2	4—5	W.: entfärbt	W.: grün, dann gelb

Organische Farbstoffe.

Farbstoffe	Konstitution	F. V.	Echtheiten Li.	Echtheiten Wa.	Reaktionen auf der Faser mit H_2SO_4 66° Bé	Reaktionen auf der Faser mit HNO_3 s = 1,4
299. Kitonechtgelb 3G, R. (J)	Azofarbstoffe	2a	4—5	4	W.: beide unverändert	W.: unverändert
300. Kitonechtgrün V. (J)	...	2a	2	4—5	W.: gelb	W.: rötliches Gelb
301. Kitonechtorange G, RR. (J)	Azofarbstoffe	2a	4	4	W.: wenig Veränderung	W.: wenig Veränderung
302. Kitonechtrot R, RL. (J)	Azofarbstoffe	2a	4	4	W.: rotviolett	W.: blauer
303. Kitonechtviolett 10B. (J)	Triphenylmethanfarbstoff	2a	2—1	3—4	W.: grüner und entfärbt	W.: grün, dann gelb, zuletzt grün
304. Kitongelb G, GG, S, SR. (J)	Azofarbstoffe	2a	S, SR: 3 G, GG: 2—1	4	W.: G: entfärbt S: wenig Veränderung	W.: G: entfärbt S: wenig Veränderung
305. Kitongrün N. (J)	Triphenylmethanfarbstoff	2a	1	4	W.: entfärbt	W.: gelb
306. Kitonrot 6B, G, S. (J)	Azofarbstoffe	2a	3	4	W.: sämtlich Spur gelber	W.: sämtlich gelber
307. Kitonviolett 12B. (J)	Triphenylmethanfarbstoff	2a	2—1	4	W.: mißfarbig, dann stumpfes Gelb	W.: gelb
308. Kresolschwarzmarken (Gr. E.)	Azofarbstoffe	2a	sämtlich] g.	m.	W.: 3G: blaugrün PT: blaugrau KT: violett	W.: 3G: bordeaux PT: dunkelbraun KT: rotbraun
309. Kresolschwarzgrün D. (Gr. E.)	...	2b	g.	g.	W.: grün	W.: blaurot.
310. Kristallponceau 6R. (A) (L) (B)	α-Naphthylamin-→ 2-Naphthol-6,8-disulfosäure	2a 7a	3	2	...	...
311. Lanacarbon GRS. (K)	Azofarbstoff	2b	4	3	W.: grün mit bräunlichem Rand	W.: bordeaux
312. Lanacylblau BB, R, KS, BN, RN. (C)	BB: H-säure→1,5-Amidonaphthol	2b 7b	R, KS: 2 übr. 3	3—2	W.: BB, R, KS: grünlich BN: unverändert KS: mißfarbig, Lösung: rötlich	W.: BB, R, KS: gelbstichiges Braun BN, RN: gelbolive
313. Lanacylmarineblau B.	...	2b 7b	2	2—3	W.: grünliches Dunkelblau	W.: braunstichiges Bordeaux
314. Lanafuscan G, B, R, V. (K)	...	2a			W.: G und B: rötliches Orange, dann gelber R: stumpfes Rot V: rotviolett	W.: G und B: rötliches Orange, dann gelber R: braunrot V: fuchsinrot, dann violett
315. Lanasolbraun RR. (J)	...	2a	4—5	5	W.: bordeaux	W.: gelbstichiges
316. Lanasolgelb G. (J)	...	2a	4	5	W.: braunorange	W.: orange

Farbstofftabelle.

Farbstoffe	Konstitution	F. V.	Echtheiten Li.	Echtheiten Wa.	Reaktionen auf der Faser mit H_2SO_4 66° Bé	Reaktionen auf der Faser mit HNO_3 s = 1,4
317. Lanasolgrün B, G. (J)	...	2a	5—4	5	W.: B: blaurot G: mißfarbiges Orange	W.: B: Spur gelber G: rotbraun, dann gelb
318. Lanasolmarineblau B, G. (J)	...	2a	g.	g.	W.: grüner	W.: bräunliches Gelb
319. Lanasolorange G, RR. (J)	...	2a	5	5	W.: G: rotstichiges Gelb RR: gelber	W.: G: gelb RR: braunstichiges Gelb
320. Lanasolrot G. (J)	...	2a	5	3	W.: gelber	W.: orange, dann gelb
321. Lanasolviolett B, R. (J)	...	2a	4—3	4—5	W.: B: grünstichiges Blau R: dunkelblau	W.: B: gelbbraun R: stumpfes Braungelb
322. Lanaviol RR, R, B. (K)	Azofarbstoffe	2a 7a	3—4	4	W.: RR: stumpfes Orange R: bräunliches Bordeaux B: rotviolett	W.: RR und R: bläuliches Rot B: gelbrot, dann orange
323. Lanazurin WE, GWE, RWE. (K)	Azofarbstoffe	2a	4	3—4	W.: sämtlich mißfarbiges Orangebraun	W.: WE: orange, dann ocker GWE: stumpfes Orange, dann braun und olive RWE: rotbraun
324. Lanazurin KB, K2R. (C)	...	2a 7a	3—4	3	W.: beide gelbstichiges Rot	W.: KB: blaurot K2R: gelber
325. Lichtgrün SF gelblich (B)	Sulfurierung des Kondensationsproduktes von Berzaldehyd mit Benzylätnylanilin u. Oxydation	2a 7a	2—1	1—2	W.: gelbgrün, dann gelborange	W.: stumpfes Orange
326. Marineblau VV. (S)	...	2a	z. g.	g.	W.: grüner	W.: rotbraun
327. Martiusgelb (A)	Na-Salz des 2,4-Dinitro-1-naphthols	2b 7b	m.		...	...
328. Metanilgelb, extra. (By) (A) (K) (DH) (G) (S) (Gr. E.) (C)	Metanilsäure→Diphenylamin	2a 7a	1—2	1	W.: (C) braun, dann violett	W.: (C) fuchsinrot dann gelbrot
329. Methylwasserblau (B)	Sulfuriertes Triphenyl-p-rosanilin	2a 7a	2—3	1—2	...	...
330. Naphthalinblau B, B extra, LR, DL. (M)	Azofarbstoffe	2a	m.	B-Mark s. g.	...	...
331. Naphthalinsäureschwarz 4B, 21 455. (By)	4B: Metanilsäure →Clevesäure→α-Naphthylamin	2a 7a	g.	g.	W.: 4B: grünstichiges Blau	W.: 4B: gelbbraun
332. Naphtholblau G. (C)	Azofarbstoff	2b 7b	1—2	2—3	W.: grün	W.: blaugrün, dann bordeaux

Organische Farbstoffe.

Farbstoffe	Konstitution	F. V.	Echtheiten Li. | Wa.	Reaktionen auf der Faser mit H_2SO_4 66° Bé	HNO$_3$ s = 1,4
333. Naphtholgelb S. (B) (A) (M) (C) (By) (J)	2,4-Dinitro-1-naphthol-7-sulfosäure	2a 7a	1 | 1	W.: heller	W.: heller
334. Naphtholgrün B. (C)	Fe-salz des 1-Nitroso-2-naphthol-6-sulfosauren Na	2a 7a[1])	5 | 3	W.: gelber, zuletzt braungelb	W.: stumpfes Orange
335. Naphtholschwarz B. (C)	2-Naphthylamin-6,8-disulfosäure-→α-Naphthylamin→R-salz	2a	4 | 2—3	W.: blaugrün	W.: bordeaux
336. Naphtholschwarz 6B (C) 3B, SG, P	6B: 1-Naphthylamin-4,6-disulfosäure-→α-Naphthylamin→R-salz	2a	4 | 2—3	W.: sämtlich blaugrün	W.: sämtlich bordeaux
337. Naphtholschwarzgrün G (C)	Azofarbstoff	2b 7b	1 | 3	W.: graublau	W.: rötlich Braun, dann bordeaux
338. Naphthylaminblauschwarz B, 5B. (C)	Azofarbstoffe	2a	2—3 | 2—3	W.: B: graublau 5B: rotviolett	W.: B und 5B: bordeaux
339. Naphthylamingrün T. (By)	Azofarbstoff	2a 7a	m. | g.	W.: rotstichiges Blau	W.: braun, langsam röter
340. Naphthylaminschwarzmarken. (C)	D: 1-Naphthylamin-3,6-disulfosäure-→α-Naphthylamin-→α-Naphthylamin-	2b 7b	sämtlich ca.: 2 | 2—3	W.: 6B: violett D: dunkelblau S: blaugrün	W.: 6B: gelbliches Bordeaux D: gelbbraun S: grünlich, dann blaurot
341. Naphthylblauschwarz N. (C)	1-Naphthylamin-4,6-disulfosäure-→α-Naphthylamin→Amidonaphtholäthyläther	2b ev. ²)	4 | 2—3	W.: (mit CuSO$_4$ nachb.) graublau	W.: gelbbraun
342. Neolanblau B, G, GG. (J)[3]	. . .	2a	s.g. | s.g.	W.: G: grün B: Spur grüner	W.: G: braun B: olive
343. Neolangelb G, R. (J)	. . .	2a	s.g. | s.g.	W.: G: orange R: bordeaux	W.: G: orange R: bordeaux
344. Neolangrau B. (J)	. . .	2a	s.g. | s.g.	W.: olive	W.: ocker
345. Neolangrün B. (J)	. . .	2a	s.g. | s.g.	W.: bordeaux	W.: olive
346. Neolanmarineblau R, GG. (J)	. . .	2a	s.g. | s.g.	W.: R: grünlich, dann rötlich GG: rotviolett	W.: R: bräunlich, dann rötlich GG: mißfarbig bräunlichblau
347. Neolanrot B, R. (J)	. . .	2a	s.g. | s.g.	W.: B: gelber R: gelb	W.: B: rotstichiges Gelb R: gelber, zuletzt orange
348. Neolanviolett R. (J)	. . .	2a	s.g. | s.g.	W.: mißfarbig	W.: bräunlicher

---

¹) Zusatz von Weinsäure. — ²) CuSO$_4$-nachbehandlung. — ³) Zum Färben der Neolanfarbstoffe siehe auch: J. Soc. of Dyers and Col. Augustheft 1924, Nr. 8, S. 256.

Farbstofftabelle.

Farbstoffe	Konstitution	F. V.	Echtheiten Li.	Echtheiten Wa.	Reaktionen auf der Faser mit H_2SO_4 66° Bé	Reaktionen auf der Faser mit HNO_3 s = 1,4
349. Neotolylschwarzmarken (M)	...	2b	m.	s. g.	...	...
350. Neptunbraun R. (B)	...	2a	2—1	3	W.: bordeaux	W.: braungelb
351. Nerocyanin BT, 2BN, RN. (K)	Azofarbstoffe	2b	3	4—5	W.: sämtlich stumpfesRotviolett mit bräunlichem Rand	W.: sämtlich gelbbraun
352. Nerol B, BB, 4B, BL, 2BL, 2BG, 4BG, TB, VB. (A)	B: p-Amidodiphenylamin-o-sulfosäure→α-Naphthylamin→-Naphthol-R-salz	2a			W.: B, BB: blau	W.: B, BB: braunrot
353. Neubordeaux R, RX. (B)	...	2a	m.	m.	W.: RX: violett	W.: RX: rotviolett, dann orange
354. Neuechtgelb R. (B)	Sulfanilsäure→-2,6-Diamido-1-chlorbenzol-4-sulfosäure	2a	3—2	2	W.: orangebraun, dann blaurot	W.: orange, dann gelbbraun
355. Neurot 3R. (By)	Azofarbstoff	2a 7a	g.	m.	W.: rotviolett	W.: blau, dann rötlich ocker
356. Neusäuregrün 3BX. (By)	Benzaldehyd wird mit Äthylbenzylanilinsulfosäure kondensiert und oxydiert	2a	m.	m.	W.: rotstichiges Gelb	W.: orangegelb, dann gelb
357. Neutralblau B, FF, R, superfein. (G)	...	2b	1	3	W.: sämtlich gelb	W.: B: gelbgrün übrige: stumpfes Gelb
358. Neutralblau B, R. (J)	...	2b	4	3—4	W.: B: unverändert R: grüner	W.: beide olivegelb
359. Neutralviolett O. (M)	Triphenylmethanfarbstoff	2a	m.	m.	...	...
360. Neutralwollblau R. (K)	...	2b[1])	1	3	W.: langsam braunrot	W.: braun, dann olivegrün
361. Neutralwollschwarz 4B, B, G. (C)	Azofarbstoffe	2b 7b	1—2	2—1	W.: B: stumpfes Graublau G.: stumpfes Violett	W.: B: olive G: stumpfesBraunrot
362. Opalinscharlach BS, RS, GS. (J)	Azofarbstoffe	2a	2	3	W.: sämtlich blauer	W.: blauer, dann orange
363. Orange II. (B) (DH) (By) (K) (P) (J) (C) (M)	Sulfanilsäure→β-Naphthol	2a 7a	3—4	2	W.: (J) leuchtendes Blaurot	W.: (J) blaurot, dann orange
364. Orange IV.(B) (K) (C) (G) (DH) (P) (L) (By)	Sulfanilsäure→-Diphenylamin	2a 7a	2	1—2	W.: (C) leuchtendes Violett	W.: (C) leuchtendes Rotviolett, dann gelbstichiges Rot

---

[1]) Nicht kochen.

Farbstoffe	Konstitution	F. V.	Echtheiten Li.	Echtheiten Wa.	Reaktionen auf der Faser mit H_2SO_4 66° Bé	Reaktionen auf der Faser mit HNO_3 s = 1,4
365. Orange III. (DH) (P) (t. M.)	Sulfanilsäure→-Dimethylanilin	2a 7a	m.	m.	...	...
366. Orange I. (t. M.) (DH) (K) (P)	Sulfanilsäure→α-Naphthol	2a 7a	2	2—3	...	...
367. Orangé de Xylidine L (P)	Xylidin→2-Naphthol-6-sulfosäure	2a	3—4	2—3	W.: rot	W.: gelbstichiges Rot
368. Oxacidrot BB, 5B, 6B, 4BA. (Gr. E.)	Azofarbstoffe	2a	g.	m.	W.: sämtlich rotviolett	W.: sämtlich blaurot, dann gelber
369. Oxacidviolett AL. (Gr. E.)	...	2a	g.	z. g.	W.: dunkelblau	W.: blaurot
370. Oxycyanin GR extra, 5R extra. (Gr. E.)	Azofarbstoffe	2b	g.	g.	W.: beide grünstichiges Blau	W.: beide grün, dann gelbbraun
371. Oxycyaninschwarz B, BB. (Gr. E.)	Azofarbstoffe	2b	g.	g.	W.: beide rotviolett	W.: beide braungelb
372. Oxysäureblau 4B, 6B. (Gr. E.)	Azofarbstoffe	2a	m.	m.	W.: beide blaugrün	W.: beide rotbraun
373. Oxysäureviolett R. (Gr. E.)	Azofarbstoff	2a	g.	z. g.	W.: rotbraun	W.: rotbraun, dann ocker
374. Palatinlichtgelb R. (B)	Azofarbstoff	2a	g.		W.: braunrot	W.: gelbrot, dann gelb
375. Palatinrot A. (B)	α-Naphthylamin-→1-Naphthol-3,6-disulfosäure	2a 7a	3	2	W.: blau, Lösung: rot	W.: blaurot, dann gelber
376. Palatinscharlach 3R, 4R. (B)	β-Naphthylamin-→α-Naphtholdisulfosäure	2a	3—4	2	W.: beide braunviolett, bei 4R: Lösung blaurot	W.: beide orangerot
377. Palatinschwarz A, MZ, B, 4B, 8B, 4BC, W, 3G, S, 2S, SF. (B)	A: Sulfanilsäure-↓ 1,8-Amidonaphthol-4-sulfosäure-↑ α-Naphthylamin	2a	4B, 3G: 3	2—3	W.: 4B: blaugrün SF: gelbliches Grün	W.: 4B, SF: bordeaux
378. Periwollblau B, G. (C)	Nitroamidophenole-→1,8-Naphthalinderivate	2a	3	3	W.: beide blaurot	W.: beide stumpfes Rot
379. Phenylaminschwarz 4B, T. (By)	Azofarbstoffe	2a 7a	m.	g.	W.: 4B: stumpfes Blau T: rotviolett	W.: 4B: rötliches Braun T: stumpfes Braunrot
380. Phenylblauschwarz N. (By)	Azofarbstoff	2a 7a (4cα)	g.	g.	W.: rotstichiges Blau W.: Cr-Beize: grünstichiges Blau	W.: gelbbraun W.: Cr-Beize: gelbbraun
381. Polargelb G konz., GG konz., 5G konz. R konz. (G)	5G konz.: p-Amidophenol-→m-Sulfophenyl-3-methyl-5-pyrazolon und Verestern der OH-Gr. mit p-Toluolsulfochlor.	2b 7b	5—4	3—4	W.: 5G und GG: wenig Veränderung	W.: 5G und GG: wenig Veränderung

Farbstofftabelle.

Farbstoffe	Konstitution	F. V.	Echtheiten Li. | Wa.		Reaktionen auf der Faser mit H$_2$SO$_4$ 66° Bé	HNO$_3$ s = 1,4
382. Polargrau (G)	...	2b	2—3	4	W.: röter	W.: gelbgrau
383. Polarorange GS konz., R konz. (G)	Amido-R-säure, ↑ Benzidin ↓ Phenol und verestern mit p-Toluolsulfochlorid	2b 7b	4	4—3	W.: R: schwarz mit orangen Rändern GS: gelbstichiges Rot	W.: R: schwarz, dann braunrot GS: braunrot, dann orange
384. Polarrot B konz., 3B konz., G konz., GRS konz., R konz., RS konz. (G)	G konz.: 1-Naphthol-3,6-disulfosäure ↑ Benzidin ↓ Phenol und verestern der OH-Gr. mit p-Toluolsulfochlorid	2b 7b	4	4	W.: G: rotviolett RS: violett mit rötlicher Lösung B: dunkelblau, dann violettrot R: violett, dann röter	W.: G und RS: dunkel, dann gelbstichiges Braun B: fast schwarz mit rotgelber Lösung, dann gelbbraun R: dunkel, dann orangegelb
385. Polarrotbraun V konz. (G)	...	2b 7b			W.: dunkel, Lösung blauschwarz und rötlich	W.: bräunliches Gelb
386. Ponceau pour soie. (P)	β-Naphthylaminsulfosäure → β-Naphthol	9a 7a	3—4	3—4	S.: fuchsinrot	S.: gelbrot
387. Ponceau 3R, 4R. (B) (A) (M) (K) (Gr. E.) (L)	Pseudocumidin → 2-Naphthol-3,6-disulfosäure	2a	2—3	3	W.: 3R (B): blaurot	W.: 3R (B): orange
388. Ponceau 6R. (B) (M)	Naphthionsäure → β-Naphtholtrisulfosäure	2a	3—4	2	W.: braunviolett	W.: orange, dann gelb
389. Pyrazingelb GG. (J)	Azofarbstoff	2a	4	3—4	W.: unverändert	W.: unverändert
390. Radiobraun B, S. (C)	Azofarbstoffe	2a 7a	3—4	3	W.: B: stumpfes Violettbraun S: blaurot	W.: B: gelbbraun S: bordeaux
391. Radiogelb R. (C)	Azofarbstoff	2a 7a	5—4	3	W.: fast unverändert	W.: fast unverändert
392. Radiorot G. (C)	Azofarbstoff	2a 7a	4	3	W.: blauer	W.: blauer, dann orange
393. Radioschwarz SB, ST. (C)	Azofarbstoffe	2a 7a	3—4	4	W.: SB: grünlichblau, langsam gelber ST: violett	W.: SB: stumpfes Braun ST: rotstichiges Braun
394. Rose bengale (B) (DH) (A) (t. M.)	Alkalisalze des Tetrajoddichlorfluoresceins	2c	1	4	W.: rötlichbraun	W.: gelb
395. Rosindulin BB bläulich. (K)	Saure Na-salze der Trisulfosäure des Phenylrosindulins	2a	2	3—4	W.: bräunlich, dann gelbstichig leuchtendes Grün	W.: gelber, dann blaurot
396. Rosindulin GG. (K)	Monosulfosäure des Rosindons	2a 7a	2	3—4	W.: dunkelgrün	W.: gelb
397. Säurealizaringrau G, B. (M)	Azofarbstoffe	2a ev. 4bα	g.	g.	...	...

Gnehm- von Muralt, Taschenbuch. 2. Aufl.

Organische Farbstoffe.

Farbstoffe	Konstitution	F. V.	Echtheiten Li.	Echtheiten Wa.	Reaktionen auf der Faser mit H$_2$SO$_4$ 66° Bé	Reaktionen auf der Faser mit HNO$_3$ s = 1,4
398. Säureblau G, R. (G)	...	2a	2	2	W.: beide grün, dann stumpfes Gelb	W.: G: gelb, dann grün R: gelbolive, dann grün
399. Säureblau RBF. (J)	...	2a	1	4—5	W.: gelbbraun	W.: stumpfes Orange, dann gelb
400. Säureblauschwarz B konz., G konz. (G)	...	2b	4—5	3—4	W.: beide grün, langsam rotviolett	W.: beide grünlich, dann bordeaux
401. Säurebordeaux B. (S)	...	2a	g.	g.	W.: rotviolett	W.: blaurot, dann gelber
402. Säurebraun G, R. neu (G)	...	2a	2—3	2	W.: G: bordeaux R: rotviolett, langsam röter	W.: G: gelbstichiges Rot, dann orange R: bordeaux, dann rotbraun
403. Säurebraun G, B, BB, R. (K)	...	2a	2—3	2—3	W.: G: gelbstichiges Rot B, BB: blaurot, langsam gelber	W.: G, B, BB: gelbstichiges Rot, dann orange
404. Säuregrün konz. (G)	...	2a	2	1	W.: gelb	W.: stumpfes Orange
405. Säurekresolschwarz B, S, SB, T, FN. (Gr. E.)	...	2a	g.	m.	W.: B, S, T: graublau mit rötlicher Lösung	W.: B, S, T: bordeaux
406. Säuremarineblau B, RR, BL, 3BL, BLN, GL, RL, DKT, DKN, ABD.(K)	Azofarbstoffe	2a	GL RL 4—5[1])	sämtlich ca. 3	W.: B: grün RR: blauer DKN, NG: blaugrün DKT: blau mit rötlicher Lösung RL: bräunliches Bordeaux	W.: B, RR, DKN, DKT, NG: rotviolett, dann rotbraun RL: gelbbraun
407. Säuremarineblau A, KP. (C)	Azofarbstoffe	2a	2—1	2	W.: A: rotbraun KP: braunrot	W.: beide rotbraun
408. Säurepatentschwarz S, B, T, BB, BS. (K)	Azofarbstoffe	2b	3—4	3	W.: S, B: blauviolett T: violett	W.: S, B, T: bordeaux
409. Säurereinblau R extra. (G)	...	2a oder 3	1	3	W.: grün, dann gelb	W.: gelb, langsam grüner
410. Säurerhodamin R, RR, 3R. (J)	Xanthonfarbstoffe	2a	2—1	4	W.: sämtlich orange, dann gelb	W.: sämtlich orangerot
411. Säurerosamin A. (M) Violamin G. (M)	Sulfosäure des Einwirkungsproduktes von Mesidin auf Fluoresceinchlorid	2a 7a	3	3	...	...

---

[1]) B, RR: 2 übr. 3—4.

Farbstofftabelle.

Farbstoffe	Konstitution	F. V.	Echtheiten Li.	Echtheiten Wa.	Reaktionen auf der Faser mit H_2SO_4 66° Bé	Reaktionen auf der Faser mit HNO_3 s = 1,4
412. Säureschwarz AT, 4BK, SO. (S)	Azofarbstoffe	2a	g.	g.	W.: AT: stumpfes Violettrot 4BK: rotbraun, dann gelbrot SO: mißfarbig violettbraun	W.: AT, SO: stumpfes Braunrot 4BK: rotbraun
413. Säureschwarz 4BNN, CUI neu, D, G, MS, N_4B, NN, R, ZH. (J)	Azofarbstoffe	2a	3	4	W.: 4BNN, CUI: stumpfes Blauviolett D: grün G: stumpfes Braunviolett	W.: 4BNN: braunrot CU1: rötlich D: blaurot G: stumpfes Braunviolett
414. Säureschwarz 4B, 4BM, VS. (G)	...	2b 3	4	2—3	W.: 4B: dunkelblau, Lösung rötlich 4BM: rötliches Violett VS: violettrot	W.: 4B, 4BM: braunrot VS: bordeaux
415. Säureviolett 4BN. (J) (B)	Sulfosäure des Pentamethylbenzyl-p-rosanilins	2a	1	3	W.: stumpfes Braungelb, dann orange	W.: rotstichiges Gelb, dann grün und zerstört
416. Säureviolett 6BN. (J) (M) (B)	Sulfosäure des Kondensationsproduktes aus Tetramethyldiamidobenzophenon und p-Tolyl-m-äthoxyphenylamin	2a 7a	2	3—4	W.: rötliches Braun	W.: braun, dann gelbgrün und zerstört
417. Säureviolett 7B. (J) (B)	Sulfosäure des Kondensationsproduktes aus p-Diäthylamidobenzoylchlorid und Methyldiphenylamin	2a 7a	1—2	2	W.: rotbraun, dann orange	W.: grün, dann mißfarbig
418. Säurewalkblau B, FFR. (Gr. E.)	...	2a ev. 4bα	m.	g.	W.: beide grün, dann gelb	W.: beide gelb
419. Säurewalkrot G konz., R konz. (G)	...	2a			W.: G: blaurot R: violettrot	W.: beide braunrot, dann orange
420. Saturngelb G. (B)	...	2a	s.g.	m.	W.: Spur röter	W.: unverändert
421. Scharlach G, SPG, RR, 3R, SP_3R, SP_5R. (Gr. E.)	Azofarbstoffe	2a	g.	m.	W.: G: Spur blauer SPG, RR, 3R: bordeaux	W.: G und SPG: wenig Veränderung RR: braunrot, dann orange 3R: braunrot
422. Sulfonazurin D. (By)	Benzidinsulfondisulfosäure, →2 Mol. Phenyl-α-naphthylamin	2b 7b 12a	m.	m.	Bw.: violett	Bw.: gelb

Farbstoffe	Konstitution	F. V.	Echtheiten Li.	Echtheiten Wa.	Reaktionen auf der Faser mit H_2SO_4 66° Bé	Reaktionen auf der Faser mit HNO_3 s = 1,4
423. Sulfoncyanin G, GR extra, GRT extra, 3R, 5R extra, 5RT extra. (By)	Metanilsäure → α-Naphthylamin → Phenyl-1,8-naphthylaminsulfosäure oder ähnliche Substanzen	2b mit NH_4-acet. 7b	g.	g.	W.: G: blaugrün 3R: desgleichen	W.: G, 3R: bräunliches Gelb
424. Sulfoncyaninschwarz B, BB, 4B, BR. (By)	B,B B: 1-Naphthylamin-5-sulfosäure → α-Naphthylamin → Phenyl-1,8-naphthylaminsulfosäure	2b mit NH_4-acet. 7b	g.	g.	W.: B, BR: rotviolett	W.: B, BR: braunstichiges Gelb
425. Sulfongelb 5G, R, R konz. (By)	Azofarbstoffe	2b 7b	g.	g.	W.: 5G: röter R: Spur grüner	W.: 5G: röter R: wenig Veränderung
426. Sulfoninblau 5R extra, R. (S)	ähnlich: Nr. 423	2b mit NH_4-acet.	g.	g.	W.: beide blaugrün	W.: 5G: grün, dann gelb R: braun, dann gelb
427. Sulfoninschwarz B. (S)	= Nr. 424?	2b mit NH_4-acet.	g.	g.	W.: mißfarbig violettrot	W.: braungelb
428. Sulfonorange G, 5G. (By)	Azofarbstoffe	2b 7b	g.	g.	W.: 5G: gelbstichiges Rot, dann blauer und heller G: gelbstichiges Rot	W.: 5G: lila, dann gelb G: bräunliches Rot, dann orange
429. Sulfonsäure braun 2R, 4R. (By)	Azofarbstoffe	2b 7b	g.	g.	W.: 2R: bräunliches Violett	W.: 2R: braunrot
430. Sulfonsäuregrün B, 2BL. (By)	Azofarbstoffe	2b 7b	m.	g.	W.: B: Spur gelber	W.: B: mißfarbiges Violettbraun
431. Sulfonsäureschwarz 2B, NB extra, N2B extra. (By)	Azofarbstoffe	2b 7b	m.	g.	W.: 2B: grün NB: blau N2B: rotstichiges Blau	W.: 2B: bordeaux NB, N2B: braungelb
432. Sulfonschwarz G, R. (By)	Anilin → Clevesäure, → 1,8-Dioxynaphthalin-4-sulfosäure	2b 7b	g.	m.	W.: R: blaugrün	W.: R: braungelb
433. Sulfonviolett G extra, R extra. (By)	Azofarbstoffe	2b 7b	m.	R: g.	W.: R: grünstichiges Blau	W.: R: blau, dann grün, zuletzt gelb
434. Supraminbraun R. (By)	Azofarbstoff	2a 7a	g.	g.	W.: fuchsinrot	W.: braunrot
435. Supramingelb G, R. (By)	Azofarbstoffe	2a 7a R: ev: 4cα	s.g.	g.	W.: beide wenig Veränderung	W.: beide wenig Veränderung
436. Supraminrot B, GG. (By)	Azofarbstoffe	2a 7a	g.-s.g.	g.	W.: beide blaurot	W.: B: orange GG: wenig Veränderung

Farbstofftabelle.

Farbstoffe	Konstitution	F. V.	Echtheiten Li. | Wa.	Reaktionen auf der Faser mit H$_2$SO$_4$ 66° Bé	HNO$_3$ s = 1,4
437. Supraminschwarz BR. (By)	Azofarbstoff	2a 7a	g. | g.	W.: blau, langsam gelber	W.: gelbbraun
438. Supranolbraun R. (Gr. E.)	Azofarbstoff	2a ev. 4bα	g. | g.	W.: rotviolett	W.: rotbraun
439. Supranolgelb G, R. (Gr. E.)	Azofarbstoff	2a	g.- | s.g. s.g.	W.: beide Spur röter	W.: beide Spur röter
440. Supranolrot GG. (Gr. E.)	...	2a	s.g. | s.g.	W.: blauer	W.: wenig Veränderung
441. Supranolschwarz BR. (Gr. E.)	...	2a ev. 4bα	s.g. | s.g.	W.: grünlich	W.: gelbbraun
442. Tartraphenin. (S)	Tartrazinfarbstoff	2a	g. | g.	W.: unverändert	W.: unverändert
443. Tartrazin (B) (By) (J) (P)	Aus 2 Mol. Phenylhydrazinsulfosäure u. 1 Mol. Dioxyweinsäure	2a 7a	3—4 | 2—3	W.: unverändert	W.: unverändert
444. Thiokarmin R. (C)	Methylenblauderivat aus Amidoäthylbenzylanilinsulfosäure	2a	1 | 2—3	W.: gelbstichiges Grün	W.: malachitgrün
445. Tolanechtrot 2GL, 2BL, 6BL. (K)	Azofarbstoffe	2a 7a	3—4 | 2—3	W.: sämtlich gelber	W.: sämtlich gelbstichiges Rot
446. Tuchechtblau S5R, SGR. (G)	...	2a		W.: SGR: wenig Veränderung S5R: grün	W.: beide stumpfes Gelb
447. Tuchechtblau B, BR, GTB, R. (J)	Azofarbstoffe	2b mit NH$_4$-acet.	3—4 | 5	W.: B, R: grünliches Blau	W.: B: stumpfes Orange R: grünlich, dann rötliches Gelb
448. Tuchechtbraun G, RR, 5R. (J)	...	2b		W.: G: stumpfes Gelb RR: gelber 5R: bordeaux	W.: G: gelb RR: stumpfesGelb 5R: röter
449. Tuchechtgelb G, R, 5G, GR. (J)	Azofarbstoffe	2b	GR: | GR: 4 | 5	W.: G, R, 5G: Spur röter	W.: G, R, 5G: Spur röter
450. Tuchechtgrün B, G. (J)	Azofarbstoffe	2b		W.: B: violett G: braungelb	W.: B: dunkel, Lösung: stumpfes rötliches Violett G: ocker, dann gelb
451. Tuchechtorange G, R. (J)	...	2b		W.: G: braunstichiges Gelb R: gelbstichiges Rot	W.: G: gelb R: gelbstichiges Rot
452. Tuchechtrot BB, 8B, B, 3B, R, GR. (J)	Azofarbstoffe	2b	8B: | 5 4 BB: 2	W.: B: bordeaux 3B: rotbraun R: leuchtendes Blaurot	W.: B: orange 3B: gelbbraun R: gelbstichiges Rot

Farbstoffe	Konstitution	F. V.	Echtheiten Li.	Echtheiten Wa.	Reaktionen auf der Faser mit H_2SO_4 66° Bé	Reaktionen auf der Faser mit HNO_3 s = 1,4
453. Tuchechtschwarz B, BN, 2BN, 4BN. (J)	Azofarbstoffe	2b	B:4	B:5	W.: B: rotviolett BN, 2BN: blau	W.: B: rotbraun BN, 2BN: gelbbraun
454. Tuchechtviolett R, B. (J)	...	2b			W.: beide blaugrün	W.: beide stumpfes Gelb
455. Tuchrot B. (K) (Gr. E.)	o-Amidoazotoluol → 2-Naphthol-3,6-disulfosäure	2b ev. 4bα 7b	3—4	3—4	W.: (Gr. E.): blauviolett	W.: (Gr. E.) grünblau, dann braunrot
456. Unischwarz 3BL extra. (J)	Azofarbstoff	2a	3	4	W.: stumpfes Rotviolett	W.: bläuliches Rot
457. Viktoriaechtviolett B extra, 2R extra. (By)	Azofarbstoffe	2a 7a	g.	m.	W.: B: dunkel, Lösung: orange 2R: rotbraun	W.: B: braunrot 2R: braunrot, dann ocker
458. Viktoriamarineblau DK, L, LH, B. (By)	Azofarbstoff	2a 7a	m.	g.	W.: DK: grün L: braunorange LH: braun B: unverändert	W.: DK, B: braunrot L: braungelb LH: gelbbraun, dann olive
459. Viktoriascharlachmarken. (M)	Azofarbstoffe	2a	m.	m.	...	...
460. Viktoriaschwarz B. (By)	Sulfanilsäure → α-Naphthylamin →1,8-Dioxynaphthalin-4-sulfosäure	2a 7a	g.	m.	W.: blaustichiges Grün	W.: rötliches Braun
461. Viktoriaviolett 4BS. (S)	p-Amidoazetanilid → Chromotropsäure. Verseifen	2a	1	4	W.: grüner	W.: blaurot, dann braunrot
462. Walkgelb O, G, 3G. (C)	Azofarbstoffe	2b 7b	0, 3G: 5—4 G: 3—4	0, 3G: 5 G: 3	W.: O: gelbrot, dann blaurot G: gelbrot 3G: Spur röter	W.: O: fuchsinrot G: stumpfes Braunrot 3G: röter
463. Walkorange G. (By)	Azofarbstoff	2a	m.	g.	W.: röter	W.: orangerot, langsam gelb
464. Walkrot G, FR, R. (C)	G.: Thioanilin → 2 Mol. 2-Naphthol-6-sulfosäure	2b	2—3	3—4	W.: G: rotviolett FR: dunkelblau, Lösung: orange	W.: G: braunviolett, dann rotorange FR: braunviolett dann leuchtendes Orange
465. Wasserblaumarken. (B) (By) (K) (C) (J) (S) (A)	Di- und Trisulfosäuren der verschiedenen Spritblaumarken	2a 7a	2	2—1	W.: stumpf rot	W.: grün
466. Wollblau RL. (G)	H-säure → Phenyl-1,8-naphthylaminsulfosäure	2b	g.	m.	W.: grün	W.: gelbolive
467. Wollblau RSP. (J)	...	2b	2—3	2—1	W.: rotbraun	W.: grüner

Farbstofftabelle.

Farbstoffe	Konstitution	F. V.	Echtheiten Li.	Echtheiten Wa.	Reaktionen auf der Faser mit H_2SO_4 66° Bé	Reaktionen auf der Faser mit HNO_3 s = 1,4
468. Wollblau N extra, R extra, SR extra. (By)	Triphenylmethanfarbstoffe	2a	m.	N: g übr. m.	W.: N: braunrot R, SR: violettbraun	W.: N: bräunlich, dann olivegrün R, SR: gelbbraun, dann grün
469. Wollblau SNL, SL, SL extra, R. (B)	Triphenylmethanfarbstoffe	2a 7a	m.	m.	W.: SL: gelbgrün	W.: SL: gelb, dann grün
470. Wolldunkelgrün NW, AZ. (K)	...	2b	NW: 3—4	NW: 3	W.: NW: stahlblau AZ: Spur gelber	W.: NW: braun, Lösung: rötlich AZ: gelber
471. Wollechtblau L. (J)	...	2a	3	2—3	W.: mißfarbig	W.: mißfarbig, zuletzt grünlich
472. Wollechtblau BL. (B)	...	2a 7a	g.	g.	W.: grün	W.: grüner
473. Wollechtblau BL, GL. (By)	Azinfarbstoffe s. Georgiev. 5. Aufl.	2a 7a ev. 4cα	g.	g.	W.: (sauer) beide grün	W.: (sauer) beide grüner, zuletzt rötlich
474. Wollechtgelb G, 5G. (B)	...	2a 7a	g.	G: g.	W.: G: rotbraun, dann rot 5G: Spur röter	W.: G: violettbraun, dann braunrot 5G: Spur röter
475. Wollechtorange G. (B)	...	2a ev. 4bα	g.	z. g.	W.: leuchtend rotviolett	W.: braunorange
476. Wollechtrot BL. (By)	...	2a 7a	g.	m.	W.: bräunliches Rot	W.: braun, dann olive
477. Wollechtviolett B. (By)	Azinfarbstoff	2a 7a	g.	g.	W.: blau, dann grün	W.: grün
478. Wollmarineblau P2B, B, BB, BR, 3R, VB, LH, DK, V2R, V5R. (Gr. E.)	...	2a	z. g.	m.	W.: B: mißfarbig BB, BR, 3R, LH: rotbraun	W.: B: schmutzig braun BB, BR, 3R: ocker LH: rotbraun, zuletzt grün
479. Wollrot G, R. (B)	G: Disazofarbstoffe aus Diaminen	2a	z. g.	g.	W.: G: rotviolett	W.: G.: braun, dann bräunliches Orange
480. Wollrot E, PSN, PSNR. (J)	...	2b	4	4	W.: sämtlich rotviolett	W.: sämtlich dunkelblau
481. Wollscharlach X, R, B, 3B, 4B. (K)	...	2a 7b	3—4	3	W.: X, R: Spur blauer B: blaurot 3B, 4B: rotviolett	W.: X: unverändert R: blauer B-Marken: blauer, dann gelbrot 4B: zuletzt gelb
482. Wollscharlach G, R, RR, 3R, 4R, RS, RRS, 3RS, RRW. (B)	...	2a	R, 3R: 2—3	2	W.: R: Spur blauer RR, 3R, 4R: bräunliches Rot	W.: R: orange 3R, 4R: blaurot, dann orange RR: braunrot, dann orange
483. Wollschwarz B, N4B. (By)	Azofarbstoffe	2a 7a	g.	g.	W.: N4B: grünblau	W.: N4B: gelbliches Braun

Farbstoffe	Konstitution	V. F.	Echtheiten Li.	Echtheiten Wa.	Reaktionen auf der Faser mit H_2SO_4 66° Bé	Reaktionen auf der Faser mit HNO_3 s = 1,4
484. Wollviolett SL, R. (K)	Azofarbstoffe	2b 7b	3—4	3—4	W.: SL: fast unverändert	W.: SL: braunrot
485. Xylenblau VS konz. (S)	Methylbenzaldehyddisulfosäure wird mit Diäthylanilin kondensiert und oxydiert	2a 7a	2	4	W.: entfärbt	W.: leuchtend gelb
486. Xylenblau AS. (S)	= Nr. 485, nur Äthylbenzylanilin anstatt Diäthylanilin	2a 7a	2	4	W.: entfärbt	W.: leuchtend gelb
487. Xylencyanol FF. (S)	Triphenylmethanfarbstoff	2a 7a	2	4	W.: entfärbt	W.: leuchtend gelb
488. Xylenechtgrün B. (S)	. . .	2a	3	4	W.: langsam gelb	W.: rotstichiges Gelb
489. Xylenechtorange G. (S)	. . .	2a	g.	g.	W.: wenig Veränderung	W.: Spur röter
490. Xylenlichtgelb GG, R, 3GS. (S) Xylengelb 3G. (S)	Diazosulfanilsäure (oder Homologe), → 1-0 . m-Dichlor-p-sulfophenyl-3-methyl-5-pyrazolon	2a	4	4	GG: unverändert R: orange 3GS: unverändert	W.: GG, 3GS: fast unverändert R: helles Orange
491. Xylenviolett RL. (S)	. . .	2a	z. g.	g.	W.: rotbraun	W.: braunrot, dann gelber

3. Salzfarben oder substantive Baumwollfarbstoffe.

Es folgen einige Präfixe dieser Farbstoffklasse:

Chicago-
Columbia-
Congo-
Chromanil- } (A)
Paranil-
Sambesi-
Solamin-

Oxamin-
Pyramin- } (B)
Thiazin-

Benzo-
Para- } (By)
Pluto-

Diamin-
Oxydiamin- } (C)

Diphenyl-
Formal-
Nitrophenyl- } (G)
Polyphenyl-

Triazol-   (Gr. E).

Chlorantin-
Neoform- } (J)
Rosanthren-

Diazogen-
Naphthamin- } (K)

Eboli-
Paranol-
Hessisch- } (L)
Mikado-

Renol-   (t. M.)

Crumpsall-
Dianol- } (Lev.)

Dianil-
Diazanil-
Oxydianil- } (M)
Paraphor-

Chloramin-
Trisulfon- } (S)

Alkali-
Benzamin- } (WDC)

Farbstofftabelle.

Farbstoffe	Konstitution	F. V.	Echtheiten Li.	Echtheiten Wa.	Reaktionen auf der Faser mit H_2SO_4 66° Bé	Reaktionen auf der Faser mit HNO_3 s = 1,4
492. Acetopurpurin 8B. (A)	Dichlorbenzidin→ 2 Mol. Amido-R-säure	12a	2—3	2	Bw.: grünstichiges Blau	Bw.: stumpfes Braun
493. Acetylenblau BX, 3R. (J)	Naphthazetoldisulfosäurederivate	12a	m.	m.	Bw.: BX: Spur grüner	Bw.: BX: stumpfes Rot, dann brauner
494. Acetylenhimmelblau (J)	ähnlich Nr. 493	12a	m.	m.	Bw.: grün, Lösung rötlich	Bw.: rotviolett
495. Aminogenblau RN. (J)	Azofarbstoff	12a ev. 12i	m. m.	z. g. z. g.	Bw.: (ohne Nachbehandlung) grünstichig blau	Bw.: stumpfes Braun
496. Aminogenviolett R. (J)	Azofarbstoff	12a ev. 12i	m.	z. g.	Bw.: (ohne Nachbehandlung) grünstichig blau	Bw.: stumpfes Rotviolett
497. Azoblau (By) (A) (Lev)	Tolidin → 2 Mol. NW-säure	12a	m.		Bw.: (A) grünstichig blau	Bw.: (A) helles Braungelb, zuletzt entfärbt
498. Baumwollblau 3G. (J)	Dianisidin→2 Mol. NW-säure	12a ev. 12c	2—1 4	3 3	Bw.: grünstichig blau	Bw.: ocker
499. Baumwollbraun RN, FH10, G, GNI, RV. (B)	. . .	12b G ev. 12k	G, GNI z. g.	m.	Bw.: RN: bordeaux FH10: mißfarbig violettbraun, dann orange G: olive	Bw.: RN: gelber FH10: bordeaux G: stumpfes Violett
500. Baumwollcorinth G. (B) (Gr. E.)	Naphthionsäure ↑ Benzidin, ↓ NW-säure	12b	2	2—3	Bw.: (B) dunkelblau	Bw.: (B) blauviolett, dann bräunlich
501. Baumwollgelb R. (B)	Primulin → Salizylsäure	12a ev. 12c	3	2	Bw.: (ohne Nachbehandlung) leuchtendes Orange	Bw.: rotorange
502. Baumwollgelb G, GI. (B)	G: Diamidodiphenylharnstoff → 2 Mol. Salizylsäure	12b	g.	m.	Bw.: GI: orange	Bw.: GI: bordeaux
503. Baumwollgelb CH. (J)	Azofarbstoff	12b	g.	m.	Bw.: bräunliches Orange	Bw.: violett
504. Baumwollgelb GA. (A)	Azofarbstoff	12b	4	2	Bw.: orange	Bw.: bordeaux
505. Baumwollorange G. (B)	Primulin→m-Phenylendiamindisulfosäure	12b	3—2	2—3	Bw.: braun	Bw.: rotviolett, langsam braun
506. Baumwollorange R. (B)	Primulinsulfosäure ↓ m-Phenylendiamindisulfosäure ↑ Metanilsäure	12b	3—2	2	Bw.: blaurot	Bw.: violettbraun
507. Baumwollpurpur 5B. (B)	Tolidin → 2 Mol. β-Naphthylaminsulfosäure	12b	2	2—3	Bw.: grünstichiges Dunkelblau Lösung gelblich	Bw.: olive, dann rötlich

Organische Farbstoffe.

Farbstoffe	Konstitution	F. V.	Echtheiten Li.	Echtheiten Wa.	Reaktionen auf die Faser mit H_2SO_4 66° Bé	Reaktionen auf die Faser mit NHO_3 s = 1,4
508. Baumwollrubin. (B)	Naphthionsäure ↑ Benzidin ↓ 2-Naphthol-8-sulfosäure	12b	2—1	2	Bw.: violett, mit rötlichen Rändern, dann mißfarbig	Bw.: bläulich, dann olivegelb
509. Baumwollschwarz RW extra. (B)	Anilin ↓ H-säure ↑ Benzidin ↓ m-Phenylendiamin	12b ev. 12f	2	2—3	Bw.: (ohne Nachbehandlung) mißfarbig rötlichbraun	Bw.: Lösung: rötliches Orange
510. Baumwollschwarz E extra. (B)	Anilin ↓ H-säure ↑ Benzidin ↓ m-Toluylendiamin	12b ev. 12f	2	2—3	Bw.: (ohne Nachbehandlung) mißfarbig bräunlich	Bw.: Lösung: rötlich orange
511. Benzoazurin 3G. (By) (A) (K)	Dianisidin→2Mol. 1-Naphthol-5-sulfosäure	12b	m.	m.	Bw.: (By) blaugrün	Bw.: (By) braungelb
512. Benzoazurin 3R. (By)	J-säure, ↑ Tolidin ↓ NW-säure	12b	2	3	Bw.: bräunliches Orange	Bw.: stumpfes Hellbraun
513. Benzoblau BB. (By)	Benzidin → 2 Mol. H-säure (alk.)	12b	2—1	2	Bw.: grüner	Bw.: stumpfes Graublau, zuletzt entfärbt
514. Benzoblau 3B. (By)	Tolidin → 2 Mol. H-säure (alk.)	12b	1—2	2	Bw.: grünblau	Bw.: blaugrau
515. Benzoblau BX. (By)	NW-säure, ↑ Tolidin ↓ H-säure (alk.)	12a 12b	2—1	2—3	Bw.: grünblau	Bw.: röter, dann helles Violettbraun u. entfärbt
516. Benzoblau 4R. (By)	2-Naphthol-8-sulfosäure ↑ Benzidin ↓ 1-Amido-8-naphthol-4-sulfosäure	12b	1—2	2	Bw.: grünblau	Bw.: braunrot
517. Benzoblau RW. (By)	β-Naphthol ↑ Dianisidin ↓ 1-Amido-8-naphthol-2,4-disulfosäure	12b	m.	z. g.	Bw.: blaugrün	Bw.: helles Rotviolett
518. Benzobordeaux 6B. (By)	Azofarbstoff	12b	m.	m.	Bw.: blaugrün	Bw.: bräunliches Rot

Farbstofftabelle. 139

Farbstoffe	Konstitution	F. V.	Echtheiten Li. | Wa.		Reaktionen auf der Faser mit H_2SO_4 66° Bé	HNO_3 s = 1,4
519. Benzobraun BX, BR. (By)	Tetrazotierte Diamine werden mit Chrysoidinen gekuppelt	12a ev. 12i[1])	m.	m.	Bw.: BX: (ohne Nachbehandlung) Lösung rötlich	Bw.: BX: gelber
520. Benzobronce E, GC. (By)	Azofarbstoffe	12a	GC: g.	E: g.	Bw.: E: stumpfes Dunkelblau GC: blauviolett	Bw.: E: bräunliches Rot GC: gelbrot
521. Benzochrombraun B, BS, CR, G, 5G, R, 3R. (By)	Azofarbstoffe	12b dann 12e	g.	m.	Bw.: (ohne Nachbehandlung) B: stumpfes Graublau, Lösung: rötlich BS, R: grünlich blau G. dunkelblau 5G: gelbrot	Bw.: B: gelbstichiges Bordeaux BS: bräunliches Orange G: bräunliches Violett 5G: gelbrot R: gelber
522. Benzochromschwarz N, B. (By)	Azofarbstoffe	12b dann 12e	g.	N: g	Bw.: (ohne Nachbehandlung) beide blaugrün	Bw.: beide stumpfes Braunviolett, zuletzt braun
523. Benzochromschwarzblau B. (By)	Azofarbstoffe	12b dann 12e	g.	g.	Bw.: ohne (Nachbehandlung) blaugrün	Bw.: bräunliches Rot
524. Benzocyanin 3B. (By)	H-säure, ↑ Dianisidin ↓ 1-Amido-8-naphthol-4-sulfosäure	12b dann 12c	g.	m.	Bw.: (ohne Nachbehandlung) grün	Bw.: rötliches Grau
525. Benzodunkelbraun extra. (By)	Azofarbstoff	12b	m.	m.	Bw.: dunkelblau	Bw.: orange
526. Benzodunkelgrün B, GG. (By)	Azofarbstoffe	12b ev. 12d CrF₃	m.	m.	Bw.: (ohne Nachbehandlung) B: stumpfes rotstichiges Dunkelblau, teilweise orange GG: rotstichiges Blau	Bw.: B: braunviolett, dann röter GG: braunviolett
527. Benzoechtblau B. (By)	1-Naphthol-3,8-disulfosäure ↑ Dianisidin ↓ α-Naphthylamin ↓ 1-Naphthol-3,8-disulfosäure	12b	s. g.	g.	Bw.: graugrün, dann blauer	Bw.: stumpfes Braunviolett
528. Benzoechtblau R. (By)	= Nr. 527, nur Tolidin anstatt Dianisidin	12b	s. g.	z. g.	Bw.: grün	Bw.: graublau, dann stumpfes Braunviolett
529. Benzoechtblau FFL, BN, G, 2GL. (By)	FFL: siehe Georgie v. 5. Auflage	12b	s. g.	z. g.	Bw.: FFL: stumpfes Blaugrün	Bw.: FFL: stumpfes Violett, dann brauner

[1]) (β-Naphthol.)

Organische Farbstoffe.

Farbstoffe	Konstitution	F. V.	Echtheiten Li.	Echtheiten Wa.	Reaktionen auf der Faser mit H_2SO_4 66° Bé	Reaktionen auf der Faser mit NHO_3 s = 1,4
530. Benzoechtgrau C. (By)	Azofarbstoff	12b ev. 12d	s.g.	g.	Bw.: (ohne Nachbehandlung) grüner	Bw.: heller
531. Benzoechtorange S, WS. (By)	Harnstoffderivat der Sulfanilsäure und o-Anisidins. (Georgiev. 5. Aufl.)	12b ev. 12e	g.	z. g.	Bw.: beide fuchsinrot	Bw.: beide braunrot, dann orange
532. Benzoechtrosa 2BL. (By)	Diamidodiphenylharnstoffdisulfosäure → 2 Mol. γ-säure	12b	s.g.	g.	Bw.: stumpfes Graublau	Bw.: violett, dann grünlich
533. Benzoechtrot 9BL. (By)	γ-säure ↑ Benzidin ↓ 2-Naphthylamin-3,6-disulfosäure	12b	3—4	2	Bw.: grünblau	Bw.: braunrot
534. Benzoechtscharlach BSS, 4BA, 8BA, 4BS, 5BS, 6BSS, 7BS, 8BS, 8BSN, 4FB, 8FB, GS. (By)	Diazoverbindungen (z. B. Diazobenzol) werden mit Harnstoffderivaten der J-säure oder dem Einwirkungsprodukt von Äthylenhaloiden oder Chlorazetylchlorid auf J-säure gekuppelt	12b	3	m.	Bw.: BSS, 4BS, 4FB, GS: blaurot 4BA: fuchsinrot 8BA: violett 5BS: blaurot,dann gelbrot 8BSN: violett	Bw.: BSS: rotorange 4BA, GS: braunrot, dann orange 8BA: wenig Veränderung 4BS: bräunliches Orange 5BS, 4FB: braunrot 8BSN: gelber
535. Benzoechtschwarz L. (By)	Azofarbstoff	12b	s.g.	m.	Bw.: stumpfes, grünstichiges Blau	Bw.: stumpf rotviolett, dann brauner
536. Benzoechtviolett NC.(By)	Benzidin→2 Mol. γ-säure (sauer)	12b	3	3	Bw.: blaugrün	Bw.: grau, dann stumpfes Braun
537. Benzoformfarbstoffe. (By)	Azofarbstoffe	12b dann 12f	g.	g.	. . .	. . .
538. Benzogrün BB, FF, FFG, G. (By)	Azofarbstoffe	12b ev. 12d CrF_3	m.	m.	Bw.: (ohne Nachbehandlung) BB: dunkles Violett FF: dunkles Blauviolett, dann röter	Bw.: BB: rotviolett, dann brauner FF: violett, langsam röter
539. Benzokupferblau B, BB. (By)	Azofarbstoffe	12b dann 12c oder 12e	g.	z. g.	Bw.: (ohne Nachbehandlung) beide blaugrün	Bw.: B: stumpfes Braunviolett BB: stumpfes Schwarzbraun, dann braungelb
540. Benzolichtblau FFG, FR, 4GL. (By)	FR: Anilin → Clevesäure → Clevesäure → J-säure	12b	s.g.	m.	Bw.: FFG: gelbstichiges Grün FR: grüner 4GL: grau	Bw.: FFG: braunviolett, dann orangebraun FR: blaugrau, dann braun 4GL: braunviolett, dann brauner

Farbstofftabelle. 141

Farbstoffe	Konstitution	F. V.	Echtheiten Li.	Wa.	Reaktionen auf der Faser mit H_2SO_4 66° Bé	HNO_3 s = 1,4
541. Benzolichtbordeaux 6BL. (By)	Disazofarbstoff mit Azetyl-J-säure als Endkomponente (Georgiev. 5. Aufl.)	12b	s. g.	m.	Bw.: grünstichiges Blau	Bw.: bräunliches Rot
542. Benzolichtbraun GL, 3GL, RL. (By)	Azofarbstoffe	12b GL ev. 12c	3GL, RL: s. g.	m.	Bw.: GL: grünblau 3GL: blaugrün RL: dunkles Violett	Bw.: GL: schwärzlich, dann braunrot 3GL, RL: dunkles Violett RL: zuletzt grün,
543. Benzolichteosin BL. (By)	Azofarbstoff	12b	m.	z. g.	Bw.: helles Braunrot	Bw.: glatt entfärbt
544. Benzolichtgelb 4GL extra, RL. (By)	4GL: m-Amidobenzoesäure → o-Anisidin, phosgeniert RL: Sulfanilsäure → o-Anisidin, phosgeniert	12b	s. g.	m.	Bw.: beide fuchsinrot	Bw.: 4GL: violettrot RL: violettblau
545. Benzolichtgrau BL, OUX. (By)	Azofarbstoffe	12b	s. g.	m.	Bw.: BL: olivegrün OUX: stumpfes Rotviolett	B, W.: BL: schwärzliches Braunrot OUX: rötliches Grau
546. Benzolichtorange 2RL. (By)	...	12b	s. g.	m.	Bw.: grünstichiges Blau	Bw.: braungelb, dann gelb
547. Benzolichtrot 8BL, 6BL. (By)	8BL: Amidoazobenzolsulfosäure → Benzoyl-J-säure	12b	s. g.	m.	Bw.: beide grünstichiges Blau	Bw.: 8BL: grünstichiges Blau 6BL: violett, dann mißfarbig orangebraun
548. Benzolichtrubin BL. (By)	...	12b	s. g.	m.	Bw.: grünstichiges Blau	Bw.: stumpfes Braunviolett
549. Benzolichtscharlach 5B, 6BS, GG. (By)	Azofarbstoffe	12b	5B, GG: s. g.	m.	Bw.: 5B: rotviolett 6BS, GG: blaurot	Bw.: 5B: dunkler, dann gelber 6BS, GG: gelber
550. Benzoneublau BB. (By)	Chromotropsäure ↑ Tolidin ↓ NW-säure	12a ev. 12c	2—3	2—3	Bw.: grünblau	Bw.: braungelb, dann gelb
551. Benzoneurot 4B. (By)	Azofarbstoff	12b	m.	m.	Bw.: rotviolett	Bw.: orangebraun
552. Benzoolive (By)	Salizylsäure ↑ Benzidin ↓ α-Naphthylamin ↓ H-Säure	12a ev. 12e	z. g.	m.	Bw.: (ohne Nachbehandlung) stumpfes Blauschwarz	Bw.: dunkles stumpfes Violett, Lösung: rötlich

Organische Farbstoffe.

Farbstoffe	Konstitution	F. V.	Echtheiten Li.	Echtheiten Wa.	Reaktionen auf der Faser mit H$_2$SO$_4$ 66° Bé	Reaktionen auf der Faser mit HNO$_3$ s = 1,4
553. Benzoorange R. (By)	Salizylsäure ↑ Benzidin ↓ Naphthionsäure	12b (4α)	m.	m.	Bw.: dunkel, Stich ins Violette, Lösung: orangerot	Bw.: bräunliches Violett, Lösung: rotorange
554. Benzopurpurin 6B. (By) (A) (L) (t. M.)	Tolidin ⇌ 2 Mol. 1-Naphthylamin-5-sulfosäure	12b	m.	m.	Bw.: (By) grünblau	Bw.: (By) blau, dann gelbliches Braun
555. Benzopurpurin B. (By) (A) (L) (t. M.)	Tolidin ⇌ 2 Mol. 2-Naphthylamin-6-sulfosäure	12b	m.	m.	Bw.: (By) blaugrün	Bw.: (By) stumpfes Rotviolett
556. Benzopurpurin 4B. (By) (A) (L) (S) (t. M.)	Tolidin ⇌ 2 Mol. Naphthionsäure	12b	2	2—3	Bw.: (By) grünstichiges Blau	Bw.: (By) blau, dann orangebraun
557. Benzopurpurin 10B. (By) (K) (S) (A) (t. M.)	Dianisidin ⇌ 2 Mol. Naphthionsäure	12b	2	2—3	Bw.: (By) dunkelblau	Bw.: (By) graublau, dann grünlich und rötlichbraun
558. Benzoreinblau konz. (By)	Dianisidin ⇌ 2 Mol. H-säure	12b ev. 12c	1—2	2—3	. . .	. . .
559. Benzoreingelb FF. (By)	Azofarbstoff	12b	m.	m.	Bw.: Spur röter	Bw.: unverändert
560. Benzorhodulinrot B, 3B.(By)	Azofarbstoffe	12b	m.	z. g.	Bw.: B: blau 3B: lila, dann mißfarbig bräunlich	Bw.: beide helles Braunorange
561. Benzorot 10B, 10BC, 12B. (By)	Azofarbstoffe	12b Marke 12B ev. 12e	12B ·g.	12B g.	Bw.: 10B: grünblau 10BC: blau 12B: (dir.) bläulich, dann orangerot	Bw.: 10B, 12B: stumpf orangebraun 10BC: gelbgrün, dann stumpfes Gelb
562. Benzorotblau G. (By)	S-säure (Amidonaphtholsulfosäure) ↑ Tolidin ↓ 1-Naphthol-3,8-disulfo-säure	12b	1—2	m.	Bw.: grünblau	Bw.: braunviolett
563. Benzorubin HW, SC. (By)	Azofarbstoffe	12b	m.	m.	Bw.: HW: dunkelblau SC: rötliches Violett	Bw.: HW: blaugrau SC: blaurot
564. Benzoscharlach BC. (By)	J-säure-Harnstoffderivat	12b	m.	m.	Bw.: violett	Bw.: bordeaux
565. Benzoschwarz HW. (By)	. . .	12b ev. 12e	g.	m.	Bw.: (ohne Nachbehandlung) grünblau	Bw.: stumpfes Rotviolett
566. Benzotiefschwarz SS. (By)	Azofarbstoff	12b ev. 12d [(CrF$_3$)]	g.	m.	Bw.: (dir.) Stich ins Violettblau	Bw.: rötliches Braun

Farbstofftabelle.

Farbstoffe	Konstitution	F. V.	Echtheiten Li.	Echtheiten Wa.	Reaktionen auf der Faser mit H₂SO₄ 66° Bé	Reaktionen auf der Faser mit HNO₃ s = 1,4
567. Benzoviolett O, R, RL extra. (By)	O: Benzidin ⇌ 2 Mol. J-säure	12b ev. 12i	RL: g. übr. m.	z. g.	Bw.: (dir.) O: dunkelblau R: grünblau, dann mißfarbig RL: grün	Bw.: O: blauer, dann stumpfes Violett R: braunorange, dann fleischfarben RL: lila, dann röter
568. Brillantazurin 5G. (By) (A) (L)	Dianisidin ⇌ 2 Mol. 1,8-Dioxynaphthalin-4-sulfosäure	12b ev. 12c	m. z. g.	m.	Bw.: (By) malachitgrün	Bw.: (By) helles Lila
569. Brillantbaumwollblau 6B, R. (K)	6B: 8-Chlor-α-naphthol-5-sulfosäure (2 Mol.) ⇌ Dianisidin	12a¹)	m.	m.	Bw.: 6B, grau, dann mißfarbig braun R: desgleichen	Bw.: 6B, blau R: stumpfes grünliches Blau
570. Brillantbenzoblau 6B. (By)	Dianisidin ⇌ 2 Mol. 1-Amido-8-naphthol-2,4-disulfo-säure	12b ev. 12c	m.	z. g.	Bw.: (dir.) malachitgrün	Bw.: helles Lila
571. Brillantbenzoechtviolett BL, 4BL, 5RH, 2RL. (By)	Diamidodiphenylharnstoffderivate mit endständiger Phenyl-J-säure	12b	m.	z. g.	Bw.: BL, 4BL: grünblau 5RH: blauviolett, dann mißfarbig 2RL: blau	Bw.: BL: blau, dann mißfarbig braunorange 4BL: blau, dann violett 5RH: hellbraun 2RL: blau
572. Brillantbenzogrün B. (By)	Azofarbstoff	12a ev. 12d [(CrF₃)]	g.	m.	Bw.: (dir.) dunkelbraun	Bw.: olivegrün
573. Brillantbenzolichtgelb GL. (By)	Azofarbstoff	12b	s. g.	m.	Bw.: fast unverändert	Bw.: röter, dann wieder ursprüngliche Nuance
574. Brillantbenzoviolett B, 2BH, RR. (By)	Azofarbstoffe	12b ev. 12c	m.	z. g.	Bw.: (dir.) B: malachitgrün 2BH: grünblau RR: lila, dann mißfarbig bräunlich	Bw.: B: himmelblau, dann helles Rotbraun 2BH: bräunliches Rot RR: lila, dann hellbraun
575. Brillantcongo R. (A) (By) (L)	2,6-Naphthylaminsulfosäure ↑ Tolidin ↓ 2-Naphthylamin-3,6-disulfosäure	12b	2	2–3	Bw.: (A) dunkelblau	Bw.: (A) bräunliches Violett
576. Brillantcongoblau B, BFL, 2RW, 5R. (A)	Azofarbstoffe	12b	3	2	Bw.: B, BFL, 5R: grün 2RW: grünstichiges Blau	Bw.: B, BFL: bräunliches Violett, dann gelber 2RW: rotbraun 5R: gelbstichiges Braun

---

¹) Etwas Essigsäure.

Farbstoffe	Konstitution	F. V.	Echtheiten Li.	Echtheiten Wa.	Reaktionen auf der Faser mit H_2SO_4 66° Bé	Reaktionen auf der Faser mit HNO_3 s = 1,4
577. Brillantcongoviolett R. (A)	Azofarbstoff	12b	3	2	Bw.: blaugrün	Bw.: blau, Lösung: braunorange
578. Brillantechtblau B, 3BX. (By)	Disazofarbstoff mit endständiger Phenyl-J-säure. (Georgiev.)	12a	s.g.	m.	Bw.: B: grün 3BX: schwärzlich	Bw.: B: braunorange 3BX: braunviolett, dann braunrot
579. Brillantgeranin B. (By)	Dehydrothio-p-toluidin→1,8-Dioxynaphthalin-4-sulfosäure	12b	g.	m.	Bw.: lila, dann grünblau	Bw.: heller
580. Brillantkupferblau BW, GW. (A)	Azofarbstoffe	12b dann 12c	2—3 3—4	2 2—3	Bw.: (nachbehandelt) beide blaugrün GW: Lösung: rotbraun	Bw.: BW: ocker GW: bräunlich rot
581. Brillantorange G. (A)	Amidophenolsulfosäure ↑ Benzidin ↓ Salizylsäure	12b ev. 12c	g.	m.	Bw.: (ohne Nachbehandlung) blaurot, Lösung: gelber	Bw.: violettrot, langsam gelber
582. Brillantpurpurin R. (A) (By)	2-Naphthylamin-3,6-disulfosäure ↑ Tolidin ↓ Naphthionsäure	12b	2—1	2	Bw.: (A) dunkelblau, dann gelber	Bw.: (A) stumpfes rötliches Braun
583. Brillantreinblau 5G, G, 8G extra, R. (By)	5G: Disulfosäure des β-Naphthylrosanilins	[1])	m.	m.	Bw.: 5G: gelbbraun 8G, R: rotbraun	Bw.: 5G, R: graugrün 8G: blau
584. Carbazolgelb W. (B)	Diamidocarbazol ⇄ 2 Mol. Salizylsäure	12b	g.	g.	...	...
585. Carbidechtschwarz GF, BF, RF, BRF. (J)	Azofarbstoffe	12b dann 12f	s.g.	g.	Bw.: GF, BF: bräunlich BRF: fast unverändert	Bw.: sämtlich braun
586. Carbidschwarz E, S, SE, ER, NG, D. (J)	Azofarbstoffe	12b E: 12f D: 12i	D: g E:	E: g übr. m.	Bw.: (dir.) D: grün S: grüner, Lösung: röter	Bw.: D: bordeaux S: stumpfes Rotbraun
587. Chicagoblau B. (A) (By)	Dianisidin ⇄ 2 Mol. 1-Amido-8-naphthol-4-sulfosäure	12b ev. 12e	2 3	2 2—3	Bw.: (dir.) grün	Bw.: (dir.) stumpfes Grauviolett
588. Chicagoorange G, G extra. (G)	G: p-Nitrotoluolo-sulfosäure wird mit Benzidin kondensiert	12a	2—3	1—2	Bw.: G extra: rotviolett	Bw.: G extra: olivegelb
589. Chicagorot (G)	ähnlich Geranin	12a	1—2	1	Bw.: violettstich. Rot	Bw.: blaurot

[1]) Mit Na_2SO_4 und 1—2 % Essigsäure.

Farbstofftabelle. 145

Farbstoffe	Konstitution	F. V.	Echtheiten Li. | Wa.		Reaktionen auf der Faser mit H_2SO_4 66° Bé	HNO_3 s = 1,4
590. Chloraminblau 3G, 3B, BB, BXR. (S)	3G: H-säure ↑ Benzidin ↓ H-säure ↑ Dichloranilin BXR: Tolidin ⇄ → H-säure → NW-säure	12b dann 12c			Bw.: (dir.) 3B: grüner BXR: grüner	Bw.: 3B: grau, zuletzt entfärbt BXR: bräunliches Grau
591. Chloraminbraun RR. (S)	. . .	12b[1]) dann 12f	z. g.	g.	Bw.: (dir.) violett, dann bräunliches Rot	Bw.: bordeaux
592. Chloramingelb C, GG, FF, HW, M, RC, W extra. (By)	Dehydrothiotoluidinsulfosäure wird mit Hypochloriten oxydiert	12b 2a 7a	s. g.	g.	Bw.: C, FF: braunrot 2G: bräunlich M: braunorange	Bw.: C, FF, 2G: fast unverändert M: violett
593. Chloraminorange G. (By)	Nicht einheitliche Stilbenderivate	12a	s. g.	g.	Bw.: violettschwarz	Bw.: olivegrün
594. Chloraminreinblau A, FF. (S)	Azofarbstoffe	12b ev. 12c			Bw.: (dir.) A: röter FF: rotviolett	Bw.: (dir.) A: helles, rötliches Violett FF: rotviolett
595. Chloraminschwarz N. (S)	m-Phenylendiamin ↑ Benzidin ↓ H-säure ↓ Dichloranilin	12b ev. 12f od. 12i			Bw.: (dir.) blau	Bw.: (dir.) grünlich. Lösung: bräunlich
596. Chloraminviolett FFB, R. (By)	Azofarbstoffe	12b ev. 12c	m.	z. g.	Bw.: (dir.) FFB.: blaurot, dann gelber	Bw.: (dir.) FFB.: blaurot
597. Chlorantinblau BB, B. (J)	Farbstoffe aus Naphthazetolsulfosäure 1, 8, 3, 6	12a	m.	m.	Bw.: BB: grüner	Bw.: BB: blaurot
598. Chlorantinbraun R. (J)	Azofarbstoff	12a	g.	m.	Bw.: bordeaux, dann brauner	Bw.: olivegrün
599. Chlorantincerise (J)	. . .	12a	m.	m.	Bw.: grünstichiges Blau	Bw.: stumpfes Braunrot
600. Chlorantingelb GG. (J)	Stilbenderivat	12a	m.	m.	Bw.: braunorange	Bw.: grüner
601. Chlorantinlichtblau 2GL, GL, RL. (J)	Azofarbstoffe	12b	s. g.		Bw.: sämtlich grün	Bw.: 2GL: rötliches Braun GL: graublau, langsam röter RL: grün, dann grau
602. Chlorantinlichtbordeaux BL, 2BL. (J)	. . .	12b	g.		Bw.: beide grünblau, Lösung rötlich bis gelblich	Bw.: BL: blau 2BL: blau, dann rotviolett

[1]) Mit etwas Bichrom.

Farbstoffe	Konstitution	F. V.	Echtheiten Li.	Echtheiten Wa.	Reaktionen auf der Faser mit H_2SO_4 66° Bé	Reaktionen auf der Faser mit HNO_3 s = 1,4
603. Chlorantinlichtbraun RL, 3GL. (J)	...	12b	g.		Bw.: 3GL: braunorange RL: schwärzliches Blau	Bw.: 3GL: bordeaux, dann hellbraun RL: olivegrün
604. Chlorantinlichtgelb RL, 4GL. (J)	...	12b	g.		Bw.: RL: bräunliches Rot 4GL: gelbstichiges Rot	Bw.: beide violett 4GL: langsam röter
605. Chlorantinlichtgrau BLN, GLN, B konz. (J)	...	12b	g.		Bw.: BLN: grüner GLN: röter B konz.: grün	Bw.: BLN: rötlich GLN: violett B konz.: heller rötlich
606. Chlorantinlichtorange G, TRL. (J)	...	12b	g.		Bw.: TRL: dunkelblau G: blaurot	Bw.: TRL: olive G: bordeaux, langsam gelber
607. Chlorantinlichtrot 7BL. (J)	...	12b	g.		Bw.: dunkelblau, langsam rotviolett	Bw.: blau
608. Chlorantinlichtrubin RL. (J)	...	12b	g.		Bw.: blauer	Bw.: orange, langsam gelber
609. Chlorantinlichtschwarz L. (J)	...	12b	g.		Bw.: grün	Bw.: violett
610. Chlorantinlichtviolett 2RL, BL, 4BL. (J)	...	12b	g.		Bw.: 2RL: blaurot BL: blauer 4BL: blau	Bw.: 2RL: orange dann gelber BL: hellbraun 4BL: orange
611. Chlorantinlila B. (J)	Azofarbstoff	12a	m.	m.	Bw.: wenig Veränderung	Bw.: fuchsinrot
612. Chlorantinorange TR. (J)	Azofarbstoff	12a	g.	g.	Bw.: dunkelblau	Bw.: olive
613. Chlorantinreinblau (J)	Azofarbstoff	12a	m.	m.	Bw.: grün mit rötlichen Spuren	Bw.: stumpfes Rotbraun
614. Chlorantinrosa (J)	Azofarbstoff	12a	m.	g.	Bw.: graustichiges Blau	Bw.: hellbraun
615. Chromanilblau R. (A)	Azofarbstoff	12b dann 12e od. 12k	3—2 4—5	2 4—3	Bw.: (dir.) blaugrün	Bw.: braunviolett
616. Chromanilbraun R, GG. (A)	Azofarbstoffe	12b dann 12e	4—5	4	Bw.: (nachbehandelt) R: violett GG: rotviolett	Bw.: R: bläulich rot GG: bordeaux
617. Chromanilschwarz RF, 2RF. (A)	Azofarbstoffe	12b dann 12e	4—5	4	Bw.: (nachbehandelt) RF: bläulich, dann rötlich 2RF: wenig Veränderung	Bw.: beide bräunliches Violett
618. Chromin GS. (K)	Primulinderivat	12b[1])	1	4	Bw.: heller	Bw.: heller

---

[1]) Mit Na-phosphat.

Farbstofftabelle.

Farbstoffe	Konstitution	F. V.	Echtheiten Li.	Echtheiten Wa.	Reaktionen auf der Faser mit H_2SO_4 66° Bé	Reaktionen auf der Faser mit HNO_3 s = 1,4
619. Chrysamin G. (A) (By) (L) (t. M.)	Benzidin $+$ 2 Mol. Salizylsäure	12b	g.	z. g.	Bw.: (A) blaurot	Bw.: (A) violettrot, langsam brauner
620. Columbiabordeaux B. (A)	Azofarbstoff	12b	4	2	Bw.: dunkelblau	Bw.: blau, dann braungelb
621. Columbiabraun M, R. (A)	Azofarbstoffe	12b M ev. 12e od. 12i¹)	M: 4—5 R: 3 M: 3—4 R: 3—2	2 4 4	Bw.: (dir.) M: blauviolett R: blau	Bw.: M: stumpfe Rotviolett R: stumpfes Violettbraun
622. Columbiabronce B. (A)	Azofarbstoff	12b	3	3—2	Bw.: rötliches Blau	Bw.: stumpfes Violett, Lösung: orangerot
623. Columbiacarbon A extra konz., B extra konz. (A)	Azofarbstoffe	12b ev. 12f	3—2 3—2	2 3	Bw.: (nachbehandelt) beide braun	Bw.: beide Spur grünlich, Lösung: braunorange
624. Columbiacatechin R, G, O, 3B. (A)	Azofarbstoffe	12b ev. 12e	3 4—5	2 4—3	Bw.: sämtlich violett	Bw.: R: braunrot G, O: violettrot, langsam röter 3B: orangebraun
625. Columbiaechtblau GG. (A)	Azofarbstoff	12b	3	2	Bw.: stumpfes Grünblau	Bw.: stumpfes Braunviolett, langsam röter
626. Columbiaechtscharlach SBB, S5B, 4B, SG. (A)	Azofarbstoffe	12b	3	2	Bw.: SBB: blaurot, dann brauner S5B: blaurot 4B: grünstichiges Blau SG: blauer	Bw.: SBB, S5B, SG: gelber 4B: braun, dann viel röter
627. Columbiaechtschwarz R extra, G, V, F, D sämtlich extra (A)	Azofarbstoffe	12b ev. 12k od. 12f	4 4—3 4	2 4 3—4	Bw.: (dir.) R: bläulich G, F: rötlich	Bw.: R: bräunliches Rot G, F: braun
628. Columbiagoldgelb HW. (A)	Azofarbstoff	12b	4	3—2	Bw.: bräunliches Rot	Bw.: olivegelb
629. Columbiagrün, G, B, 3B. (A)	Azofarbstoffe	12b	3—2	2—1	Bw.: -grün; G: stumpfes rötliches Blau B: stumpfes Braunviolett	Bw.: -grün, G, B: blau, Lösung: blaurot, dann violett
630. Columbiaorange 4HW, 2HW, GHW, R. (A)	Azofarbstoffe	12b	R: 2—1 übr. 4	stl. 2	Bw.: 4HW: dunkelblau 2HW: Lösung rötlich GHW: bräunliches Rot R: violett	Bw.: 4HW: braun, dann olive 2HW: olive GHW: olivegrün R: bordeaux

¹) Toluylendiamin.

Farbstoffe	Konstitution	F. V.	Echtheiten Li.	Echtheiten Wa.	Reaktionen auf der Faser mit H$_2$SO$_4$ 66° Bé	Reaktionen auf der Faser mit HNO$_3$ s = 1,4
631. Columbiarot OB, O$_3$B, 62938A, 62939A (A)	Azofarbstoffe	12b	OB, O$_3$B 3	OB, O$_3$B 2	Bw.: OB: brauner, Lösung: teilweise blau O$_3$B: violett, Lösung brauner übrigen:gelbstichiges Grün	Bw.: OB, O$_3$B: rotbraun, dann orange, übrigen: gelbbraun, dann mehr olive, Lösung rötlich
632. Columbiaschwarz FB, F$_2$B, FBW, FF extra, EA extra, EAW extra, WA extra. (A)	FB, FF extra: α-Naphthylaminsulfosäure ↑ p-Phenylendiamin ↓ γ-säure ↓ m-Phenylendiamin	12b ev. 12f	3—2 3—2	2—1 3	Bw. (dir.): FB, FF: blaugrün FBW: stumpfes Violett	Bw.: FB, FF, FBW: sämtlich braunrot
633. Columbiaschwarzblau G. (A)	Azofarbstoff	12b ev. 12e od. 12k	2 4 2—1	2 3—4 3—4	Bw.: (nach 12k) grünliches Blau	Bw.: (nach 12k): blaugrau
634. Columbiaviolett BB, R. (A)	Azofarbstoffe	12b	3—4	2	Bw.: beide grünstichiges Blau	Bw.: GG: rötliches Braun R: stumpfes Braun
635. Congo (A) Congorot. (By) (L)	Benzidin ⇄ 2 Mol. Naphthionsäure	12b 2b	1—2 3	3 3	Bw.: (A) dunkelblau	Bw.:(A) blau,dann graublau, Lösung gelblich
636. Congobraun G. (A)	Sulfanilsäure ↓ Resorzin ↑ Benzidin ↓ Salizylsäure	12b ev. 12c od. 12e	3—4 4 4	2—1 2 3—4	Bw.: (dir.) rot	Bw.: rotviolett
637. Congobraun R. (A)	= Nr. 636, nur 1,5-Naphthylaminsulfosäure anstatt Sulfanilsäure	12b ev. 12c od. 12e	3—4 4 4	2—1 2 3—4	Bw.: (dir.) rot	Bw.: rotviolett
638. Congoorange G. (A) (By)	Phenol ↑ Benzidin ↓ Amido-R-säure wird äthyliert	12b	3	2—1	Bw.: (A) grünstichiges Blau	Bw.: (A) bordeaux
639. Congoorange R. (A) (By) (L)	Phenol ↑ Tolidin ↓ 2-Naphthylamin-3,6-disulfosäure wird äthyliert	12b	3—4	2—1	Bw.: (A) grünstichiges Blau	Bw.: (A) bordeaux
640. Cupraminbrillantblau RB. (K)	Azofarbstoff	12b ev. 12c	4—5	3	Bw.: (nachbehandelt) blaugrün	Bw—:(nachbehandelt) stumpfes rötliches Braun

Farbstofftabelle.

Farbstoffe	Konstitution	F. V.	Echtheiten Li.	Wa.	Reaktionen auf der Faser mit H₂SO₄ 66° Bé	HNO₃ s = 1,4
641. Cupranilbraun G, R, B. (J)	Azofarbstoffe	12b ev. 12c	g.	g.	Bw.: (ohne Nachbehandlung) G, B: stumpfes Rot	Bw.: (ohne Nachbehandlung) G, B: braunviolett
642. Diaminazoechtbordeaux B. (C)	Azofarbstoff	12b ev. 12i β-N.	3	g.	Bw.: (entw.) rotviolett, dann gelbliches Rot	Bw.: (entw.) blauviolett
643. Diaminazoechtgrün G. (C)	Azofarbstoff	12b ev. 12i Phen	2	g.	Bw.: (entw.) gelber	Bw.: (entw.) bräunliches Rot
644. Diaminazoechtrot 5B, 6B. (C)	Azofarbstoff	12b ev. 12i β-N.	3	g.	Bw.: (entw.) 5B: blau 6B: rötliches Blau	Bw.: (entw.) beide rötliches Braun
645. Diaminazoechtviolett R. (C)	Azofarbstoffe	12b dann 12i β-N.	3	g.	Bw.: (entw.) blau	Bw.: (entw.) blau
646. Diaminechtblau FFB, FFG, C, F3B, F3G. (C)	Azofarbstoffe	12b	ca. 3—4	z. g.	Bw.: FFB: grün C: grünliches Grau F3G: bläuliches Grau	Bw.: FFB: rotviolett C: rötliches Grau F3G: violettbraun
647. Diaminechtbordeaux 6BS. (C)	Azofarbstoff	12b	3—4	z. g.	Bw.: blaugrün	Bw.: bräunliches Violett
648. Diaminechtbraun G, GF, GB, GBB, 3G, R. (C)	Azofarbstoffe	12b	ca. 3—4	z. g.	Bw.: G, R, GB, 3G: dunkel, bläulich schwarz 3G: Lösung rötlich	Bw.: G, R, GB, 3G: olivegrün 3G: Lösung gelblich
649. Diaminechtbrillantblau R. (C)	Azofarbstoff	12b	4—3	m.	Bw.: grün	Bw.: grünlich, dann grau, zuletzt gelbbraun
650. Diaminechtgrau BN, RN. (C)	Azofarbstoffe	12b	2—3	z. g.	Bw.: BN: grün	Bw.: BN: blau, dann violett
651. Diaminechtorange EG, ER. (C)	Azofarbstoffe	12b	3—4	z. g.	Bw.: EG: blau ER: dunkel, Lösung bräunlich	Bw.: EG: braun ER: grünliches Grau
652. Diaminechtrosa B, G, BBF. (C)	Azofarbstoffe	12b	3—4	g.	Bw.: BBF: violett, langsam heller B, G: blau	Bw.: BBF: violett, dann entfärbt G: blau B: rotviolett
653. Diaminechtrot 8BL. (C)	Azofarbstoff	12b	3—4	z. g.	Bw.: grünblau	Bw.: blau
654. Diaminechtrotviolett FR. (C)	Azofarbstoff	12b	3—4	z. g.	Bw.: blauviolett, dann brauner, Lösung: orangebraun	Bw.: gelbstichiges Braun
655. Diaminechtrubin FB. (C)	Azofarbstoff	12b	3—4	z. g.	Bw.: blauviolett, dann orangebraun	Bw.: rotviolett

Organische Farbstoffe.

Farbstoffe	Konstitution	F. V.	Echtheiten Li.	Echtheiten Wa.	Reaktionen auf der Faser mit H_2SO_4 66° Bé	Reaktionen auf der Faser mit HNO_3 s = 1,4
656. Diaminechtschwarz F, X, XB extra konz., XN extra konz. (C)	Azofarbstoffe	12b	2	m.	Bw.: F: grün X: dunkel, grünlich XN: Lösung: bläulich	Bw.: F, X: bräunlich XN: Lösung: orangebraun
657. Diaminechtviolett FFRN, FFBN, BBN. (C)	Azofarbstoffe	12b	3—2	m.	Bw.: FFRN: grünliches Blau BBN: bläuliches Grün	Bw.: FFRN: blau dann stumpfes Braunorange BBN: blaugrün, dann bräunliches Rot
658. Diamingelb CP. (C)	Azofarbstoff	12b	3	m.	Bw.: orangebraun	Bw.: violett
659. Diamin-Neron BBG. (C)	Azofarbstoff	12b dann 12i[1])	3—2	m.	Bw.: (entw.) wenig Veränderung, Lösung: bräunlich	Bw.: Lösung: orangerot
660. Diaminogen extra. (C)	Azofarbstoff	12b dann 12i[1])	3	m.	Bw.: (entw.), Lösung: bräunlichrot	Bw.: (entw.), Lösung rotbraun
661. Diaminogen B. (C)	= Nr. 662, mit γ-säure anstatt Schäffersalz	12b dann 12i[1])	3—2	m.	Bw.: (entw.), Lösung: bräunlich	Bw.: (entw.), Lösung: gelbbraun
662. Diaminogenblau BB, GG, NB, NBB, NA, 2RN, 3RN, 6RN. (C)	BB: Azetyl-1,4-naphthylendiamin-6-sulfosäure ↓ α-Naphthylamin ↓ Schäffersalz und verseifen	12b dann 12i (β-N)	3	z. g.	Bw.: (entw.) BB: viel röter	Bw.: (entw.) BB: orangebraun
663. Diaminogenreinblau N. (C)	Azofarbstoff	12b dann 12i (β-N)	2	m.	Bw.: (entw.) grüner, dann grauer	Bw.: (entw.) rot violett, dann gelbbraun
664. Diaminschwarz DN. (C)	Azofarbstoff	12b dann 12i[1])	2—3	m.	Bw.: (entw.), Lösung: grünlich	Bw.: (entw.) bordeaux, dann brauner
665. Diazoechtblau 6GW konz., 4GW konz., 2DL, BW, BBW, BRW, RW, 2RW, 4RW, 6RW. (J)	...	12b dann 12i (β-N)	g.	g.	Bw.: (entw.) 6GW: violett BW: grün, dann blauer RW: blaugrün	Bw.: (entw.) 6GW: violett, langsam röter BW, RW: violett
666. Diazogenblau R, RR. (K)	...	12b dann 12i (β-N)	3—4	3—4	Bw.: (entw.) beide grüner	Bw.: (entw.) beide wenig Veränderung
667. Diazogenbordeaux 5B. (K)	...	12b dann 12i (β-N)	3—4	4	Bw.: (entw.) violett	Bw.: (entw.) braunrot

---

[1]) Diamin.

Farbstofftabelle.

Farbstoffe	Konstitution	F. V.	Echtheiten Li.	Wa.	Reaktionen auf der Faser mit H_2SO_4 66° Bé	HNO_3 s = 1,4
668. Diazogenorange GR extra (K)	...	12b dann 12i (β-N)	3	3—4	Bw.: (entw.) blaurot	Bw.: (entw.) gelbstichiges Rot
669. Diazogenreinblau 5B. (K)	...	12b dann 12i (β-N)	2	4	Bw.: (entw.) grüner	Bw.: (entw.) braun, dann gelber
670. Diazogenrot B, 6B, BE, BR, GE, R. (K)	...	12b dann 12i (β-N)	3—2	3—4	Bw.: (entw.) B, R: fuchsinrot	Bw : (entw.) R: bräunliches Rot B: braunrot
671. Diazogenschwarz B, T. (K)	...	12b dann 12i (β-N)	3—4	4	Bw.: (entw.) beide dunkelblau	Bw.: (entw.) beide braunviolett, dann braunrot
672. Diazophenylschwarz L, LB. (G)	Azofarbstoffe	12a dann 12i	3 3	1 2—3	Bw.: (dir.) beide dunkelblau	Bw.: (dir.) L: stumpfes Rotviolett LB: stumpfes Violettbraun
673. Diphenylblau B, BB, 3B konz. BT konz., KF konz., RR. (G)	Azofarbstoffe	12a B, BB, BT: ev. 12c	1	1	Bw.: (gekupf.) B: dunkel, Lösung: mißfarbig	Bw.: (gekupf.) B: entfärbt
674. Diphenylblaurot B konz. (G)	Azofarbstoff	12a	2	1	Bw.: grünliches Blau, dann gelber	Bw.: rotbraun
675. Diphenylblauschwarz, doppelt (G)	H-säure $\uparrow$ Benzidin $\downarrow$ Äthyl-γ-säure	12a ev. 12i	2 2	1 2	Bw.: (dir.) (dopp.) dunkelblau, dann violett	Bw.: (dir.) (dopp.) stumpfes Violett
676. Diphenylbraun 3GN extra, BBN extra, BGN extra, BVV extra, G, T. (G)	3GN: Salizylsäure $\uparrow$ Tolidin $\downarrow$ Dimethyl-γ-säure	12a ev. 12e	1—2 2—3	1 2—3	Bw.: 3GN: violettrot G: (nachbehandelt) blaurot	Bw.: 3GN: bordeaux G: (nachbehandelt) rotviolett
677. Diphenylcatechin GB supra, G extra, G. (G)	G: Diphenylorange RR wird diazotiert und gekuppelt mit Dimethyl-γ-säure	12a GB s.: ev. 12e	2 2—3	1—2 2	Bw.: G extra: stumpfes Braunviolett	Bw.: G extra: olivegrau
678. Diphenylchlorgelb G, FF extra konz., P. (G)	Azofarbstoffe	12a	4	2	Bw.: FF, G: braunrot	Bw.: FF, G: Spur röter

Färbstoffe	Konstitution	F. V.	Echtheiten Li. | Wa.	Reaktionen auf der Faser mit H_2SO_4 66° Bé	HNO_3 s = 1,4
679. Diphenylchrysoin G, 3G, G extra, 2GS, RR extra. (G)	G: Das Kondensationsprodukt aus p-Nitrotoluol-o-sulfosäure und p-Amidophenol wird äthyliert	12a	2GS, G ext.: 2—3 3G, RR: 3—4 | stl. 1—2	Bw.: 2GS: rot, langsam gelber 3G: braunorange, dann orangegelb	Bw.: 2GS: gelbstichiges Braun, dann grüner 3G: violett
680. Diphenylcitronin G. (G)	Stilbenfarbstoff	12a	1 | 1—2	Bw.: hellbraun	Bw.: stumpfer
681. Diphenylechtblau B konz., GGkonz., R konz., 4R konz. (G)	Azofarbstoffe	12a	4 | 1—2	Bw.: B konz.: grün, langsam grau R konz.: blaugrau	Bw.: B u. R konz.: stumpfes Braunviolett
682. Diphenylechtbordeaux B konz., 3B konz., G konz. (G)	Azofarbstoffe	12a	2—3 | 1—2	Bw.: B konz.: violett, dann blaurot G konz.: violett, dann gelbrot	Bw.: B konz., G konz.: rotviolett, dann rotorange
683. Diphenylechtbraun G, GN extra. (G)	G: Diphenylorange RR wird diazotiert und gekuppelt mit Phenyl-γ-säure	12a	GN: 3 | GN: 1—2	Bw.: GN extra: rötliches Braun	Bw.: GN extra: olive
684. Diphenylechtgelb, WE extra. (G)	gelb: Kondensationsprodukt von Stilbenderivaten mit Primulinen	12a	WE 2 | WE 1—2	Bw.: WE extra: braunrot	Bw.: WE extra: röter
685. Diphenylechtgrau B konz., W dopp. (G)	B konz.: Benzidin, ⇌ 2 Mol. Äthyl-γ-säure	12a	3—4 | 1—2	Bw.: beide graugrün	Bw.: beide grüner, dann stumpfes Braunviolett
686. Diphenylechtviolett B konz., R konz. (G)	Azofarbstoffe	12a[1]) ev. 12i (β-N)	3 3—4 | 1 2	Bw.: R konz.: (dir.) grünblau	Bw.: R konz.: (dir.) stumpfes Blauviolett
687. Diphenylgrün G, BC, 2GC, 3GC, 3G Fkonz., KGC, KGW. (G)	G: Phenol ↑ Benzidin ↓ H-säure ↑ o-Chlor-p-nitranilin	12a	1—2 | 1	Bw.: BC: blauviolett 3GC: rotviolett	Bw.: BC: rotviolett, dann grau, Lösung: rotorange 3GC: rotviolett
688. Diphenylorange RR, GG. (G)	RR: p-Nitrotoluolsulfosäure wird mit p-Phenylendiamin kondensiert (Stilbenderivate)	12a ev. 12i	1—2 | 1—2	Bw.: (dir.) GG: rotviolett RR: braunviolett, dann braunorange	Bw.: (dir.) GG: blaurot, langsam gelber RR: braun, dann gelber
689. Diphenylreinblau FF. (G)	Azofarbstoffe	12a ev. 12c	1 | 1	Bw.: (gekupfert) röter, zuletzt rotviolett	Bw.: (gekupfert) violett

---

[1]) Diamin.

Farbstofftabelle.

Farbstoffe	Konstitution	F. V.	Echtheiten Li.	Echtheiten Wa.	Reaktionen auf der Faser mit H_2SO_4 66° Bé	Reaktionen auf der Faser mit HNO_3 s = 1,4
690. Diphenylrot 4B. (G)	...	12a	1	1—2	Bw.: violett	Bw.: violettrot
691. Diphenyltiefblau G. konz., R konz. (G)	Azofarbstoffe	12a	2—3	1	Bw.: R konz.: grüner	Bw.: R konz.: olivegrün, dann rötliches Grau
692. Diphenylviolett BV extra, R. (G)	Azofarbstoffe	12a	1—2	1	Bw.: BV: dunkelblau R: braunviolett	Bw.: BV: braun R: orange
693. Direktblau BB, 3B, RW, BW, GW. (J)	Azofarbstoffe	12b	RW: g. übr. m.	m.	Bw.: BB: röter RW: langsam blaurot	Bw.: BB: graugrün RW: stumpfesRotviolett
694. Direktbraun M. (J)	γ-Säure (alk.) ↑ Benzidin ↓ Salizylsäure	12b ev. 12e od. 12i	3 4	3 4	Bw.: (dir.) rötliches Blau	Bw.: (dir.) rotviolett
695. Direktbrillantblau 8B. (J)	Triphenylmethanfarbstoff	12b	m.	m.	Bw.: braunrot, Lösung: teilweise blau	Bw.: wenig Veränderung
696. Direktbrillantgelb KG. (J)	...	12b	m.	m.	Bw.: röter	Bw.: Spur röter, dann entfärbt
697. Direktcatechin G, GG, GR. (J)	Azofarbstoff	12b ev. 12f	m.	g.	Bw.: (dir.) sämtl.: violett, Spur bräunlich	Bw.: (dir.) sämtl. rotviolett, dann braunrot
698. Direktdunkelgrün S. (J)	Azofarbstoff	12b	m.	m.	Bw.: braunrot	Bw.: stumpfes Rotviolett
699. Direktechtorange SE. (J)	...	12b	m.	m.	Bw.: blaurot	Bw.: bräunlich, dann wieder orange
700. Direktechtscharlach G, R, SE, B, 3B, 8B, 10B. (J)	Azofarbstoffe	12b	m.	m.	Bw.: G, B, R: blaurot	Bw.: G, B, R: Spur gelber
701. Direktechtschwarz B. (J)	Azofarbstoff	12b	g.	m.	Bw.: grün	Bw.: rotviolett
702. Direktgelb CR, T. (J)	T: Thiobenzenylfarbstoff	12b CR: ev. 12e	CR: g.	m.	Bw.: CR: (dir.) violettrot T: bräunliches Rot	Bw.: CR: (dir.) violett T: olivegelb
703. Direktgrün BF, JO, G, B. (J)	Azofarbstoffe	12b	m.	m.	Bw.: BF, JO: bräunliches Violett G: stumpfes Violettbraun	Bw.: BF: bräunliches Rot JO: violett, dann bräunliches Rot G: violett, dann brauner
704. Direkthimmelblau grünlich . (J)	Azofarbstoff	12b ev. 12c	g.	m.	Bw.: (dir.) grün, Lösung: teilweise rötlich	Bw.: (dir.) stumpfes Violettrot

Organische Farbstoffe.

Farbstoffe	Konstitution	F. V.	Echtheiten Li. | Wa.	Reaktionen auf der Faser mit H_2SO_4 66° Bé	HNO_3 s = 1,4
705. Direktindigoblau A, BK. (J)	A: Amidonaphtholdisulfosäure ↑ Amidokresoläther ↑ Benzidin ↓ Amidonaphtholdisulfosäure	12b	z. g. | g.	Bw.: A: grüner BK: grüner, Lösung etwas bräunlich	Bw.: A: graugrün BK: stumpfes Blauviolett
706. Direktindigoblau BN. (J)	Amidonaphtholdisulfosäure ↑ Benzidin ↓ Dioxysulfonaphtoësäure	12b	z. g. | g.	Bw.: grüner, Lösung: teilweise bräunlich und violett	Bw.: stumpfes Violettgrau
707. Direktlichtblau BX. (J)	Azofarbstoff	12b	z. g. | m.	Bw.: mißfarbig grün und bräunlich	Bw.: stumpfes Graublau
708. Direktlichtgelb 4GL, RL. (J)	Azofarbstoffe	12b	g. | m.	Bw.: beide gelbstichiges Rot	Bw.: beide rotviolett
709. Direktolive G. (J)	Azofarbstoff	12b	m. | m.	Bw.: violett	Bw.: braunrot
710. Direktorange G. (J)	o-Kresotinsäure ↑ Tolidin ↓ m-Toluylendiaminsulfosäure 1, 2, 4, 5	12b[1]) ev. 12k	2—3 | 2—3 | 4	Bw.: (dir.) blaurot, dann gelber, Lösung: orange	Bw.: (dir.) violett
711. Direktorange R. (J)	Tolidin ⇄ 2 Mol. m-Toluylendiaminsulfosäure 1, 2, 4, 5	12b ev. 12k	2—3 | 2 | 4	Bw.: (dir.) rötliches Orange	Bw.: (dir.) dunkles, bräunliches Violett
712. Direktsafranin B, G, RW. (J)	...	12b	m. | m.	Bw.: RW: dunkelblau	Bw.: RW: stumpfes Rotorange
713. Direktschwarz CR. (J)	...	12b	m. | m.	Bw.: rötliches Braun	Bw.: bräunliches Rot
714. Erika B extra, BN. (A) (L)	Dehydrothio-m-xylidin→1-Naphthol-3,8-disulfosäure	12a	3—4 | 2	Bw.: (A) BN: blaurot	Bw.: (A) BN: fleischrot
715. Erika G extra, GN, 4GN. (A)	Dehydrothio-m-xylidin→2-Naphthol-6,8-disulfosäure	12a	3—4 | 2	Bw.: GN: blaurot	Bw.: GN: fleischrot
716. Formalblau B, R. (G)	Azofarbstoffe	12a dann 12f	1 | 3	Bw.: (nachbehandelt) beide langsam röter	Bw.: (nachbehandelt) beide grau, langsam röter
717. Formalbraun R. (G)	Azofarbstoff	12a dann 12f	1—2 | 2	Bw.: (nachbehandelt) dunkelblau	Bw.: (nachbehandelt) rotbraun

---

[1]) Mit Na-phos.

Farbstofftabelle. 155

Farbstoffe	Konstitution	F. V.	Echtheiten Li.	Echtheiten Wa.	Reaktionen auf der Faser mit H_2SO_4 66° Bé	Reaktionen auf der Faser mit HNO_3 s = 1,4
718. Formalechtschwarz G konz. B konz., R konz., 3B supra. (G)	Azofarbstoffe	12a dann 12f[1])	3—4	3—4	Bw.: (nachbehandelt) G: graublau B: mißfarbig, graublau u. bräunlich	Bw.: (nachbehandelt) G: gelbbraun B: braun
719. Formalgelb. (G)	Dinitrostilbenderivat. Gemisch	12a dann 12f	2	2	Bw.: (nachbehandelt) braunrot	Bw.: (nachbehandelt) grüngelb
720. Formalrot G. (G)	Azofarbstoffe	12a dann 12f	1	2	Bw.: (nachbehandelt) violett, dann rot	Bw.: violettrot
721. Formalschwarz TG, TR, C, TV, sämtlich konz. (G)	Azofarbstoffe	12a dann 12f[2])	2	2	Bw.: (nachbehandelt) TG, C: bläulich u. bräunlich	Bw.: (nachbehandelt) TG: bräunlich C: Lösung: braunrot
722. Geranin G. (By)	Dehydrothio-p-toluidin, → 1-Naphthol-3-sulfosäure	12b	s.g.	m.	Bw.: fuchsinrot	Bw.: eosinrot
723. Indigenblau R, B, BB, RW, BBW. (J)	Azofarbstoffe	12b dann 12i β-N.	m.	g.	Bw.: (entw.) R, B, BB: grüner RW: unverändert	Bw.: (entw.) R, B, BB: stumpfes Braunrot RW: bräunliches Violett, dann brauner
724. Melantherin RO. (J)	Benzidin ⇄ 2 Mol. γ-Säure (alk.)	12b dann 12i β-N.	m.	g.	Bw.: (entw.) dunkelblau	Bw.: (entw.) blaurot
725. Melantherin BH. (J)	H-säure (alk.), ↑ Benzidin ↓ γ-säure (alk.)	12b dann 12i β-N.	m.	g.	Bw.: (entw.) dunkelblau	Bw.: (entw.) stumpfes Rot
726. Naphtaminchromblau B. (K)	Azofarbstoff	12b dann 12d[3])	3	4	Bw.: (nachbehandelt) grünblau	Bw.: (nachbehandelt) stumpfes Braunviolett, dann brauner
727. Naphtamindirektbraun GR, DCG, DCB, V. (K)	Azofarbstoffe	12b V: 1	2—3	2—3	Bw.: DCG: dunkelbraun V: grünblau	Bw.: DCG: braunviolett V: gelber
728. Naphtamindirektschwarz AK, FFG, FF, FFK extra, EK extra, ERK extra, RWK extra. (K)	Azofarbstoffe	12b	[4])	2—3	Bw.: AK: dunkelblau FF: blaugrün	Bw.: AK, FF: braunviolett

[1]) + $CuSO_4$ (2°/₀).   [2]) (+ 1°/₀ Bichr.).   [3]) (Bichr.)   [4]) EK, ERK, RWK: 3—4 übr.: 2.

Farbstoffe	Konstitution	F. V.	Echtheiten Li.	Echtheiten Wa.	Reaktionen auf der Faser mit H_2SO_4 66° Bé	Reaktionen auf der Faser mit HNO_3 s = 1,4
729. Naphtamindunkelgrün B, G, GG. (K)	Azofarbstoffe	12b	2—3	3	Bw.: B: rötliches Violett, Lösung: braunrot G: rötliches Violett, dann braunrot	Bw.: B, G: violett, Lösung: rötlich
730. Naphtaminechtbordeaux BG, BR. (K)	Azofarbstoffe	12b	4	3	Bw.: BG: violett	Bw.: BG: braunrot
731. Naphtaminechtgrau B. (K)	Azofarbstoff	12b	4—5	3—4	Bw.: grün	Bw.: blau, dann rotviolett
732. Naphtaminechtscharlach E_4B, E8B. (K)	Azofarbstoffe aus dem Carbazolderivat aus J-säure und Phenylhydrazin mit Diazov. (Georgiev)	12b	3	2—3	Bw.: E_4B: blaurot E8B: violettblau	Bw.: E_4B: braunorange E8B: rotbraun
733. Naphtaminechtschwarz SDE, SE, VE, KSV extra, KSG extra. (K)	Azofarbstoffe	12b[1]) 12f 12i	4—5 3	3 3—4	Bw.: (ohne Nachbehandeln) SE: grünlich VE: mißfarbig bläulich KSG: braunviolett	Bw.: (ohne Nachbehandeln) SE: stumpfes Violett VE: bläulich KSG: bräunlich
734. Naphtaminechtviolett BB. (K)	Azofarbstoff	12b	5	2—3	Bw.: stumpfes Grün	Bw.: blau, dann violettrot
735. Naphtamingrün AG extra, B, AN, TE. (K)	Azofarbstoffe	12a TE: ev. 12i od. 12k	3 3 3—4	2—3 4 3—4	Bw.: AG, B, AN: bläuliches Violett, dann röter	Bw.: AG: violett, Lösung: blaurot B: violett, Lösung orangerot AN: blauviolett, Lösung: rötlich
736. Naphtaminlichtblau 4B, BB, B, FF, R. (K)	. . .	12a	4—5	3	Bw.: 4B: graugrün, dann brauner FF, R: blaugrün	Bw.: 4B: bräunliches Violett F, R: graublau, dann röter
737. Naphtaminlichtbraun GG. (K)	. . .	12a	4—5	3—4	Bw.: dunkel, Lösung: stumpfes Braunviolett	Bw.: olivegrün, Lösung: bläulich
738. Naphtaminlichtgrün G. (K)	. . .	12a	4	3	Bw.: braunrot	Bw.: gelb, dann braungelb
739. Naphtaminlichtorange L. (K)	. . .	12a	4—5	3	Bw.: stumpfes Violett	Bw.: olive
740. Naphtaminlichtrot R, 6B. (K)	. . .	12b	4	3—2	Bw.: R: grünblau 6B: blau	Bw.: R: leuchtendes Blau 6B: violettbraun
741. Naphtaminorange TR, G, NG, PR. (K)	Azofarbstoffe	12a TR: ev. 12k	NG: 2—3 G, PR: 4—3	ca.: 3—4	Bw.: G: braunrot PR: gelb NG: violett, dann gelbliches Rot	Bw.: G: olivegelb PR: blau NG: braunviolett

[1]) SKV, KSG: 12f übr. ev. 12i.

Farbstofftabelle. 157

Farbstoffe	Konstitution	F. V.	Echtheiten Li.	Wa.		Reaktionen auf der Faser mit H₂SO₄ 66° Bé	HNO₃ s = 1,4
742. Naphtamin-rosa BB konz. (K)	Azofarbstoff	12a	3—4	3	Bw.: blaurot	Bw.: fleischrot
743. Naphtamin-rosolrot BG. (K)	Azofarbstoff	12a	3	2	Bw.: dunkelblau	Bw.: braunrot, dann mehr orange
744. Naphtamin-scharlach B, BG, R. (K)	Azofarbstoffe	12a	3	2—3	Bw.: B, BG: fuchsinrot	Bw.: B, BG: blaurot
745. Naphtamin-schwarz H. (K)	γ-Säure ↑ Benzidin ↓ H-säure ↑ p-Nitranilin	12a	4	2—3	Bw.: mißfarbig, bläulich u. bräunlich	Bw.: stumpfes Rotviolett
746. Naphtazurin BX. (K)	Azofarbstoff	12a	3	3	Bw.: blau, dann viel röter	Bw.: rotviolett, dann rotbraun und entfärbt
747. Naphtogen-blau B, BB, 6B, RR, 4R, 6R. (A)	4R: Naphthyl-amindisulfosäure 2, 4, 8 → Clevesäure 1,7 → Kresidin → p-Xylidin	12b dann 12i (β-N)	4—5	4	Bw.: (nachbehandelt) B: grün 6R: grüner	Bw.: (nachbehandelt) B: bräunliches Violett, Lösung: gelblich 6R: bräunliches Violett
748. Naphtogen-reinblau 3B, 4B. (A)	Azofarbstoffe	12b dann 12i (β-N)	3—4	4	Bw.: (entw.) 3B: röter	Bw.: (entw.) 3B: violett, dann rotbraun
749. Neutralgrau (A)	Azofarbstoff	12b	3—4	2—1	Bw.: grün	Bw.: blau, dann rotviolett
750. Nitranilbraun B, BR, R. (J)	Azofarbstoffe	12b dann 12k	m.	g.	Bw.: (nachbehandelt) R: rotorange B: mißfarbig rötlich	Bw.: (nachbehandelt) R: braunorange B: stumpfes Braun
751. Nitranilrot R. (J)	...	12b dann 12k	m.	g.	Bw.: (nachbehandelt) blaurot	Bw.: (nachbehandelt) orangerot
752. Nitranil-schwarz NG.(J)	...	12b dann 12k	m.	g.	Bw.: (nachbehandelt) bräunlich	Bw.: (nachbehandelt) stumpfes Orangebraun
753. Nitrophenyl-braun DR, R, RE extra, RF, RR, S extra, V extra (G)	Azofarbstoffe	12a ev. 12k	1 1—2	1—2 3	Bw.: (nachbehandelt) stumpfes Violettbraun S extra: braunviolett	Bw.: (nachbehandelt) RE: gelbbraun S extra: braungelb
754. Oxaminblau B, 3B, 3BN, BN, 3R, 4R, RS, RRS, RX, RXN, G, GN, AR, BG. (B)	B: NW-säure ↑ Dianisidin ↓ 1-Amido-5-naphthol-7-sulfosäure	12b 3R, 4R: ev. 12i (β-N)	stl. ca. 2	ca. 2—3	Bw.: B, BN: blaugrün 3B: grün 3R (dir.): dunkelblau RS: wenig Veränderung	Bw.: B: bläuliches Rot BN: grau 3B: blaurot 3R: bräunlich RS: grau, sämtlich zuletzt entfärbt

Organische Farbstoffe.

Farbstoffe	Konstitution	F. V.	Echtheiten Li.	Echtheiten Wa.	Reaktionen auf der Faser mit H_2SO_4 66° Bé	Reaktionen auf der Faser mit HNO_3 s = 1,4
755. Oxaminbordeaux M, B. (B)	Azofarbstoffe	12b	2—3	2—3	Bw.: B: Faser dunkel, Lösung: braungelb	Bw.: B: stumpfes rötliches Grau
756. Oxaminbrillantrot B. (B)	Azofarbstoff	12b	2—3	2	Bw.: dunkelblau, Lösung: teilweise rötlich	Bw.: rotviolett
757. Oxamindunkelblau BG, R, BR, M, MN. (B)	Azofarbstoffe	12b M, MN: ev. 12c	2 m.	2—3 g.	Bw.: BG, R: grün	Bw.: BG: violettrot R: bräunliches Rot
758. Oxamindunkelbraun R, G. (B)	Azofarbstoffe	12b	2	3	Bw.: beide mißfarbig bläulich und braun	Bw.: beide wenig Veränderung
759. Oxamingranat M. (B)	Azofarbstoff	12b	m.	m.	Bw.: blau	Bw.: stumpfes Violettgrau
760. Oxamingrün B. (B)	Phenol ↑ Benzidin ↓ H-säure ↑ p-Nitranilin	12b	2	2—3	Bw.: rötliches Violett	Bw.: rotviolett, zuletzt bräunlich
761. Oxamingrün G. (B)	= Nr. 760, nur Salizylsäure anstatt Phenol	12b	2	2—3	Bw.: bräunliches Violett	Bw.: violettrot
762. Oxaminlichtblau B, G. (B)	Azofarbstoffe	12b	3—4	2—3	Bw.: G: grün B: grüner, dann mißfarbig rötlich	Bw.: G: rötliches Braun B: grau
763. Oxaminlichtgrün B, G. (B)	Azofarbstoffe	12b	3—4	2—3	Bw.: beide braungelb	Bw.: beide rotviolett
764. Oxaminmarron. (B)	1-Amido-5-naphthol-7-sulfosäure ↑ Benzidin ↓ Salizylsäure	12b ev. 12c	z. g.	z. g.	Bw.: violett, langsam schwärzlich	Bw.: rotviolett
765. Oxaminreingrün G. (B)	...	12a ev. 12c	s. g.	2—3	Bw.: (dir.) braunorange	Bw.: (dir.) bläuliches Rot
766. Oxaminrot: BN, 3B. (B)	-rot: J-säure ↑ Benzidin ↓ Salizylsäure	12b -rot, BN: ev. 12c 12k	2	2—3	Bw.: BN: blauviolett, dann blaurot 3B: grünliches Blau, dann bräunliches Gelb	Bw.: BN: violettrot 3B: graublau
767. Oxyphenin A, B, R. (J)	...	12b R: ev. 12e	B,R: g.	B,R: g.	Bw.: (dir.) sämtlich: gelbstichiges Rot	Bw.: (dir.) A: olivegelb B: rötliches Gelb R: Spur grüner
768. Paranilbraun O, R, B, BB, G. (A)	Azofarbstoffe	12b dann 12k	3—2 3—2	2—1 4	Bw.: (nachbehandelt) O: rötliches Braun B: braunviolett G: braunorange	Bw.: (nachbehandelt) O, B, G: gelber

Farbstofftabelle.

Farbstoffe	Konstitution	F. V.	Echtheiten Li.	Echtheiten Wa.	Reaktionen auf der Faser mit H_2SO_4 66° Bé	Reaktionen auf der Faser mit HNO_3 s = 1,4
769. Paranilgelb G. (A)	Azofarbstoff	12b dann 12k	2 2	2 3	Bw.: (nachbehandelt) wenig Veränderung	Bw.: (nachbehandelt) bräunlich, Lösung: rötliches Violett
770. Paranilschwarz BB, T. (A)	Azofarbstoffe	12b dann 12k	4	4	Bw.: (nachbehandelt) BB: stumpfes Grün T: stumpfes Grünblau	Bw.: (nachbehandelt) BB: bordeaux T: bräunlich
771. Parasulfonbraun G, V. (S)	Azofarbstoffe	12b ev. 12k	m.	g.	Bw.: (dir.) G: dunkel, Lösung: braunrot V: rötliches Violett	Bw.: (dir.) G: braungelb V.: wenig Veränderung
772. Parasulfonbronçe GS. (S)	Azofarbstoffe	12b ev. 12k	m.	g.	Bw.: (dir.) bräunliches Rot	Bw.: (dir.) violettbraun
773. Plutobraun GG, NB, R. (By)	Azofarbstoffe	12b ev. 12k	m.	m.	Bw.: (dir.) GG, NB: blaurot R: stumpfes Violettbraun	Bw.: (dir.) GG, NB: bordeaux R: braunrot
774. Plutoschwarz A, A extra, 3B extra, BS extra, 5BS extra, CF extra, G, G extra, F extra. (By)	Aus: p-Diamidodiphenylamin, 2 Mol. γ-säure und m-Phenylendiamin (Georgiev)	12b G, G ext. ev. 12d	G, G ext. g.	G, G ext. g.	Bw.: A: blauviolett BS: violettbraun CF: grünblau G: Stich insBraunviolett	Bw.: A: stumpfes Rotviolett BS: rotbraun CF: bräunliches Bordeaux
775. Polyphenylblau G konz., GF konz. (G)	Azofarbstoffe	12a	1—2	1	Bw.: beide wenig Veränderung	Bw.: beide stumpfes Violettgrau
776. Polyphenylblauschwarz B konz. (G)	Azofarbstoff	12a ev. 12i (β-N)	3 3	1 2—3	Bw.: (dir.) Spur grüner	Bw.: (dir.) braunrot
777. Polyphenylgelb 3G konz., R. (G)	Azofarbstoffe	12a	2	2	Bw.: 3G konz.: braunrot R: rötliches Braun	Bw.: 3G konz.: grüner R: Stich ins Olive
778. Polyphenylgrün BD. (G)	Azofarbstoff	12a	1—2	1	Bw.: violett, langsam röter	Bw.: rotviolett, Lösung: rotorange
779. Polyphenylorange R extra. (G)	Azofarbstoff	12a	2—3	2	Bw.: blau	Bw.: olive
780. Polyphenylreinblau 3G konz. (G)	Azofarbstoff	12a	1—2	1	Bw.: wenig Veränderung	Bw.: olivegrün
781. Polyphenylschwarz G konz., R konz. (G)	Azofarbstoffe	12a	1	1	Bw.: G konz.: rotviolettbraun R konz.: rotviolett	Bw.: G konz.: rotbraun R konz.: braunrot

Organische Farbstoffe.

Farbstoffe	Konstitution	F. V.	Echtheiten Li.	Wa.	Reaktionen auf der Faser mit H$_2$SO$_4$ 66° Bé	HNO$_3$ s = 1,4
782. Primulin (By) (C) (K) (M) (A) (Gr. E.) Polychromin A. (G)	Entsteht aus p-Toluidin und Schwefel (Sulfosäure)	12a ev. 12i (β-N)	1 1	1—2 2—3	Bw.: (dir.) heller entw.: fuchsinrot	Bw.: (dir.) röter, dann wieder grüner, entw.: blaurot
783. Rosanthren O, R, A, B, CB, GWL extra, RWL extra, LW extra, AWL extra. (J)	O: Farbstoff aus m-Amidobenzoyl-J-säure	12b dann 12i (β-N)	m.	g.	Bw.: (entw.) R, A: blaurot CB: violett, langsam bräunliches Rot	Bw.: (entw.) R: wenig Veränderung A: Spur brauner CB: stumpfes Braunviolett
784. Rosanthrenbordeaux B. (J)	Azofarbstoff	12b dann 12i (β-N)	m.	g.	Bw.: (entw.) grünstichiges Blau	Bw.: (entw.) bräunliches Bordeaux
785. Rosanthrenlichtbordeaux BL, 2BL. (J)	Azofarbstoff	12b dann 12i (β-N)	g. g.	g.	Bw.: (entw.) beide dunkelblau	Bw.: (entw.) beide stumpfes Braunviolett
786. Rosanthrenlichtrot 7BL. (J)	Azofarbstoff	12b dann 12i (β-N)	g. g.	g.	Bw.: (entw.) grünstichiges Blau	Bw.: (entw.) bläuliches Violett
787. Rosanthrenorange R. (J)	Azofarbstoff	12b dann 12i (β-N)	m.	g.	Bw.: (entw.) Spur brauner	Bw.: (entw.) brauner
788. Rosanthrenrosa. (J)	Azofarbstoff	12b dann 12i (β-N)	m.	g.	Bw.: (entw.) grünstichiges Blau	Bw.: (entw.) stumpfes bräunliches Rot
789. Rosanthrenviolett 5R. (J)	Azofarbstoff	12b dann 12i (β-N)	m.	g.	Bw.: (entw.) grünstichiges Blau, Lösung: teilweise rötlich	Bw.: (entw.) bläulichviolett
790. Sambesibordeaux 7B. (A)	Azofarbstoff	12b dann 12i (β-N)	2—1	4	Bw.: (entw.) dunkelblau, Lösung: violettrot	Bw.: (entw.) braunrot
791. Sambesibraun 4R, G, GG. (A)	G, GG: γ-säure $\uparrow$ Benzidin $\downarrow$ 2,7-Naphthylendiaminsulfosäure	12b dann 12i (β-N)	3 3	2 4—3	Bw.: (dir.) G: braun GG: bräunliches Violett, dann rotorange	Bw.: (dir.) G: stumpfes rötliches Violett, zuletzt entfärbt GG: brauner
792. Sambesiechtschwarz extra. (A)	Azofarbstoff	12b ev. 12i (β-N)	4 4	2—1 4	Bw.: (dir.) blau Lösung: gelblich	Bw.: (dir.) gelbbraun
793. Sambesiolive G. (A)	Azofarbstoff	12b dann 12i (β-N)	3—2	3—4	Bw.: (entw.) stumpfes bräunliches Rot	Bw.: (entw.) Violettrot

Farbstofftabelle.

Farbstoffe	Konstitution	F. V.	Echtheiten Li.	Wa.	Reaktionen auf der Faser mit H_2SO_4 66° Bé	HNO_3 s = 1,4
794. Sambesirot B, 4B, 6B, 8B. (A)	Azofarbstoffe	12b dann 12i (β-N)	2	3—4	Bw.: (entw.) B: blaurot 6B: fuchsinrot Lösung: bräunlich 8B: blaurot, Lösung: bräunlich	Bw.: (entw.) B: gelber 6B, 8B: bräunliches Rot
795. Sambesirubin B. (A)	Azofarbstoff	12b' dann 12i (β-N)	2—1	4	Bw.: (entw.) grünstichiges Blau	Bw.: (entw.) violettbraun
796. Sambesischarlach BA extra, 3B extra, 6B extra. (A)	Azofarbstoffe	12b dann 12i (β-N)	2—1	4	Bw.: (entw.) sämtlich blaurot	Bw.: (entw.) sämtlich bräunliches Rot
797. Sambesischwarz F, BH, BR, R, D, OTA, V, GG, OBA, 2BA. (A)	BR: γ-säure (alk.) ↑ Dianisidin ↓ Amidonaphtholsulfosäure S	12b ev. 12i[1]	4—3 4	2—1 4	Bw.: (dir.) F: grünliches Blau R: grünstichiges Blau BR: bläulich V: (entw. m-Tol. d.) grünblau	Bw.: (dir.) F: blau, Lösung: rötlich R: rotviolett BR: stumpfes Violett V: (entw. m-Tol. d.) orangebraun
798. Solaminblau BF, FF. (A)	Azofarbstoffe	12b	4	2—1	Bw.: BF: grün FF: blaugrün	Bw.: BF: rotviolett FF: graublau, dann bräunlich
799. Solaminorange RL, 2RL. (A)	Azofarbstoffe	12b	4—5	2	Bw.: RL: stumpfes bräunliches Violett 2RL: rötlichesBlau	Bw.: RL: gelbgrün 2RL: olivegrün
800. Solaminrot 8BL. (A)	Azofarbstoff	12b	5	1—2	Bw.: grünliches Blau	Bw.: blau
801. Solidgelb R. (J)	Thiobenzenylfarbstoff	12b	m.	m.	Bw.: braunorange	Bw.: olivegelb
802. Thiazinbraun G, R. (B)	Dehydrothiotoluidinderivat	12b ev. 12c	2—1	2	Bw.: (dir.) G: braunrot R: rotbraun	Bw.: (dir.) G: wenig Veränderung R: Spur gelber
803. Thiazinrot G. (B)	Primulin → 2,6-Naphtholsulfosäure	12b	2—1	1—2	Bw.: ...	...
804. Thiazinrot R. (B)	Dehydrothio-p-toluidinsulfosäure, → NW-Säure	12b	2	1—2	Bw.: violettstichiges Rot	Bw.: blaurot
805. Thiazolgelb. (A) -G, R. (By) -3G, GL. (By)	Dehydrothio-p-toluidinsulfosäure → Dehydrothio-p-toluidinsulfosäure	12a	m.	g.	Bw.: (A) langsam entfärbt	Bw.: (A) röter, dann wieder gelb und entfärbt
806. Toluylenbraun B, M. (By)	Azofarbstoffe	12b	m.	g.	Bw.: B: violett M: mißfarbig	Bw.: beide rötliches Braun

[1]) Diamin.

Organische Farbstoffe.

Farbstoffe	Konstitution	F. V.	Echtheiten Li.	Wa.	Reaktionen auf der Faser mit H₂SO₄ 66° Bé	HNO₃ s = 1,4
807. Toluylenechtbraun 3G, RR. (By)	Azofarbstoffe	12b	s.g.	m.	Bw.: 3G: dunkles Rotviolett RR: schwärzlich	Bw.: 3G: stumpfes Bordeaux, dann mißfarbig RR: mißfarbig, braungelb
808. Toluylenechtorange GL, LX. (By)	LX: Stilbenfarbstoff	12b	g.	z.g.	Bw.: LX: dunkelblau	Bw.: LX: stumpfes Olive
809. Toluylengelb G. (By)	Azofarbstoff	12b	m.	z.g.	Bw.: wenig Veränderung	Bw.: braun, dann rotviolett
810. Trisulfonblau R. (S)	1-Naphthol-3,6,8-trisulfosäure ↑ Tolidin ↓ β-Naphthol	12b	m.	z.g.	Bw.: grünblau	Bw.: stumpfes Rot
811. Trisulfonbraun B. (S)	Salizylsäure ↑ Benzidin ↓ 2-Amido-8-Naphthol-3,6-disulfosäure ↓ m-Phenylendiamin	12b ev. 12f¹)	z.g.	g.	Bw.: (dir.) braunrot	Bw.: (dir.) bordeaux
812. Trisulfonbraun GG. (S)	= Nr. 811, nur Dianisidin anstatt Benzidin	12b ev. 12f¹)	z.g.	g.	Bw.: (dir.) rotviolett	Bw.: (dir.) bordeaux
813. Trisulfonbronce B. (S)	Azofarbstoff	12b	z.g.	g.	Bw.: stumpfes bräunliches Rot	Bw.: braun
814. Trisulfonviolett B, N. (S)	B: = Nr. 810, nur Benzidin anstatt Tolidin	12b	B:m. N: g.	B:m. N: g.	Bw.: B: grünstichiges Blau N: stumpfes Blaugrün.	Bw.: B: gelbbraun N: hellbraun

¹) (+ CuSO₄).

4. Beizenfarbstoffe.

Es folgen einige Präfixe dieser Farbstoffklasse:

Chromat- }
Metachrom- } (A)

Beizen- }
Palatinchrom- } (B)

Chromoxan- }
Diamant- }
Säureanthracen- } (By)
Säurechrom- }
Monochrom- }

Anthracenchrom- }
Anthracenchromat- } (C)
Anthracensäure- }

Azoalizarin- (DH)

Eriochrom- (G)

Oxychrom- (Gr. É.)

Salicin- }
Salicinchrom- } (K)

Anthrachrom- }
Anthrachromat- }
Domingoalizarin- } (L)
Domingochrom- }

Farbstofftabelle.

Autochrom-
Echtbeizen- } (M) Acidolchrom- } (t. M.)
Säurealizarin-   Acidolchromat-

Omegachrom-   (S)   Anthracylchrom- } (WDC)
                      Bichromin-

Farbstoffe	Konstitution	F. V.	Echtheiten Li. | Wa.	Reaktionen auf der Faser mit[1] H_2SO_4 66° Bé	HNO$_3$ s = 1,4
815. Alizarin V 1 extra rein 20%. (B)	1,2-Dioxyanthrachinon	15a 15b 15c 10a	5 | 5	Bw.: Al-Beize: braunrot	Bw.: Al-Beize: leuchtendes Orange
816. Alizarin SX, GD 20%. (B)	1,2,7-Trioxyanthrachinon	15a 15b 15c 10a	5 | 5	Bw.: Al-Beize: blaurot	Bw.: Al-Beize: orangegelb
817. Alizarin G 1, RG 20%. (B)	1,2,6-Trioxyanthrachinon	15a 15b	4 | 4	Bw.: Al-Beize: blaurot Cr-beize: blaurot	Bw.: Al-Beize: rötliches Gelb
818. Alizarinblau X, R, RR, C, WX, WR, WRR, WC. (B)	Dioxyanthrachinolin	4aα 10b 15b	4 | 4	Bw.: Cr-Beize: X: grüner	Bw.: Cr-Beize: X: stumpfes Braungelb
819. Alizarinblau S, SW. (B)	Behandeln von Nr. 818 mit NaHSO$_3$	4aα 10b 15b	4 | 4	W.: grüner	W.: gelb mit violettem Rand und entfärbt
820. Alizarinblauschwarz B, 3B. (By)	Das Reaktionsprodukt aus Purpurin und Anilin wird sulfuriert	4aα 10b 15b	s.g. | g.	W.: Cr-Beize: beide stumpfes schwärzliches Blau	W.: Cr-Beize: B, 3B: olivegelb
821. Alizarinbordeaux B Teig. (By)	1,2,5,8-Tetraoxyanthrachinon	4aα 15b 15a 10b	z.g. | g. s.g. | g.	W.: violett	W.: gelbbraun
822. Alizarinbrillantblau B, 3R. (Gr. E.)	...	2a 4aα 4bα 4cα	s.g. | s.g.	W.: Cr-Beize: B: grüner 3R: rotviolett	W.: Cr-Beize: B: rotbraun 3R: gelbliches Olive
823. Alizarinbrillantgrün G, SE. (C)	G: Entsteht aus Leukochinizarin und 4-Toluidin-2-sulfosäure in Gegenwart von Borsäure	2b 4aα 4bα 4cα	5—4 | 5	W.: Cr-Beize: beide blaugrün	W.: Cr-Beize: beide bräunliches Olive, dann gelbbraun
824. Alizarincyanin R, RR, NS, NSV, WRB, WRR. (By)	1,2,4,5,8-Pentaoxyanthrachinon	4aα 4aβ 10b R: 15b	s.g. | g.	W.: Cr-Beize: R: tiefes Rotblau RR: rotviolett, dann blaurot NS: schwärzlich, dann braun	W.: Cr-Beize: R: schmutzig grün RR: olivegrün NS: grün

---

[1]) Wo nichts vermerkt ist, ist bei den Faserreaktionen die Beize des angegebenen Färbeverfahrens vorausgesetzt.

Organische Farbstoffe.

Farbstoffe	Konstitution	F. V.	Echtheiten Li.	Echtheiten Wa.	Reaktionen auf der Faser mit H_2SO_4 66° Bé	Reaktionen auf der Faser mit HNO_3 s = 1,4
825. Alizarincyanin G, G extra Teig. (By)	G: Nr. 824, wird mit NH_3 behandelt	4aα 10b	s.g.	g.	W.: G extra: violett	W.: G extra: mißfarbig grünlich Lösung: teilweise blaugrün
826. Alizarin cyaninschwarz G, Teig. (By)	ähnlich Nr. 825	4aα 4bα 10b 15b	s.g.	g.	W.: blau	W.: violett
827. Alizarinechtschwarz SP, T. (By)	...	4aα 4bα	g.	g.	W.: SP: rotviolett T: Stich ins Violette	W.: SP: rotbraun T: gelbbraun
828. Alizaringelb 3G. (By)	m-Nitranilin → Salizylsäure	4aα 4bα	5—4	5	W.: Cr-Beize: orange	W.: Cr-Beize: blaurot, dann orangerot
829. Alizaringelb R. (By)	p-Nitranilin → Salizylsäure	4aα 4bα 10b	5	5	W.: Cr-Beize: wenig Veränderung	W.: Cr-Beize: rotorange, dann orange
830. Alizarinlichtgrün G extra, 3G, EF. (Gr.E.)	...	4aα 4bα 4cα 2a	s.g.	g.	W.: Cr-Beize: sämtlich: dunkler, ohne Farbenumschlag	W.: Cr-Beize: sämtlich: ocker
831. Alizarinmarron, W. (B)	Amidoalizarin	W: 4aα mar. 15a 15b	3	4	W.: Cr-Beize: W: dunkelkirschrot	W.: Cr-Beize: W: bräunlichgelb mit braunem Rand
832. Alizarinorange A, W, SW. (B)	1,2-Dioxy-3-nitroanthrachinon	A: 15a W, SW: 4aα	5—4 4—5	4 5	Bw.: Al-Beize: A: Spur gelber	Bw.: Al-Beize: A: Spur grüner
833. Alizarinpurpurin 20 %/₀ (By)	1,2,4-Trioxyanthrachinon	15a 15b 4aγ 4bα	s.g.	g.	W.: Al-Beize: blaurot	W.: Al-Beize: orange, dann gelb
834. Alizarinrot 3WS (M), SSS (B)	1,2,6-Trioxyanthrachinon-3-sulfosäure	4aα 4aγ	s.g.	s.g.	...	...
835. Alizarinrot PS. (By) (B) (M)	Purpurinsulfosäuren	4aα 4aγ	s.g.	s.g.	W.: Al-Beize: gelbstichiges Rot	W.: Al-Beize: orange, dann gelb
836. Alizarinrot S. (B)	1,2-Dioxyanthrachinon-3-sulfosäure	4aγ 4aα 10a 10b	s.g.	s.g.	W.: Al-Beize: langsam orange	W.: Al-Beize: orange, zuletzt gelb
837. Alizarinschwarz SW, SWR, WR, WX, (B) S und SR für Bw. (B)	1,2-Dioxy-5,8-naphthochinon	4aα 4bα S, SR: 15b	s.g. 4—3	s.g. 4	W.: Cr-Beize:WR: Stich ins Violett	W.: Cr-Beize: WR: braun
838. Anthracenblau C. (C)	Azofarbstoff	4aα 4bα	4—3	5	W.: rotviolett	W.: braunolive
839. Anthracenblau WR, WR extra. (B)	1,3,4,5,7,8-Hexaoxyanthrachinon	4aα 4bα 4aγ	5—4	4	W.: Cr-Beize: WR extra: grünstichiges Blau	W.: Cr-Beize: WR extra: violett

Farbstofftabelle.

Farbstoffe	Konstitution	F. V.	Echtheiten Li. | Wa.		Reaktionen auf der Faser mit H_2SO_4 66° Bé	HNO_3 s = 1,4
840. Anthracenblau WG, WB. (B)	Behandlung von 1,5-Dinitroanthrachinon mit H_2SO_4 mit oder ohne Zusatz von Reduktionsmitteln	4aα 4bα 4aγ	4—5	s.g.	W.: Cr-Beize WB: grüner	W.: Cr-Beize: WB: grünolive mit violetter Lösung
841. Anthracenblau WGG, WGG extra. (B)	Dioxydiamidoanthrachinonsulfosäuren	4aα	s.g.	s.g.	W.: WGG extra: Cr-Beize: braunschwarz	W.: WGG extra: Cr-beize: olivegrün
842. Anthracenblauschwarz BG, C, KC. (C)	Azofarbstoffe	4bα	3—4	5	W.: BG: grün C, KC: stumpfes Rotviolett	W.: BG: olive C: bräunlich olive KC: bräunlich
843. Anthracenbraun, W, SW, WR, WG, WGG Teig, R, G, GG. (B)	1,2,3-Trioxyanthrachinon gemischt mit etwas 1,2,3,5,6,7-Hexaoxyanthrachinon	4aα braun 15a 15b 15c	s.g. g.	s.g. z.g.	W.: Cr-Beize: W: rötliches Braun	W.: Cr-Beize: W: helles Gelbbraun
844. Anthracenchromatblau XR. (C)	Azofarbstoff	4cα	5	5	W.: Cr-Beize: rotviolett	W.: Cr-Beize: braun
845. Anthracenchromatbraun BG, BR, EB, ER, 3G, WS. (C)	Azofarbstoffe	4cα	4	5	W.: Cr-Beize: BG: blaurot EB: stumpfes Braunviolett 3G: bräunliches Rot	W.: Cr-Beize: BG: rotbraun EB: dunkelbraun 3G: blaurot, dann rotbraun
846. Anthracenchromatgrau KB, KC, G. (C)	Azofarbstoffe	4cα	4	5	W.: Cr-Beize: KB, G: stumpfes Rotbraun	W.: Cr-Beize: KB: rotbraun G: bräunliches Bordeaux
847. Anthracenchromatgrün B, KFF extra. (C)	Azofarbstoffe	4cα	4	5	W: beide wenig Veränderung	W.: B: grünolive KFF: olive
848. Anthracenchromatviolett XB. (C)	Azofarbstoff	4cα	5	5	W.: rotviolett	W.: rehbraun, dann bräunliches Bordeaux
849. Anthracenchromblau BW extra, RRW extra, RST, BST, G, B, RWN, R, F, FR. (C)	Azofarbstoffe	4aα	R: 5 übr. 4	5	W.: G, R, BW: wenig Veränderung	W.: BW: bräunliches Olive R: stumpfes Braun G: olive
850. Anthracenchrombraun D, SWN, SWR, DW, DWN, KDR. (C)	D:o-Amidophenolp-sulfosäure → m-Phenylendiamin	4bα	4	5	W.: SWN, D, KDR: rötlicher	W.: SWN, D: gelbbraun KDR: bordeaux, dann rotbraun
851. Anthracenchromfeldgrau G, GL, GLN. (C)	Azofarbstoffe	4bα	GLN 4—3	GLN 5	W.: GLN: braun	W.: GLN: blaurot, dann gelbbraun

Farbstoffe	Konstitution	F. V.	Echtheiten Li.	Wa.		Reaktionen auf der Faser mit H_2SO_4 66° Bé	HNO_3 s = 1,4
852. Anthracenchromrot A, B, G. (C)	A: o-Amidophenol-p-sulfosäure → Resorzin	4bα	4	5	W.: A: bräunlich B: gelber G: grünblau	W.: A: braunorange B: rötliches Gelb G: dunkelblau, dann rotbraun und gelb
853. Anthracenchromschwarz 5B, F, P extra, PF extra, PBB extra. (C)	Typus: Amidonaphtholsulfosäure → Naphthol	4bα	3 PBB 4	5	W.: 5B, F, PBB: wenig Veränderung	W.: 5B, PBB: wenig Veränderung F: Stich ins Braune
854. Anthracenchromviolett B. (C)	o-Amidophenol-p-sulfosäure, → β-Naphthol	4aα 4bα 4cα	5	5	W.: rotviolett	W.: violettbraun
855. Anthracengelb C. (C)	Thioanilin, ⇌ 2 Mol. Salizylsäure	4aα 4bα 4cα	4	5	W.: rötliches Dunkelbraun	W.: violettbraun, zuletzt braunorange
856. Anthracengelb BN. (C)	2-Naphthylamin-6-(8)-sulfosäure, → Salizylsäure	4bα 4cα	3—4	5	W.: gelbliches Rot	W.: blaurot, dann leuchtendes Gelbrot
857. Anthracenorange G. (C)	...	4bα 4cα	3—4	5	W.: dunkles Violettblau	W.: rotviolett, zuletzt bordeaux
858. Anthracenrot (By) (J)	NW-säure ↑ o-Nitrobenzidin ↓ Salizylsäure	4bα 2a	2—3	4—5	W.: (nach 4bα) (By): fuchsinrot	W.: (nach 4bα) (By): violettrot, dann braunrot
859. Anthracensäureblau EB, ER, KBB, KBR. (C)	Azofarbstoffe	4aα 4bα	3—4	5	W.: EB, ER: olivegrün	W.: EB, ER: olive
860. Anthracensäurebraun B. (C)	m-Phenylendiamin ⇌ 2 Mol. Clevesäurer,6, ⇌ 2 Mol. Amidosalizylsäure	4aα 4bα 4cα	2	5	W.: stumpfes Violett	W.: violettbraun, dann gelber
861. Anthracensäurebraun G, N, R. (C)	Typus: Sulfanilsäure ↓ Salizylsäure ↑ p-Nitranilin	4aα 4bα	3—4	5	W.: G: bräunliches Bordeaux N: grünliches Schwarz R: olivegrün	W.: G: bordeaux R: grünblau, dann braun N: gelbbraun
862. Anthracensäureschwarz ST, SRT, SR, SAS, SASN, DSN, DSF. (C)	Azofarbstoffe	4bα	3	5	W.: ST: blaugrün, SRT: stumpfes Blauviolett SR, SAS: rotviolett SASN: rötliches Braun DSN: grün	W.: ST: dunkles Bordeaux SRT: rötliches Braun SR: braunviolett, dann bordeaux SAS, SASN, braun, dann röter
863. Anthrachinonblau SR extra. (B)	Einwirkung von Anilin auf Tetrabrom-1,5-diamidoanthrachinon (Sulfosäure)	2a 4bα 4cα	s. g.	g.	W.: (nach 2a): mißfarbig rötlich	W.: (nach 2a): olivegrün, dann gelber

Farbstofftabelle.

Farbstoffe	Konstitution	F. V.	Echtheiten Li.	Echtheiten Wa.	Reaktionen auf der Faser mit H_2SO_4 66° Bé	Reaktionen auf der Faser mit HNO_3 s = 1,4
864. Anthrachinonviolett (B)	1,5-Dinitroanthrachinon wird mit p-Toluidin erhitzt (Sulfosäure)	2a 4bα 4cα	s. g.	g.	W.: (nach 2a): entfärbt	W.: (nach 2a): rötliches Braun
865. Azochromblau A. (K)	Azofarbstoff	4bα	4—5	4	W.: wenig Veränderung	W.: gelbliches Braun
866. Azochromblau B. (K)	Naphthionsäure → 1-Naphthol-5-sulfosäure	4bα	4—5	4	W.: blaugrün, dann stumpfes Rotviolett	W.: rotbraun
867. Azotuchscharlach G 90. (Gr. E.)	...	4cα	m.	z. g.	W.: grünstichiges Blau	W.: dunkelblau, dann rötliches Braun
868. Benzoechtrot FC. (By)	Salizylsäure ↑ Benzidin ↓ γ-säure (sauer)	4bα CrF_3 12b	3—4 3—2	4 1	W.: (nachbehandelt) dunkelblau	(W.: nachbehandelt) dunkelblau, dann rotbraun
869. Brillantalizarinblau G, R. (By)	Typus: β-Naphthochinonsulfosäure wird mit Nitrosodiäthylanilin kond. bei Gegenwart von $Na_2S_2O_3$ und Essigsäure	4aα 4bα CrF_3 15b	s. g.	s. g.	W.: (Cr-Beize) beide gelbgrün	W.: (Cr-Beize): beide gelbgrün
870. Brillantalizarincyanin 3G. (By)	ähnlich Nr. 825	4aα 4bα 2a	s. g.	z. g.	W.: (Cr-Beize) braun	W.: (Cr-Beize) stumpfes Grün
871. Chromacidblau FR, FRN, FB, FBN. (Gr. E.)	...	4bα	g.	g.	W.: FR: rotbraun, übrigen olivegrün	W.: FR: gelbbraun, übrigen olive
872. Chromacidschwarz RH. (Gr. E.)	...	4aα 4bα	s. g.	s. g.	W.: rötliches Braun	W.: rotbraun
873. Chromblau CKR. (G)	...	4bα	4	5	W.: violett	W.: violettbraun
874. Chromblauschwarz B. (J)	...	4bα	4	5	W.: blauviolett	W.: braunolive
875. Chromcarmin A, B, 3B. (By)	Azofarbstoffe	4bα	s. g.	g.	W.: sämtlich grün	W.: sämtlich gelbbraun
876. Chromcyanin G, R, T. (By)	Azofarbstoffe	4aα 4bα	s. g.	s. g.	W.: G: grün R: olive T: Stich ins Braunolive	W.: G, R: grünlich, bei G: Lösung: teilweise violett T: Spur gelber
877. Chromechtblau B, R. (J)	Azofarbstoffe	4bα 4cα	3	4—5	W.: beide wenig Änderung	W.: beide ocker
878. Chromechtblau B, BX. (B)	Azofarbstoffe	4bα	s. g.	s. g.	W.: BX: rotviolett	W.: BX: graublau
879. Chromechtbordeaux B. (J)	Azofarbstoff	4bα 4cα	3	3—4	W.: Spur blauer	W.: viel gelber

Organische Farbstoffe.

Farbstoffe	Konstitution	F. V.	Echtheiten Li.	Echtheiten Wa.	Reaktionen auf der Faser mit H_2SO_4 66° Bé	Reaktionen auf der Faser mit HNO_3 s = 1,4
880. Chromechtbraun A, B, BC, G, R, TV, V. (J)	...	4aα 4bα	A:3 übr. ca.: 4	ca. 5–4	W.: A: unverändert B: bordeaux BC: röter V: stumpfes Violettrot	W.: A: wenig Änderung B: braunrot BC: braun V: violettbraun
881. Chromechtcyanin B, BL, G, R, GN. (J)	...	4aα 4bα	4–5	5	W.: B, BL, G, R: grüner GN: blaugrün	W.: B, BL, G, R: gelbbraun GN: gelbolive
882. Chromechtgelb G, GL, GG, 5G, O, R. (J)	Azofarbstoffe	4aα 4bα 4cα	G, GL, 5G: 4–5 übr. 3	5	W.: G, GL: rötliches Dunkelbraun 5G, O, R: orange GG: rot	W.: G, GL: dunkles Braunviolett, dann braunorange GG, R: rotstichiges Orange 5G, O: orange
883. Chromechtgelb GG, RR extra (A)	GG: o-Anisidin → Salizylsäure	4aα 4bα 4cα 4cβ	4	4–5	W.: (Metachromb.) GG: braunorange RR extra: rotorange	W.: GG: bräunliches Rot RR extra: orange
884. Chromechtgranat BL. (A)	Azofarbstoffe	4aα 4bα 4cα 4cβ	4–5	3–4	W.: (Metachrombeize): bräunliches Gelb	W.: ocker
885. Chromechtgrün AW, BL. G, GL. (J)	Azofarbstoffe	4bα	AW 4–5 G: 2–1 GL: 4	5	W.: AW: unverändert übrigen: rotviolett	W.: AW: olivegrün. BL, GL: rötliches Braun G: stumpfes Olive
886. Chromechtorange R. (J)	Azofarbstoff	4aα 4bα 4cα	4–5	4	W.: dunkelblau	W.: dunkles Rotviolett
887. Chromechtrot BB. (J)	...	4aα 4bα 4cα	4	4–5	W.: gelber	W.: gelb, dann entfärbt
888. Chromechtschwarz BB, BBP, FW, PWRL konz., PWBL konz., PWRR, 1628. (J)	Azofarbstoffe	4aα 4bα	4–5	5	W.: BB: grünblau FW: grün PWRL: rötlich PWRR: bläulich 1628: grünlich	W.: BB, PWRL, PWRR: gelbbraun FW, 1628: braun
889. Chromechtviolett B, BB. (J)	Azofarbstoffe	4bα	B:5 BB: 4–3	5	W.: beide röter	W.: B: bräunlich BB: grünlich
890. Chromogen B 80, V 55. (Gr. E.)	Azofarbstoffe	4bα	s.g.	g.	W.: beide bläuliches Grün	W.: beide gelbliches Braun
891. Chromoxanblau R. (By)	Triphenylmethanfarbstoff	4bα 10b	m.	g.	W.: blaurot	W.: röter, zuletzt braunorange
892. Chromoxanbraun 5R. (By)	...	4bα 10b	g.	s.g.	W.: bräunliches Rot	W.: bräunliches Rot

Farbstofftabelle.

Farbstoffe	Konstitution	F. V.	Echtheiten Li. | Wa.		Reaktionen auf der Faser mit	
					H_2SO_4 66° Bé	HNO_3 s = 1,4
893. Chromoxangrün FF, GG. (By)	Triphenylmethanfarbstoffe	4bα 10b	m.	g.	W.: GG: gelbstichiges Rot FF: gelbbraun, dann röter	W.: GG: violettrot FF: olive
894. Chromoxanviolett B, 5B, R. (By)	Triphenylmethanfarbstoffe	4bα 10b	m.	g.	W.: B, R: gelbrot 5B: blaurot	W:.B: violettrot 5B: röter R: braunrot
895. Chrompatentgrün N. (K)	Pikraminsäure ↓ Amidonaphtholdisulfosäure K ↑ Anilin	4bα	4	4	W.: wenig Veränderung	W.: stumpfes Braunrot
896. Chromsäureschwarz RSI neu. (J)	Azofarbstoff	4aα 4bα 4cα	4	4—5	W.: stumpfes Violettbraun	W.: rotbraun
897. Chromtuchblau. (G)	Azofarbstoff	4bα	3	5	W.: leuchtendes Blaurot	W.: dunkelblau, dann rötlich
898. Coelestinblau B. (By)	Amid des Diäthylgallocyanins	4aα 10b 15a 15b			W.: (Cr-Beize): grüner	W.: (Cr-Beize) olivegelb
899. Coerulein S Teig. (B) (By) (M) (DH)	Wasserabspaltung aus Galleïn (Bisulfitverbindung)	4aα 10b 15b	g. 4	m. 4	W.:(Cr-Beize) (B): braunolive	W.: (Cr-beize) (B) bräunliches Gelb
900. Delphinblau B. (By) (S)	Sulfurieren des Reaktionsprodukts aus Gallocyanin + Anilin	4aα			W.: rotviolett	W.: braun
901. Diamantblauschwarz EB. (By)	1,2,4-Amidonaphtholsulfosäure → β-Naphthol	4aα 4bα	5	5	W.: grünlich	W.: braungelb
902. Diamantbordeaux R. (By)	Azofarbstoff	4aα 4bα	m.	g.	W.: rotviolett	W.: gelbrot
903. Diamantbraun Teig, 3R. (By)	Azofarbstoffe	3R: 4bα Teig: 15b	m.	m.	W.: 3R: stumpfer	W.: 3R: hellbraun
904. Diamantflavin G. (By)	Oxyamidodiphenyl → Salizylsäure	4aα 4bα 4cα 15b	g.	g.	W.: blaurot	W.: violettrot
905. Diamantgelb G, R. (By)	G: m-Amidobenzoësäure → Salizylsäure R: Anthranilsäure → Salicylsäure	4aα 15b	m. g.	m. m.	W.: G: dunkel orangerot	W.: G: lebhaft orangerot
906. Diamantgrün B, 3G, SS. (By)	Amidosalizylsäure → α-Naphthylamin → 1,8-Dioxynaphthalin-4-sulfosäure	4aα 4bα	m.	g.	W.: B: wenig Veränderung 3G: rotviolett SS: stumpfes Violett	W.: B, 3G: stumpfes Gelbolive SS: gelbgrau, dann braun
907. Diamantrot 5B, G. (By)	Azofarbstoffe	4aα 4bα	g.	g.	W.: G: braungelb dann gelb	W.: G: orange

Organische Farbstoffe.

Farbstoffe	Konstitution	F. V.	Echtheiten Li.	Echtheiten Wa.	Reaktionen auf der Faser mit H$_2$SO$_4$ 66° Bé	Reaktionen auf der Faser mit HNO$_3$, s = 1,4
908. Diamantschwarz F.(By)	Amidosalizylsäure → α-Naphthylamin → NW-säure	4bα	g.	g.	W.: grünlich	W.: gelbliches Braun
909. Diamantschwarz PV. (By)	o-Amidophenol-p-sulfosäure → 1,5-Dioxynaphthalin	4bα	g.	g.	W.: Spur brauner	W.: bräunlich
910. Erioalizarinblau G konz. (G)	...	4aα	4	5	W.: dunkelgrün	W.: olivegrün
911. Eriochromalbordeaux R konz. (G)	Azofarbstoff	4aα 4bα 4cα	2—3	5	W.: rotbraun	W.: wenig Veränderung
912. Eriochromalbraun EB. konz. G konz. (G)	Azofarbstoffe	4aα 4bα 4cα 4cβ	EB: 4 G: 5	5	W.: EB: rötliches Braun G: bordeaux	W.: EB: rotbraun G: wenig Veränderung
913. Eriochromalgrau 5G konz. (G)	Azofarbstoff	4cα	5	5	W.: dunkler	W.: grünliches Olive
914. Eriochromazurol B. (G)	o-Chlorbenzaldehydsulfosäure wird mit o-Kresotinsäure kondensiert und oxydiert	4aα 4bα 4cα	3.	5	W.: leuchtend blaurot	W.: rotviolett, dann entfärbt
915. Eriochromblau SB, SR, SBP, SV, S. (G)	Azofarbstoffe	4aα 4bα	4 S: 5	5 SV: 4	W.: SB, SR, SBP: rötliches Violett SV: stumpfes Blauviolett S: grünliches Blau	W.: SB: wenig Veränderung SR: rotviolett SBP: braunviolett SV: bräunlich S: rotviolett mit braunen Rändern
916. Eriochromblauschwarz B. (G)	1,2,4-Amidonaphtholsulfosäure → α-Naphthol	4aα 4bα	5	5	W.: dunkelgrün	W.: gelbolive
917. Eriochrombordeaux B, G. (G)	Azofarbstoffe	4bα	B: 4—5 G: 4	B: 4—5 G: 5	W.: B: braun G: gelbbraun	W.: B: rotbraun G: braunorange
918. Eriochrombraun EB konz. R, V, G. konz. (G)	Azofarbstoffe	4aα 4bα	V, G: 5 übr.: 4		W.: R: braunstichiges Bordeaux V: stumpfes Braunviolett	W.: R: dunkler V: bordeaux
919. Eriochromcyanin R. (G)	Benzaldehyd-o-sulfosäure wird mit o-Kresotinsäure kondensiert und oxydiert	4bα	2	5	W.: leuchtend blaurot	W.: klares Blaurot, langsam zerstört
920. Eriochromflavin A konz. R. konz. (G)	Azosalizylsäure	4aα 4bα	5	5	W.: beide gelbrot	W.: A: blaurot, dann stumpfes Gelb R: gelbrot, dann zerstört

Farbstofftabelle. 171

Farbstoffe	Konstitution	F. V.	Echtheiten Li.	Wa.		Reaktionen auf der Faser mit H_2SO_4 66° Bé	HNO_3 s = 1,4
921. Eriochromgelb G, 3G, 6G, S, S extra. (G)	Azofarbstoffe	4bα	4	5	W.: G: orange 3G: bräunliches Rot 6G, S, S ext.: ponceau	W.: G, 3G: gelbrot, dann entfärbt übr.:blaurot,dann gelbrot, zuletzt gelb
922. Eriochromgeranol R. (G)	Azofarbstoff	4bα	2—3	5	W.: gelbrot	W.: blaurot, dann bordeaux und entfärbt
923. Eriochromgrau (G)	Azofarbstoff	4bα	3	5	W.: stumpfes Braunviolett	W.: schwärzliches Olive
924. Eriochromgrenat F. (G)	Azofarbstoff	4bα	4	4	W.: dunkles Violett	W.: dunkles Braunviolett
925. Eriochromgrün H, L, SOR, M, O. (G)	Azofarbstoffe	4bα	H: 3 übr.: 4 4	M,O: 4 übr.: 5	W.: H: bordeaux L: schwarzviolett SOR: olivegrün M: stumpfes Violett O: stumpfes Violettschwarz	W.: H: dunkles Rotviolett, dann schwarzolive SOR: rotbraun M, O: braunolive L: schwarzolive
926. Eriochromindigo B, R.(G)	Azofarbstoffe	4bα	4	5	W.: B: rötliches Violett R: bordeaux	W.: B: blaugrau, dann braun R: stumpfes Bordeaux, dann braun
927. Eriochromolive G. (G)	Azofarbstoff	4bα 4cα	3—4	5	W.: olivebraun	W.: braun
928. Eriochromphosphin R, RR. (G)	p-Nitranilin-o-sulfosäure→Salizylsäure	4aα 4bα 4cα	3	5	W.: R: orange RR: bläuliches Rot, zuletzt gelber	W.: R: gelbrot RR: blaurot
929. Eriochromrot B, G. (G)	B: 1-Amido-2-naphthol-4-sulfosäure → 1-Phenyl-3-methyl-5-pyrazolon	4aα 4bα	B: 4 G: 5	5	W.: G: bräunliches Gelb B: gelbstichiges Bordeaux	W.: G: gelber B: stumpfes Rotgelb
930. Eriochromschwarz A. (G)	Nitro-1,2,4-amidonaphtholsulfosäure → β-Naphthol	4bα	5	5	W.: bräunlich	W.: bräunlich
931. Eriochromschwarz T. (G)	= Nr. 930, nur mit α-Naphthol	4bα	5	5	W.: dunkelblau	W.: gelbolive
932. Eriochromverdon A, S.(G)	A: Sulfanilsäure→ m-Amido-p-kresol → β-Naphthol	4bα 4cα	5	5	W.: A: olivegrün S: olive	W.: A: rötliches Braun S: rötliches Olive
933. Eriochromviolett B, 3B, 4B, 2BL. (G)	Azofarbstoffe	4bα	5	5	W.: 4B: fast unverändert. übr.: röter	W.: B: rotbraun 3B: violettbraun 4B: desgl. 2BL: bordeaux
934. Galleïn (By) (DH)	Gallussäure wird mit Phthalsäureanhydrid erhitzt	4aα 15b 10b	z. g.	g. g.	W.: dunkelbraun Lösung: bräunlich	W.: gelb

Farbstoffe	Konstitution	F. V.	Echtheiten Li.	Echtheiten Wa.	Reaktionen auf der Faser mit H_2SO_4 66° Bé	Reaktionen auf der Faser mit HNO_3 s = 1,4
935. Gallocyanin (By) (C)	Erhitzen von Nitrosodimethylanilinchlorhydrat und Gallussäure	$4a\alpha$ 15b	z. g.	g.	W.: blauer Lösung: tiefblau, beim Verdünnen rosa	W.: rotbraun
936. Galloflavin W Teig: (B) -Teig, Pulv. (B)	Langsame Oxydation von Gallussäure mit Luftsauerstoff	$4a\alpha$ -Teig 15b	g.	s. g.	W.: olivebraun	W.: ocker
937. Hutgelb V. (Gr. E.)	Azofarbstoff	$4a\alpha$ $4b\alpha$	s. g.	s. g.	W.: braunrot	W.: leuchtend blaurot, dann gelber
938. Isochromgrün G, BF. (C)	Azofarbstoffe	$4a\alpha$ $4b\alpha$	4	5	W.: BF: olivegrün	W.: BF: stumpfes Gelb
939. Metachromblau B, R, G, BA. (A)	Azofarbstoffe	$4c\beta$	4	5—4	W.: B: stumpfes Rotviolett R: bordeaux, dann blaurot G: stumpfes Violettschwarz BA: stumpfes Violettbraun	W.: B, G: rötliches Braun BA: grünlich R: wenig Veränderung
940. Metachromblauschwarz R, 2BX. (A)	Azofarbstoffe	$4c\beta$ $4a\alpha$ $4b\alpha$ $4c\alpha$	5—4	5—4	W.: R-: leuchtend blaurot 2BX: stumpfes Rotviolett	W.: 2BX: rötliches Braun
941. Metachrombordeaux B, R. (A)	Pikraminsäure → m-Amidoarylsulfamide	$4c\beta$ $4a\alpha$	3—2	5—4	W.: B, R: dunkles Rotblau	W.: R: violett, dann rötliches Braun
942. Metachrombraun B, BL, V. (A)	B: Pikraminsäure → m-Phenylendiamin (oder Homologe)	$4c\beta$	BL: 4 V: 5	BL: 5 V: 4—5	W.: B: bräunliches Rot V: bordeaux BL: braunrot, dann bordeaux	W.: B: röter V, BL: bordeaux, dann rotbraun
943. Metachrombrillantblau BL. (A)	. . .	$4c\beta$ $4a\alpha$	5—4	5	W.: olivegrün, dann stumpfes Braun	W.: dunkelbraun
944. Metachromcyaningrün G extra. (A)	. . .	$4c\beta$ $4a\alpha$ $4b\alpha$ $4c\alpha$	4—5	3—4	W.: olivegrün	W.: olive, dann ocker
945. Metachromgelb GA, RA, RR extra. (A)	Azofarbstoffe	$4c\beta$ $4a\alpha$	4—5	4—5	W.: GA: orangebraun RA: röter RR: rotstichiges Schwarz	W.: GA: leuchtendes gelbrot RA: orange RR: braunviolett, dann rötliches Gelb
946. Metachromgrün G, 3G. (A)	Azofarbstoffe	$4c\beta$	G: 3 3G: 4—5	4—5 5	W.: 3G: braunrot G: stumpfes Violettschwarz	W.: 3G: violettbraun, dann rehbraun G: dunkelbraun

Farbstofftabelle. 173

Farbstoffe	Konstitution	F. V.	Echtheiten Li.	Echtheiten Wa.	Reaktionen auf der Faser mit H_2SO_4 66° Bé	Reaktionen auf der Faser mit NHO_3 s = 1,4
947. Metachromolive BG, B, D, GG. (A)	Azofarbstoffe	4cβ	BG: 4 übr.: 4—5	BG: 4 übr.: 5—4	W.: BG: stumpfes Dunkelbraun D: braunviolett, dann bordeaux GG: gelbbraun B: braunschwarz	W.: BG, GG, B: braunrot D: dunkelbraun
948. Metachromolivebraun G. (A)	Azofarbstoff	4cβ 4aα	4—3	4—5	W.: dunkelbraun	W.: rotbraun
949. Metachromorange RS dop., 3R dop. (A)	Azofarbstoffe	4cβ 4aα 4bα 4cα	3—4	4—5	W.: RS: bräunliches Orange 3R: gelbstichiges Rot	W.: beide bräunliches Orange, dann gelber
950. Metachromrot G. (A)	Azofarbstoff	4cβ 4aα 4bα 4cα	5	4—3	W.: bräunliches Orange, dann gelber	W.: braunrot
951. Metachromschwarz A, AG. (A)	Azofarbstoffe	4cβ 4aα 4bα 4cα	5	4—5	W.: beide blauviolett mit roten Rändern	W.: beide dunkles Rotbraun
952. Metachromviolett B, RR. (A)	Azofarbstoffe	4cβ	3	5	W.: B: bräunliches Bordeaux RR: bläuliches Rot	W.: B: rötlich, zuletzt olivegrün RR: rötliches Grau
953. Monochromblau R, 5R. (By)	Azofarbstoffe	4aα 4bα 4cα	g.	s. g.	W.: beide braunviolett	W.: R: bräunlich 5R: braun
954. Monochrombraun BC, BX, G Teig, 3G, V. (By)	Azofarbstoffe	4aα 4bα 4cα	g.	s. g.	W.: BC, BX: röter 3G: braunrot V: violettrot	W.: BC, BX: gelber 3G: braungelb V: rotbraun
955. Monochromgrün B. (By)	Azofarbstoff	4aα 4bα 4cα	g.	g.	W.: blauer	W.: ocker
956. Monochromrot 5G. (By)	Azofarbstoff	4aα 4bα 4cα	s. g.	s. g.	W.: orange	W.: orange
957. Monochromschwarz F. (By)	Azofarbstoff	4bα 4cα	g.	s. g.	W.: bräunlich	W.: rötliches Braun
958. Monochromschwarzblau G. (By)	Azofarbstoff	4aα 4bα 4cα	s. g.	s. g.	W.: violettrot	W.: olivegrün
959. Naphtochromazurin B. (J)	. . .	4aα 4bα 4cα	g.	s. g.	W.: unverändert	W.: grün, mit gelblicher Lösung
960. Naphtochromblau B. (J)	. . .	4aα 4bα 4cα	2—1	4	W.: blaugrün	W.: grün
961. Naphtochromcyanin R. (J)	. . .	4aα 4bα 4cα	g.	s. g.	W.: wenig Veränderung	W.: graublau

174   Organische Farbstoffe.

Farbstoffe	Konstitution	F. V.	Echtheiten Li. | Wa.	Reaktionen auf der Faser mit H$_2$SO$_4$ 66° Bé	HNO$_3$ s = 1,4
962. Naphtochromgrün G. (J)	...	4aα 4bα 4cα	g. | g.	W.: dunkler	W.: olivegrün, dann schmutzig rotbraun
963. Naphtochromviolett R. (J)	...	4aα 4bα 4cα	3 | 4	W.: leuchtendes blaustichiges Rot	W.: Spur blauer
964. Oxychromblau BH, B, RR, DR. (Gr. E.)	Azofarbstoffe	4aα 4bα	s.g. | s.g. DR: g.	W.: BH: wenig Veränderung B: bordeaux RR: rotstichiges Violett DR: violett	W.: BH: grünlich B: dunkelbraun RR: braunviolett DR: gelbbraun
965. Oxychromblauschwarz BG, 6B, BT, R. (Gr. E.)	Azofarbstoffe	4aα 4bα	s.g. | s.g.	W.: BG: stumpfes grünliches Grau 6B, R: rotviolett	W.: BG: olivegrün 6B: dunkles Braunviolett R: rötliches Braun
966. Oxychrombraun VR, V, VN, RH extra, BG, D, PG. (Gr. E.)	Azofarbstoffe	4aα 4bα	s.g. | s.g.	W.: V: gelbbraun RH: bräunliches Bordeaux BG: rotbraun	W.: V, RH, BG: bordeaux, dann rotbraun
967. Oxychromdunkelgrün 5G, 3G, 3B. (Gr. E.)	Azofarbstoffe	4aα 4bα	m. | g.	W.: 5G, 3B: wenig Veränderung 3G: rotviolett	W.: 5G, 3B: braunrot 3G: bräunlich
968. Oxychromgelb GL, 6G, GG, S, DG, V, GR, D, C. (Gr. E.)	Azofarbstoffe	4aα 4bα	g.— | s.g. s.g.	W.: GL: unverändert 6G: braunorange GG, S: gelbbraun DG, V: braunrot GR: gelbrot C: violettbraun	W.: GL: unverändert 6G, GG: rot, dann rötliches Orange S: braunorange DG, V, GR, D: bläuliches Rot C: rötliches Dunkelbraun
969. Oxychromgranat B, R, RR. (Gr. E.)	Azofarbstoffe	4bα	g. | s.g.	W.: sämtlich brauner	W.: rotbraun
970. Oxychromorange RW. (Gr. E.)	...	4bα	g. | g.	W.: rotbraun	W.: braunrot
971. Oxychromschwarz F, NT, FB, GA, P2B, PV, PVT (Gr. E.)	Azofarbstoffe	4aα 4bα	s.g. | s.g.	W.: PV, PVT: bräunlich übr.: grünlich	W.: sämtlich braun
972. Oxychromviolett B, RR, 4R. (Gr. E.)	Azofarbstoffe	4aα 4bα 4cα	s.g. | s.g.	W.: sämtlich dunkler ohne Farbenumschlag	W.: sämtlich dunkles bräunliches Bordeaux
973. Palatinchromblau WB, B, BB, 3B, R. (B)	Azofarbstoffe	4bα	s.g. | s.g.	W.: B, BB: grünlich	W.: B: braunolive BB: olive
974. Palatinchrombordeaux, B. (B)	B: Anthranilsäure → p-Kresol	4bα 4cα	s.g. | s.g.	W.: -bordeaux: braun	W.: -bordeaux: braunrot

Farbstofftabelle.

Farbstoffe	Konstitution	F. V.	Echtheiten Li. | Wa.		Reaktionen auf der Faser mit H_2SO_4 66° Bé | NHO_3 s = 1,4	
975. Palatinchrombraun A, GG, G, R, WG, 5G, RX, 2GX, 3GX. (B)	GG: 4-Nitro-2-Amidophenol → m-Phenylendiaminsulfosäure	4bα	s.g.	s.g.	W.: RX, 2GX, 3GX: langsam bordeaux	W.: RX: stumpfes rötliches Braun 2GX, 3GX: wenig Veränderung
976. Palatinchromgrün G, GX. (B)	Azofarbstoffe	4bα	G:g.	G: s.g.	W.: GX: rotviolett	W.: GX: dunkles Olivegrün
977. Palatinchromrot B, R, BX, RX. (B)	B: Anthranilsäure → β-Naphtholdisulfosäure R	4bα	B: s.g. R:g.	s.g.	W.: BX: wenig Veränderung RX: dunkles Violettblau	W.: BX: wenig Veränderung RX: dunkles Rotviolett, dann gelber
978. Palatinchromschwarz F, FN, FT. (B)	2,6-Diamido-1-phenol-4-sulfosäure ⇌ Mol. β-Naphthol	4bα	s.g.	s.g.	...	...
979. Palatinchromschwarz S. (B)	2,6-Diamido-1-phenol-4-sulfosäure → β-Naphthol → Schäffersalz	4bα	s.g.	s.g.	...	...
980. Resoflavin W Teig. (B)	Oxydation von m-Dioxybenzoesäure	4aα	s.g.	s.g.	W.: wenig Veränderung	W.: stumpfes Braunrot
981. Säureanthracenbraun R, P, PG, RH extra. (By)	R: Pikraminsäure → substituierte m-Phenylendiaminsulfosäure	4aα 4bα	g.	s.g.	W.: R: bläuliches Rot P, RH: braunrot PG: braunviolett	W.: P: gelbbraun übr.: röter
982. Säureanthracenrot 3B, 3BL, 5 BL, G. (By)	3B: o-Tolidindisulfosäure ⇌ 2 Mol. β-Naphthol	4bα 5BL, G CrF3	3BL, 5BL: g. übr.: m.	z.g.	W.: 3B, G, 5BL: blaurot	W.: 3B, G, 5BL: braunrot, dann orange
983. Säurechromblau B. (G)	...	4bα	4	5	W.: grünblau	W.: gelbbraun
984. Säurechromblau BRN, BH, FFB, FFR, 3G, RR, 5R, 3RX. (By)	Azofarbstoffe	4bα	g.	s.g.	W.: BRN: röter FFB: olivegrün 3G: blaugrün 5R: rotviolett	W.: BRN: schwärzlichbraun FFB: gelbolive 3G: gelber 5R: rotbraun
985. Säurechromgelb GL, RL extra. (By)	Azofarbstoffe	4aα 4bα 4cα	s.g.	s.g.	W.: GL: fast unverändert	W.: GL: fast unverändert
986. Säurechromgrün G. (By)	Azofarbstoffe	4bα	g.	s.g.	W.: gelber	W.: olive
987. Säurechromrot B. (By)	Azofarbstoff	4aα 4bα 4cα	g.	g.	W.: fast unverändert	W.: gelbrot

Farbstoffe	Konstitution	F. V.	Echtheiten Li.	Echtheiten Wa.	Reaktionen auf der Faser mit H₂SO₄ 66° Bé	Reaktionen auf der Faser mit HNO₃ s = 1,4
988. Säurechromschwarz N, RH, RHN, RL, STC, TC. (By)	Azofarbstoffe	4ba	g.	g.	W.: N: bordeaux RH: bräunliches Bordeaux RL: rotviolett TC: stumpfes Violett	W.: N: Stich ins Braunolive RH, RL: braunrot TC: orangebraun
989. Säurechromviolett B, R. (By)	Azofarbstoffe	4aα 4bα	g.	s. g.	W.: B: rotviolett R: schwärzlich	W.: B: braun R: braunrot
990. Salicinblauschwarz AE, B, G. (K)	Azofarbstoffe	4bα	5	5	W.: AE: blaugrün B: stumpfes Violettbraun	W.: AE: braungelb B: gelbolive
991. Salicinbordeaux G, R.(K)	Azofarbstoffe	4bα 10b	4—5	5	W.: beide gelber	W.: beide gelb, dann entfärbt
992. Salicinbraun BN, RC. (K)	Azofarbstoffe	4bα	3—4	5	W.: BN: rötliches Dunkelblau RC: dunkelgrün	W.: BN: viel röter RC: grünliches Grau, dann hellbraun
993. Salicinbrillantblau B. (K)	Azofarbstoff	4bα	—	—	W.: stumpfes Rot, dann zerstört	W.: bordeaux
994. Salicinbrillantschwarz J, JL. (K)	Azofarbstoffe	4bα	5	5	W.: JL: dunkelblau	W.: JL: braungelb
995. Salicinchromblau EB. (K)	Azofarbstoff	4bα	4—5	4—5	W.: grüner	W.: olive
996. Salicinchrombraun CS, S, SO. (K)	Azofarbstoffe	4bα	4—5	5	W.: CS: bordeaux SO: rötliches Braun	W.: CS, SO: gelber
997. Salicindunkelgrün CS. (K)	Azofarbstoff	4aα 4bα 2b	4	5	W.: bläuliches Violett	W.: stumpfes Braunrot
998. Salicinechtgrün G. (K)	Azofarbstoff	4bα	4	5	W.: rotviolett	W.: gelbbraun
999. Salicingelb A, R, DN, DN extra. (K)	Azofarbstoffe	4aα 4bα	A,R: 4—5 übr.: 4	5	W.: A: stumpfes Bordeaux R: stumpfes Orange DN ext.:rotbraun	W.: A: braunrot, zuletzt orange R: orange, dann gelber DN ext.: bordeaux, dann gelbrot
1000. Salicingrau G, GG. (K)	Azofarbstoffe	4bα	4	5	W.: G: wenig Veränderung GG: bräunlich	W.: G: gelbolive GG: rötliches Braun
1001. Salicinindigoblau B, R, RKL RR. (K)	Azofarbstoffe	4bα	4—5	4—5	W.: B, R: stumpf. Olivegrün RKL: grünlich RR: olive	W.: B, R, RR: olive RKL: rotbraun
1002. Salicinorange D, GR, RR. (K)	Azofarbstoffe	4bα	4	4—5	W.: D: leuchtend. Violett RR: leuchtendes Bordeaux GR: rötliches Dunkelblau	W.: D: orange RR: bordeaux, dann braunrot GR: röter

Farbstofftabelle.

Farbstoffe	Konstitution	F. V.	Echtheiten Li. | Wa.		Reaktionen auf der Faser mit	
					H_2SO_4 66° Bé	HNO_3 s = 1,4
1003. Salicinrotbraun RB. (K)	Azofarbstoff	4aα 4bα	4	5	W.: rotbraun	W.: gelber
1004. Salicinschwarz DT, C konz., CB konz., PEV, PET, DAT, DUL konz. (K)	Azofarbstoffe	4bα	D-Mar. 4—3 übr.: 5	5	W.: C, CB, PEV: olive DT: stumpfes Blaugrau DUL: stahlgrau	W.: C, CB, PEV, DT, DUL: gelbrotbraun
1005. Salicinviolett B, R. (K)	Azofarbstoffe	4aα 4bα	4	5	W.: beide Spur röter	W.: beide stumpfes bräunliches Rot
1006. Tuchgelb GN, R. (Gr. E.)	Azofarbstoffe	4aα 4bα 4cα	g.	s. g.	W.: beide rotbraun	W.: beide braunrot
1007. Tuchrot B. (By) (WDC)	o-Amidoazotoluol → NW-Säure	4aα 4bα 4cα	g.	z. g.	W.: dunkel marineblau Lösung: blauschwarz	W.: gelb mit dunkel purpur Rand
1008. Tuchrot G. (Gr. E.)	o-Amidoazotoluol → Schäffersalz	4aα 4bα 4cα	z. g.	m.	W.: dunkelblau mit bräunlichen Rändern	W.: dunkelblau, dann gelbrot
1009. Tuchrot 3G. (Gr. E.)	o-Amidoazotoluol → 2-Naphthylamin-6-sulfosäure	4aα 4bα 4cα	z. g.	z. g.	W.: dunkles Blaugrün, dann olive mit bräunlichen Rändern	W.: rotbraun
1010. Tuchrot 3B extra, BC. (By)	3B ext.: o-Amidoazotoluol → Äthyl-2-Naphthylamin-7-sulfosäure	4aα 4bα 4cα	BC: g. 3B: m		W.: 3B: dunkles Olive BC: blauviolett	W.: 3B: braungelb BC: dunkelblau, dann blaurot
1011. Tuchscharlach G, G konz. (K)	G: Amidoazobenzolsulfosäure → β-Naphthol	4aα 4bα 2b	3	4	W.: G konz.: leuchtend grün	W.: G konz.: dunkelblau, dann stumpfes Orange bis Braunolive
1012. Tuchscharlach R, R konz. (K)	R: o-Amidoazotoluolsulfosäure → β-Naphthol	4aα 4bα 2b	4—5		W.: (nachbehandelt) leuchtend grün	W.: (nachbehandelt) bläulichschwarz, dann gelbrot

5. Küpenfarbstoffe.

Green und Frank[1]) geben folgende Reaktion zum Erkennen der meisten indigoiden Derivate an: die zu untersuchende Substanz wird in einem Reagensrohr trocken erhitzt und dann in der Längsrichtung auf weißem Grunde betrachtet, wobei Indigoderivate gefärbte Dämpfe erzeugen [2]) (es gibt wenige Ausnahmen: z. B. Cibagrün und Helindonbraun). Anthrachinonküpenfarbstoffe ergeben diese Reaktion nicht.

Auch die Reduktion der Farbstoffe auf der gefärbten Faser mittels einer mit Anthrachinon aktivierten Hydrosulfit-Formaldehydverbindung[1])

---

[1]) J. Soc. Dyers and Col. Bd. 26, S. 83. 1910 und Rev. gén. des Mat. Col. 1. Juni 1910. S. 178.
[2]) Angabe dieser Reaktionen: Lunge-Berl: Untersuchungen Bd. IV. (6. Aufl.)

178   Organische Farbstoffe.

(Rongalit usw.) und die Beobachtung der dabei auftretenden Farbenumschläge können zur Charakteristik der Farbstoffe dienen.

Präfixe:

Anthra-
Indanthren- } (B)   Algol-
Küpen-   Indanthren- } (By)
                    Alizarinindigo-

Ciba-
Cibanon- } (J)   Indanthren- } (M)   Thioindigo- } (K).
                  Helindon-   Thioindon-

Hydron- } (C)

Farbstoffe	Konstitution	F. V.	Echtheiten Li.	Wa.	Reaktionen auf der Faser mit H$_2$SO$_4$ 66° Bé	HNO$_3$ s = 1,4	Färbung der Küpe	V. T.[1]	F. T.[2]
1013. Algolblau K. (By)	N-Dimethylindanthren	16b	s. g.	s. g.	Bw.: olivegelb	Bw.: leuchtend gelb	rotbraun		25°
1014. Algolblau CF. (By)	Bromiertes bzw. chloriertes Indanthrenblau	16b	s. g.	s. g.	Bw.: olivegelb	Bw.: grünstichiges Gelb	blaugrün	55°	55°
1015. Algolblau 3G. (By)	4,4'-Dioxindanthren	16b	s. g.	s. g.	Bw.: gelbgrün	Bw.: grün	grauolive	55°	45°
1016. Algolblau 3R. (By)	Dibenzoyldiamidoanthrarufin	16b	s. g.	s. g.	Bw.: bräunlich, dann blaugrün	Bw.: violett	rotbraun	45°	25°
1017. Algolbordeaux 3B. (By)	4,4'-Dimethoxy-di-α-anthrachinonyl-2,6-diaminoanthrachinon	16b	g.	s. g.	Bw.: blaugrün	Bw.: helles Rotbraun	rotbraun	35°	25°
1018. Algolbrillantrot BB Teig. (By)	Dibenzoyl-1,5-diamido-8-oxyanthrachinon	16b	g.	s. g.	Bw.: bräunlich, dann mißfarbig grün	Bw.: heller	gelbstichig. Bordeaux	45°	25°
1019. Algolgelb 3G, 3GL Teig. (By)	3G: Succinyl-α-amidoanthrachinon	16b	g.	s. g.	Bw.: beide unverändert	Bw.: beide Spur grüner	beide rot	35°	25°
1020. Algolgelb WF. (By)	...	16b	g.	s. g.	Bw.: fast entfärbt	Bw.: heller	violett	35°	25° od. 55°
1021. Algolgrün B Teig. (By)	Aus: 2,3-Dibrom-1,4-diamidoanthrachinon	16b	s. g.	s. g.	Bw.: wenig Veränderung	Bw.: gelber, dann mißfarbig	grün	55°	55°
1022. Algolrosa R, TR Teig. (By)	R: Benzoyl-4-amido-1-oxyanthrachinon	16b	s. g.	s. g.	Bw.: stumpf. Braunrot TR: grau, dann grün	Bw.: beide heller	beide rot	R: 35° TR 45°	25° 25°

---

[1]) Verküpungstemperatur.   [2]) Färbetemperatur.

Farbstofftabelle. 179

Farbstoffe	Konstitution	F. V.	Echtheiten Li.	Echtheiten Wa.	Reaktionen auf der Faser mit H_2SO_4 66° Bé	Reaktionen auf der Faser mit HNO_3 s = 1,4	Färbung der Küpe	V. T.	F. T.
1023. Algolrot B. (By)	β-Anthrachinon-α-anthra-N-methylpyridonamin	16b	g.	s. g.	Bw.: violett	Bw.: bräunliches Rot	ziegelrot	35°	25°
1024. Algolscharlach G. (By)	Benzoyl-1-amido-4-methoxyanthrachinon	16b 5b	s. g.	s. g.	Bw.: bräunliches Orange	Bw.: orange	ziegelrot	35°	25°
1025. Algolschwarz CL, RO Teig. (By)	...	16b	—	—	Bw.: CL: Lösung: stumpfes Violett und grünlich RO: Gelblichgrün	Bw.: CL: Lösung: rötliches Orange RO: stumpfes Violettgrau	—	CL 55° RO 40°	60° 30°
1026. Algolviolett B Teig. (By)	Benzoyl-1-amido-4,5,8-trioxyanthrachinon	16b	g.	g.	Bw.: mißfarbig braunrot und bläulich	Bw.: violett Lösung: rötliches Orange	braunrot	45°	25°
1027. Alizarinindigo 7G. (By)	...	16a	g.	g.	Bw.: grün	Bw.: Stich ins Graue	goldgelb	55°	85°
1028. Alizarinindigo G. (By)	2-Anthracen-2-indoldibromindigo	16a	g.	g.	Bw.: grün	Bw_1: wenig Veränderung	goldgelb	55°	70°
1029. Alizarinindigo 3R. (By)	2-Naphthalin-2-indolindigo wird bromiert	16a	g.	g.	...	...	goldgelb	75°	40°
1030. Alizarinindigograu B. (By)	...	16a	g.	g.	...	...	goldgelb	55°	85°
1031. Alizarinindigorot B. (By)	...	16a	g.	g.	Bw.: bräunliches Rot	Bw.: heller	goldgelb	80°	25°
1032. Alizarinindigoviolett B. (By)	...	16a	g.	g.	Bw.: grün	Bw.: fast entfärbt	goldgelb	60°	60°
1033. Anthrabordeaux R. (B)	Dichlor-di-α-anthrachinonyl-2,7-diamidoanthrachinon	16b	g.	z. g.	Bw.: schmutzig grüngelb	Bw.: unverändert	rötliches Orange	45°	45°
1034. Anthrabordeaux B. (B)	...	16a	—	—	Bw.: hellgelb, dann entfärbt	Bw.: blaurot (heller)	—	45°	45°
1035. Anthrabraun B. (B)	Derivat des 2-Amidoanthrachinons	16b	4	4—5	Bw.: schwarzbraun	Bw.: röter	wenig Änderung	60°	30—60°
1036. Anthragelb GC. (B)	...	16b	3	4—5	Bw.: unverändert	Bw.: Spur grüner	rotviolett	45°	45°

Organische Farbstoffe.

Farbstoffe	Konstitution	F. V.	Echtheiten Li.	Echtheiten Wa.	Reaktionen auf der Faser mit H_2SO_4 66° Bé	Reaktionen auf der Faser mit HNO_3 s = 1,4	Färbung der Küpe	V. T.	F. T.
1037. Anthragrau B. (B)	Derivat des 1,5-Diamidoanthrachinons	16b	4	4—5	Bw.: schmutzig gelbbraun	Bw.: schmutzig braungelb	olive	60°	30-60°
1038. Anthragrün B. (B)	Nitroderivat des Indanthrendunkelblaus BO.	16b	4	5	Bw.: rotviolett	Bw.: Stich ins Violette	violett	60°	30-60°
1039. Anthraolive G. (B)	S-derivat des Anthracens	16b	4	5	Bw.: grünschwarz	Bw.: schwärzlich	blaugrau	60°	30-60°
1040. Anthrarosa AN. (B)	. . .	16a	—	—	Bw.: marineblau	Bw.: kirschrot	bräunlichgelb	65°	45°
1041. Anthrarosa B extra. (B)	. . .	16a	—	—	Bw.: fast unverändert	Bw.: wenig Änderung	—	—	—
1042. Anthrarot B. (B)	Thioindigo	16a	5—4	4	Bw.: leuchtendes Grün	Bw.: unverändert	gelb	60°	kalt
1043. Anthrarot RT. (B)	2, 7-Dichloranthrachinon wird mit 1-Amidoanthrachinon kondensiert	16a	3—4	5	Bw.: schmutzig grün	Bw.: unverändert	gelbliches Rot	45°	45°
1044. Anthrascharlach GG Teig (B)	. . .	16a	—	—	Bw.: leuchtendes Grün	Bw.: fast unverändert	blauviolett	25°	25°
1045. Anthraviolett B, BB. (B)	. . .	16a	—	—	Bw.: beide stumpfes Blaugrün	Bw.: beide Spur röter	gelbolive	55°	50°
1046. Brillantindigo BASF 4B. (B)	5, 7, 5', 7'-Tetrabromindigo	16a 5a	3	4	Bw.: grünlichblau	Bw.: heller und grüner Lösung: gelblich	goldgelb	55°	55°
1047. Cibablau G. (J)	Tetra- und Pentabromindigo	16a 5a	3	4	Bw.: blaugrün	Bw.: gelbgrün, dann entfärbt	goldgelb	80°	60°
1048. Cibabordeaux B. (J)	Bromierter Thioindigo	16a	4—5	4—5	Bw.: rotstichiges Violett	Bw.: unverändert	goldgelb	70°	60°
1049. Cibabraun R Teig. (J)	Dibromdiamidoindigo	16a	2	5	Bw.: dunkles Blauviolett, dann stumpfes Gelb	Bw.: Spur röter	bräunlichgelb	60°	25°
1050. Cibadunkelblau G. (J)	. . .	16a	4	4—5	Bw.: blaugrün	Bw.: grünlichgrau, fast entfärbt	rotorange	70°	60°
1051. Cibagelb G Teig. (J)	Bromiertes Indigogelb 3G. (J)	16a	4—5	4—5	Bw.: leuchtend braunrot	Bw.: gelborange	stumpfes Rotviolett	60°	40°

Farbstofftabelle.

Farbstoffe	Konstitution	F. V.	Echtheiten Li.	Echtheiten Wa.	Reaktionen auf der Faser mit H_2SO_4 66° Bé	Reaktionen auf der Faser mit HNO_3 s = 1,4	Färbung der Küpe	V. T.	F. T.
1052. Cibagelb RR. (J)	...	16a	4—5	4—5	Bw.: leuchtend braunrot	Bw.: gelborange	stumpfes Rotviolett	60°	40°
1053. Cibagrau G, B. (J)	G: Brom-2-thionaphthen-2-indolindigo	16a	5—4	5—4	Bw.: beide grünblau	Bw.: beide rotviolett	beide grünlichgelb	60°	60
1054. Cibagrün G. (J)	Dibrom- bis β-naphtindolindigo	16a	3	5	Bw.: blaugrün, teilw. rotviolett	Bw.: graubraun	rotorange	70°	60°
1055. Cibaheliotrop B. (J)	Tetrabromindirubin	16a	4—5	4—5	Bw.: stumpfes Stahlblau	Bw.: unverändert	grünlichgelb	70°	60°
1056. Cibanonblau 3 G. (J)	2-Methylbenzanthron wird mit S verschmolzen	16b	4—5	5	Bw.: stumpfes Braunviolett	Bw.: fast unverändert	blau	60°	60°
1057. Cibanonbraun B. (J)	S-Schmelze mit 1-Amido 2-methylanthrachinon	16b	5—4	4	Bw.: stumpfes Braun	Bw.: gelbbraun	dunkelbraun	60°	60°
1058. Cibanonbraun R. (J)	...	16b	5—4	4	Bw.: rotschwarz	Bw.: Spur röter	braun	25°	45°
1059. Cibanonbraun B2R. (J)	...	16b	5	4	Bw.: violettbraun	Bw.: rotbraun	schwärzliches Rotbraun	50°	50°
1060. Cibanongelb 3 G. (J)	...	16b	4	5	Bw.: braunorange	Bw.: Spur grüner	dunkles Gelbbraun	—	30°
1061. Cibanongelb RR, R. (J)	R: S-haltiger Anthrachinonfarbstoff	16b	3	5	Bw.: beide braunviolett	Bw.: beide fast unverändert	beide schwarzbraun	60°	60°
1062. Cibanongrau G, B, R. (J)	...	16b	4	5	Bw.: sämtlich stumpfes Grünschwarz	Bw.: sämtl. röter und heller	G: rot- B: gelb- R: violettbraun	60°	60°
1063. Cibanongrün B, G. (J)	...	16b	5	5	Bw.: violettbraun (beide)	Bw.: beide fast unverändert	B: blau G: schwarzolive	60°	60°
1064. Cibanonolive B, G. (J)	...	16b	5	5	Bw.: beide stumpfes Braunschwarz	Bw.: beide unverändert	B: grünblau G: braunolive	60°	60°
1065. Cibanonorange R. (J)	S-Schmelze mit 2-Methylanthrachinon	16b	5	5	Bw.: rotviolett, teilweise bräunlich	Bw.: unverändert	schwarzbraun	60°	60°

182   Organische Farbstoffe.

Farbstoffe	Konstitution	F. V.	Echtheiten Li.	Echtheiten Wa.	Reaktionen auf der Faser mit H_2SO_4 66° Bé	Reaktionen auf der Faser mit HNO_3 s = 1,4	Färbung der Küpe	V. T.	F. T.
1066. Cibanonschwarz B, BG, GG. (J)	B: S-Schmelze mit Methylbenzanthron	16b	5	4—5	Bw.: sämtlich braunschwarz	Bw.: sämtlich unverändert	B: gelbliches Schwarzolive übr.: rotviolett	B, GB 80° GG 60°	70° 60°
1067. Cibaorange G Teig. (J)	2-Thionaphthen-acenaphthenindigoderivat	16a	3—4	4—5	Bw.: stumpfes Grünblau	Bw.: gelbliches Braun	braunolive	55°	40°
1068. Cibarosa B. (J)	Thioindigofarbstoff	16a	4	3	Bw.: leuchtend grün	Bw.: unverändert	rötlichgoldgelb	60°	30°
1069. Cibarot B. (J)	6,6'-Dichlor-bis-thionaphthenindigo	16a	5	5	Bw.: stumpfes Gelbgrün	Bw.: wenig Veränderung	grünlichgelb	60°	30°
1070. Cibarot G. (J)	Dibrom-2-thionaphthen-3-indolindigo	16a	5	5	Bw.: grünbraun	Bw.: unverändert	rötlich blaßgelb	70°	40°
1071. Cibarot R. (J)	Bromiertes Cibascharlach G.	16a	5	5	Bw.: grasgrün	Bw.: unverändert	blauviolett	40°	40°
1072. Cibascharlach G. (J)	2-Thionaphthen-acenaphthenindigo	16a	3	4	Bw.: grasgrün	Bw.: unverändert	blauviolett	40°	40°
1073. Cibascharlach 3G. (J)	...	16a	3	4	Bw.: stumpfes gelbgrün	Bw.: unverändert	blauviolett	40°	40°
1074. Cibaviolett B, 3B, R. (J)	Bromderivate des Thionaphthenindolindigos	16a	4—5	4—5	Bw.: sämtlich blaugrün	Bw.: sämtlich fast unverändert	sämtl. goldgelb	70°	60°
1075. Hydronblau G, R. (C)	p-Nitrosophenol wird mit Carbazol kondensiert und mit Polysulf. geschmolzen	16c[1])	G: 4 R: 3—4	s. g.	Bw.: beide stahlblau	Bw.: G: grünblau R: unverändert	gelb	—	55°
1076. Hydronbordeaux B, R. (C)	...	16c	4—5	s. g.	Bw.: B: blaurot R: schmutzig gelb	Bw.: B: rotbraun R: unverändert	B: braunolive R: schwarzgrün	—	55°
1077. Hydronbraun G, R. (C)	...	16c	5—4	s. g.	Bw.: beide rotbraun	Bw.: beide fast unverändert	beide klarbraun	—	55°

---

[1]) Evtl. Na-perborat-Nachbehandlung.

Farbstofftabelle.

Farbstoffe	Konstitution	F. V.	Echtheiten Li.	Echtheiten Wa.	Reaktionen auf der Faser mit H₂SO₄ 66° Bé	Reaktionen auf der Faser mit HNO₃ s = 1,4	Färbung der Küpe	V. T.	F. T.
1078. Hydrongelb NF. (C)	...	16c	4	s. g.	Bw.: fast unverändert	Bw.: goldgelb, etwas grüner	braunolive	60°	60°
1079. Hydrongrün B, G. (C)	...	16c	5—4	s. g.	Bw.: beide fast unverändert	Bw.: schmutzig rotbraun	blaugrün	60°	60°
1080. Hydronmarineblau C Teig. (C)	...	16c	3—4	s. g.	Bw.: stahlblau	Bw.: unverändert	rotbraun	—	55°
1081. Hydronolive GN, R. (C)	...	16c	5—4	s. g.	Bw.: beide rotbraun	Bw.: beide unverändert	beide rotbraun	—	55°
1082. Hydronorange R. (C)	...	16c 5c	3—4 5—4	s. g. 5	Bw.: blauviolett, zuletzt grün	Bw.: unverändert	grünlichgelb	75°	50°
1083. Hydronrosa FF, FB. (C)	...	16c 5c	4 5—4	s. g. 5	Bw.: unverändert	Bw.: unverändert	grünlichgelb	75°	50°
1084. Hydronscharlach BB, 3B. (C)	...	16c 5c	4 5—4	s. g. 5	Bw.: BB: violett 3B: rotviolett	Bw.: beide unverändert	grünlichgelb	75°	50°
1085. Hydronschwarz B. (C)	...	16c	5—4	s. g.	Bw.: dunkelgrün	Bw.: fast unverändert Lösung: gelblich	kupferbraun	—	55°
1086. Hydronschwarzblau G, GG (C)	Ähnlich Hydronblau	16c	4—3	s. g.	Bw.: beide schwärzlichgrün	Bw.: beide unverändert	G: schwarzolive GG: grünolive	—	55°
1087. Hydronviolett B, R. (C)	...	16c	4	s. g.	Bw.: beide Stich röter	Bw.: beide unverändert	orangebraun	—	55°
1088. Hydronwollbraun G Küpe, D Küpe. (C)	...	5c	5	5	W.: G: gelbstichiges Braun D: blau	W.: G: gelbbraun D: braunrot	—	50°	50°
1089. Hydronwollgelb G Küpe. (C)	...	5c	5—4	5	W.: rotviolett	W.: brauner	—	50°	50°
1090. Hydronwollolive B Küpe. (C)	...	5c	5	5	W.: gelbstichig grün	W.: braungelb	—	50°	50°
1091. Hydronwollrot BB Küpe. (C)	...	5c	5	5	W.: braunviolett, dann grün, zuletzt bräunliches Rot	W.: gelber	—	50°	50°
1092. Indanthrenblau RS. (B)	Reduziertes Indanthrenblau R	16b	5	5	Bw.: gelbbraun	Bw.: gelb	blau	60°	30-60°

Organische Farbstoffe.

Farbstoffe	Konstitution	F. V.	Echtheiten Li.	Echtheiten Wa.	Reaktionen auf der Faser mit H_2SO_4 66° Bé	Reaktionen auf der Faser mit HNO_3 s = 1,4	Färbung der Küpe	V. T.	F. T.
1093. Indanthrenblau GC Teig. (B)	Dibromindanthren	16b	5	5	Bw.: braungelb	Bw.: zitronengelb	blau	60°	30–60°
1094. Indanthrenblau 3 G. (B)	Indanthrenfarbstoff	16b	5	4	Bw.: gelbbraun	Bw.: goldgelb	blau	60°	30–60°
1095. Indanthrenblaugrün B. (B)	...	16b	5	5	Bw.: schmutziges rötliches Braun	Bw.: unverändert	blauviolett	—	—
1096. Indanthrenbraun G, R. (By)	...	16b	s. g.	s. g.	Bw.: beide braunrot	Bw.: beide gelber	rotbraun	35°	25° od. 55°
1097. Indanthrenbrillantviolett BBK, RK. (By)	BBK: Dibenzoyldiamidoanthrarufin RK: Succinyldiamidoanthrarufin?	16b	s. g.	s. g.	Bw.: beide bräunlich, dann grün	Bw.: beide wenig Veränderung	beide rotbraun	45°	25°
1098. Indanthrenbrillantviolett RR. (B)	Dichlorisoviolanthron	16b	5–4	4–5	Bw.: grün	Bw.: unverändert	klares Blau	—	55°
1099. Indanthrencorinth RK. (By)	...	16b	s. g.	s. g.	Bw.: gelbolive	Bw.: helles bräunliches Violett	bordeaux	35°	25°
1100. Indanthrendunkelblau BO, (B) BGO.	BO: aus Benzanthron + KOH.	16b	4–5	4–5	Bw.: unverändert (beide)	Bw.: Stich ins Braune (beide)	dunkles Violett (beide)	—	55°
1101. Indanthrengelb R, G. (B)	Erhitzen von β-Amidoanthrachinon mit Sb-Chlorid in Nitrobenzol	16b	4	4–5	Bw.: G: orangerot R: röter	Bw.: fast unverändert (beide)	beide blau	—	30–60° od. kalt
1102. Indanthrengelb GK. (By)	Dibenzoyl-1,5-diamidoanthrachinon	16b	s. g.	s. g.	Bw.: grüner	Bw.: wenig Veränderung	bordeaux	35°	25°
1103. Indanthrengrau K, GK. (By)	Einwirkung von Reduktionsmitteln auf nitrierte α,α-Anthrimide?	16b	s. g.	s. g.	Bw.: GK: gelbolive, dann bräunliches Rot	Bw.: GK: röter	GK: rotbraun	25°	25°
1104. Indanthrengoldorange G. (B)	Wasserabspaltung aus 2,2′-Dimethyl-1,1′-dianthrachinonyl	16a	3–4	5	Bw.: marineblau	Bw.: unverändert	karmoisinrot	—	30–60°

Farbstofftabelle.

Farbstoffe	Konstitution	F. V.	Echtheiten Li.	Echtheiten Wa.	Reaktionen auf der Faser mit H_2SO_4 66 °Bé	Reaktionen auf der Faser mit HNO_3 s = 1,4	Färbung der Küpe	V. T.	F. T.
1105. Indanthrenolive R. (By)	Dibenzoyl-p,p'-diamido-α,α'-dianthrachinonimid wird mit Chlorsulfonsäure behandelt	16b	s. g.	s. g.	Bw.: rotbraun	Bw.: grün	rotbraun	35°	25°
1106. Indanthrenorange 6RTK. (By)	α,β-Dianthrachinonylamin	16b	s. g.	s. g.	Bw.: blaugrün, Lösung teilweise rotviolett	Bw.: Spur gelber	gelbstichig. Rot	35°	25°
1107. Indanthrenorange RRK. (By)	Benzoyl-1,2,4-Triamidoanthrachinon?	16b	s. g.	s. g.	Bw.: grünstichiges Gelb	Bw.: rotstichiges Gelb	gelbstichig. Rot	35°	25° od. 45°
1108. Indanthrenorange 3R. (B)	...	16b	5	5	Bw.: unverändert	Bw.: etwas gelber	trübes Violett	—	30-60°
1109. Indanthrenorange 4R. (B)	...	16b	5—4	5	...	...	klares Rotviolett	—	30-60°
1110. Indanthrenorange RRT. (B)	...	16b	4	4—5	Bw.: marineblau	Bw.: unverändert	rotviolett	—	30-60°
1111. Indanthrenrosa B. (B)	...	16a	5	4—5	Bw.: gelbrot	Bw.: unverändert	trübes Violett	—	kalt
1112. Indanthrenrot RK. (B)	Anthrachinonnaphthacridon	16a	5	5	Bw.: braunorange	Bw.: kirschrot	weinrot	—	kalt
1113. Indanthrenrot G. (B)	Di-α-anthrachinonyl-2,6-diamidoanthrachinon	16b	g.	s. g.	...	...	rot	—	—
1114. Indanthrenrot 5GK. (By)	Dibenzoyl-1,4-diamidoanthrachinon	16b	s. g.	s. g.	Bw.: braungelb, dann fast entfärbt	Bw.: viel heller	violett	35°	25°
1115. Indanthrenrotviolett RRK. (B)	...	16a	5	5	Bw.: gelbrot	Bw.: unverändert	violett	45°	kalt
1116. Indanthrenschwarz BB. (B)	...	16b[1])	s. g.	s. g.	Bw.: rötlich. Schwarz	Bw.: unverändert	dunkles Violett	60°	60-80°
1117. Indanthrenviolett B. (B)	Halogeniertes Isoviolanthron	16b	5	4—5	Bw.: gelbgrün	Bw.: unverändert	trübes Dunkelblau	—	45°

---

[1]) Dann Nachbeh. mit Cl-Kalk oder $NaNO_2 + H_2SO_4$. $^1/_2$ Std. kalte Cl-Kalklösung von $^1/_2 - 1°$ Bé.

186   Organische Farbstoffe.

Farbstoffe	Konstitution	F. V.	Echtheiten Li.	Echtheiten Wa.	Reaktionen auf der Faser mit H_2SO_4 66° Bé	Reaktionen auf der Faser mit HNO_3 s = 1,4	Färbung der Küpe	V. T.	F. T.
1118. Indanthrenviolett BN. (B)	...	16b	5—4	4—5	Bw.: gelbrot	Bw.: rötlich	graublau	—	45°
1119. Indanthrenviolett R extra (B)	Isoviolanthron	16b	s. g.	s. g.	Bw.: gelbliches Grün	Bw.: unverändert	violett	—	45°
1120. Indanthrenviolett RN extra. (B)	Anthrachinondiacridon	16b	s. g.	s. g.	...	...	violettblau	—	45°
1121. Indanthrenviolett RT. (B)	Halogenderivat des Indanthrendunkelblaus BO	16b	s. g.	s. g.	Bw.: röter bis kastanienbraun	...	blau mit brauner Fluoreszenz	—	45°
1122. Indigo rein BASF. MLB. (M)	$(C_6H_4{<}{CO \atop NH}{>}C{=})_2$	16a 5a Seide	3	3—4	W.: olivegrün	W.: gelb mit grünem Rand	gelb	50° 50°	kalt 50°
1123. Indigo KG (K) -MLB/6B. (M)	Hexabromindigo	16a	3	g.	Bw.: (K) grünblau	Bw.: (K) gelb, zuletzt entfärbt	bräunlichgelb	55°	—
1124. Indigo rein BASF/R, -/RR, -MLB/R, RR.	Indigo + Bromindigo	16a	2—3	4	Bw.- (B) grüngelb	Bw.: (B) goldgelb	goldgelb	55°	—
1125. Indigogelb 3G Ciba Teig. (J)	Behandeln v. Indigo mit Benzoylchlorid (+ Cu)	16a	4	4—5	Bw.: leuchtendes Rotorange	Bw.: rotorange	dunkles Weinrot	60°	35°
1126. Leukolbraun B Teig. (By)	Anthranol wird mit H_2SO_4 behandelt	16b	—	—	Bw.: mißfarbig	Bw.: grüner	braunviolett	55°	60—90°
1127. Leukoldunkelgrün B. (By)	Aus 1-Methylamidoanthrachinon	16b	—	—	Bw.: schwärzlich	Bw.: heller und gelber	rotviolett	55°	55°
1128. Leukolgelb G Teig. (By)	Benzoyl-1-amidoanthrachinon	16b	—	—	Bw.: heller und stumpfer	Bw.: fast unverändert	rot	35°	25°
1129. Thioindigoblau GG. (K)	Oxyanthranol wird mit Isatinanilid kondensiert	16a	3	5	Bw.: grau, dann braunrot	Bw.: hellrot, zuletzt entfärbt	gelbbraun	45°	25°
1130. Thioindigobraun R Teig (K)	...	16a	5	5	Bw.: rötlich. Dunkelblau	Bw.: wenig Veränderung	gelb	70°	40—60°
1131. Thioindigobraun 3R. (K)	Brom-6-amido-2-thionaphthen-2-indolindigo	16a	4—5	5	Bw.: leuchtendes grünstichiges Dunkelblau	Bw.: wenig Veränderung	gelb	70°	40—60°

Farbstofftabelle.

Farbstoffe	Konstitution	F. V.	Echtheiten Li.	Echtheiten Wa.	Reaktionen auf der Faser mit H_2SO_4 66° Bé	Reaktionen auf der Faser mit HNO_3 s = 1,4	Färbung der Küpe	V. T.	F. T.
1132. Thioindigobraun G Teig. (K)	Tribrom-6-amido-2-thionaphthen-3-indolindigo	16a	5	5	Bw.: leuchtendes Blaurot	Bw.: wenig Veränderung	braun	70°	40-60°
1133. Thioindigograu BB Teig. (K)	7,7'-Diamidothioindigo	16a	5	4—5	Bw.: leuchtendes Dunkelblau	Bw.: blaurot	gelbolive	60°	40-60°
1134. Thioindigoorange R. (K)	6,6'-Diäthoxy-bis-thionaphthenindigo	16a	4—5	5	Bw.: leuchtendes Rotviolett	Bw.: unverändert	gelbolive	60°	40-60°
1135. Thioindigorosa BN, BN extra. (K)	BN: 6,6'-Dibromdimethyl-bis-thionaphthenindigo	16b	4—5	5	Bw.: BN ext.: unverändert	Bw.: BN ext.: unverändert	olive	65°	65°
1136. Thioindigorosa RN Teig Teig. (K)	. . .	16b	4—5	5	Bw.: unverändert	Bw.: unverändert	olive	65°	65°
1137. Thioindigorot BG. (K)	Dichlor-bis-thionaphthenindigo	16a	4—5	5	Bw.: grasgrün	Bw.: fast unverändert	grünolive	50°	40-60°
1138. Thioindigorot 3B. (K)	Dichlordimethyl-bis-thionaphthenindigo	16a	5	5	Bw.: rotbraun	Bw.: unverändert	gelbolive	50°	40-60°
1139. Thioindigoscharlach R Teig. (K)	2-Thionaphthen-3-indolindigo	16a	5	3	Bw.: dunkelbraun	Bw.: unverändert	gelborange	50°	25°
1140. Thioindigoviolett BB. (K)	Dichlordimethyldimethoxy-bis-thionaphthenindigo	16a	4	5	Bw.: rötlich. Dunkelblau	Bw.: unverändert	gelbgrün	60°	40-60°
1141. Thioindigoviolett RR Teig. (K)	. . .	16a	4	5	Bw.: blauer und stumpfer	Bw.: fast unverändert	olivegrün	55°	40-60°
1142. Thioindonblau 3R Teig. (K)	. . .	16b	4	5	Bw.: marineblau	Bw.: wenig Veränderung	gelbolive	60°	40-60°
1143. Thioindonbraun RN Teig. (K)	. . .	16a	5	4—5	Bw.: unverändert	Bw.: unverändert	gelbolive	65°	40-60°
1144. Thioindonbraun GT. (K)	. . .	16b	5	5	Bw.: dunkelbraun	Bw.: Spur röter	gelbbraun	75°	70°

Farbstoffe	Konstitution	F. V.	Echtheiten Li.	Wa.	Reaktionen auf der Faser mit H$_2$SO$_4$ 66° Bé	HNO$_3$ s = 1,4	Färbung der Küpe	V. T.	F. T.
1145. Thioindonbraun B Teig. (K)	. . .	16b	5	5	Bw.: wenig Veränderung	Bw.: unverändert	gelbbraun	60°	40–60°
1146. Thioindongelb 3 G Teig. (K)	. . .	16b	3–4	5	Bw.: rotorange	Bw.: Spur grüner	rot	25°	25°
1147. Thioindongrün G, G Teig. (K)	G.: Bromierter Bis-β-naphthindolindigo	16a	3	5	Bw.: grünliches Blau	Bw.: rasch entfärbt	braunorange	55°	40–60°
1148. Thioindonolive B Teig. (K)	. . .	16a	3–4	5	Bw.: gelbbraun	Bw.: fast unverändert	rötlich. Braun	65°	65°
1149. Thioindonscharlach B, BB Teig. (K)	. . .	16a	5	5	Bw.: beide blauviolett	Bw.: beide unverändert	olivegrün	75°	65°
1150. Thioindonschwarz BB Teig. (K)	. . .	16a	5	4–5	Bw.: dunkelblau	Bw.: Lösung: rotorange	gelblichbraun	65°	65°

6. Die Schwefelfarbstoffe.

In den folgenden Tabellen sind einige wichtige Vertreter der Schwefelfarbstoffe angeführt. Da sich die Schwefelfarbstoffe sämtlicher Fabriken sehr ähnlich sind, und sich wahrscheinlich das gleiche Individuum unter vielen Namen verbirgt, ist es unnötig, sie hier alle anzuführen, da alle Nuancen aus den gleichen oder sehr ähnlichen Ausgangsmaterialien stammen und daher nichts Neues bieten.

Es folgen nun die Fabriknamen der einzelnen Schwefelfarbstoffe, deren Echtheiten und Färbeweisen mit den angeführten ganz oder nahezu übereinstimmen:

Auronal- (t. M.)
Autogen- (P)
Eclips- (G)
Immedial- (C)   -farbstoffe.
Katigen- (By)
Kryogen- (B)
Pyrogen- (J)

Schwefel- (A)
Thio- (P)
Thiogen- (M)
Thion- (K)
Thional- (S)   -farbstoffe.
Thiophenol- (J)
Thiophor- (C J)
Thioxin- (Gr. E.)

Farbstofftabelle.

Farbstoffe	Konstitution	F. V.	Echtheiten Li.	Wa.	Reaktionen auf der Faser mit H_2SO_4 66° Bé	HNO_3 s = 1,4
1151. Cachou de Laval, R. (P)	Schmelze v. Sägemehl, Kleie usw. mit Schwefel + Na_2S	17 ev. Cu+Cr Nachb.	4 4—5	4—5 5	Bw.: fast unverändert R-Marke: Stich röter	Bw.: wenig Veränderung
1152. Eclipsblau B. (G)	Indophenolderivat	17 ev. Cu+Cr Nachb.	2—3 4—5	2 3	Bw.: rötliches Violett	Bw.: rotviolett
1153. Eclipsbraun B. (G)	Aus m-Toluylendiamin + S + Oxalsäure	17 ev. Cu+Cr Nachb.	3 5	3 4—5	Bw.: wenig Veränderung	Bw.: wenig Veränderung
1154. Eclipsbraun G, 3G, V, RR, RV. (G)	Ähnlich Marke B?	17 ev. Cu+Cr Nachb.	2 4	3 4—5	Bw.:	...
1155. Eclipsbronce. (G)	...	17 ev. Cu+Cr Nachb.	4—5 5	3—4 5	Bw.: etwas bräunlicher	Bw.: wird brauner
1156. Eclipsdunkelbraun B. (G)	...	17 ev. Cu+Cr Nachb.	3—4 5	3 5	Bw.: wenig Veränderung	Bw.: unverändert
1157. Eclipsechtrotbraun E konz. (G)	...	17 ev. Cu+Cr Nachb.	3—4 4—5	2—3 4	Bw.: fast unverändert	Bw.: wenig Veränderung
1158. Eclipsfeldgrau G, MV. (G)	...	17 ev. Cu+Cr Nachb.	4—5 5	4 5	Bw.: Stich brauner	Bw.: etwas brauner
1159. Eclipsgelb G, 3G, R. (G)	S-Schmelze aus Mono- und Diformyl-m-toluylendiamin mit Zusatz von Benzidin	17 ev. Cu+Cr Nachb.	1 3—4	1—3 4—5	Bw.: Spur grüner	Bw.: rotorange
1160. Eclipsgrün G, 3G konz. (G)	Indophenolderivate	17 ev. Cu+Cr Nachb.	2—3 4	3 4	Bw.: dunkles Grünblau	Bw.: klares Rotviolett
1161. Eclipsolive (-echtolive). (G)	OH-haltige Monoazofarbstoffe + S + Na_2S	17 ev. Cu+Cr Nachb.	4—5 5	3—4 5	Bw.: wenig Veränderung	Bw.: grünliches Schwarz
1162. Eclipsphosphin 2G, R, 2R extra konz. (G)	Ähnlich Eclipsgelb	17 ev. Cu+Cr Nachb.	1 4	2 5	Bw.: unverändert	Bw.: rotorange
1163. Eclipsschwarz H. (G)	1,2,4-Dinitrophenol + Na-polysulfid	17 ev. Cu+Cr Nachb.	5 5	5 5	Bw.: rötliches Schwarz	Bw.: rötliches Schwarz

Organische Farbstoffe.

Farbstoffe	Konstitution	F. V.	Echtheiten Li.	Wa.	Reaktionen auf der Faser mit H$_2$SO$_4$ 66° Bé	HNO$_3$ s = 1,4
1164. Immedial-blau C, CB extra konz., CR. (C)	S-Schmelze mit Dinitrooxydiphenylamin	17 ev. Cu+Cr od. Na-perboratn.	3	5	Bw.: rotviolett, wenig Veränderung	Bw.: rotviolett, wenig Veränderung
1165. Immedialbordeaux GF konz. (C)	3-Amido-7-oxy-phenazin + Na$_2$S + S	17	3	g.	Bw.: stumpfes Rotbraun	Bw.: wird gelber
1166. Immedialbraun B, BR, 2R, W konz. (C)	...	17 ev. Cr-Nachb.	2—3	5	Bw.: stumpfes Rotbraun	Bw.: Spur röter
1167. Immedialbrillantcarbon F, FG. (C)	...	17	5—4	5	FBw.: F-Marke: stumpfes Rotviolett	Bw.: stumpfes Violettschwarz
1168. Immedialbrillantgrün G extra. (C)	...	17	3—4	5	Bw.: stumpfes Grünblau	Bw.: blaurot
1169. Immedialbrillantschwarz B, 2B konz., 5BV konz., 6BG und 8BG konz. (C)	...	17	5—4	5	Bw.: stumpfes Blau- bzw. Violettschwarz	Bw.: stumpfes Rotschwarz
1170. Immedialcatechu BG, BGG, O, OD, OG, R, RR. (C)	...	17 ev. Cu+Cr Nachb.	3—2	5	Bw.: BG und RR werden etwas röter, die übrigen gelber	Bw.: unverändert
1171. Immedialdirektblau B extra konz., BB extra konz., 4B extra konz., JB extra konz., OD extra konz., RC extra konz., JND extra konz. (C)	...	17 ev. Cu+Cr Nachb. od. Na-perborat-Nachb.	3	5	Bw.: wenig Veränderung, rot- bzw. blauviolett	Bw.: stumpfes Rotviolett
1172. Immedialdunkelgrün B. (C)	...	17	3	4	Bw.: stumpfes Violettschwarz	Bw.: stumpfes Violettschwarz
1173. Immedialechtdunkelbraun B. (C)	...	17	3—4	5	Bw.: schwarz	Bw.: rötliches Dunkelbraun
1174. Immedialechtfeldgrau B, -feldgrau C, CN. (C)	...	17	4—3	5	Bw.: braun	Bw.: graubraun
1175. Immedialgelb D, GG. (C)	Marke D: S-Schmelze mit m-Toluylendiamin bei 190	17	2	4—5	Bw.: Stich grünlicher	Bw.: Marke GG: Spur röter Marke D: unverändert

Farbstofftabelle.

Farbstoffe	Konstitution	F. V.	Echtheiten Li. | Wa.		Reaktionen auf der Faser mit H_2SO_4 66° Bé	HNO_3 s = 1,4
1176. Immedialgelbbraun EN. (C)	...	17	3	5	Bw.: unverändert	Bw.: fast unverändert
1177. Immedialgelbolive G, 5 G, GB. (C)	...	17	3	5	Bw.: Spurgelber	Bw.: gelbbraun
1178. Immedialgrün BB extra, GG extra, BBX konz. (C)	S-Schmelze von 1-Arylamido-4-p-oxyphenylamidonaphthalinsulfosäure mit Na_2S u. Cu-Salzen	17	3—4	5	Bw.: blauschwarz	Bw.: klares Rotviolett
1179. Immedialgrünblau CV. (C)	...	17	3	4	Bw.: violettblau	Bw.: rotviolett
1180. Immedialgrüngelb G. (C)	...	17	3—2	5	Bw.: unverändert	Bw.: rotbraun
1181. Immedialindogen B konz., BCL konz., GCL konz., RCL konz., 2RCL konz. (C)	...	17 ev. Nachb. mit Na-perborat	2—3	5	Bw.: Marke B: rotviolett, übrigen: unverändert	Bw.: blauviolett
1182. Immedialindon B konz., 3B konz., BBF konz., BS konz., JBN konz., R konz., 2R konz., RB konz. (C)	...	17 ev. Nachb. mit Na-perborat	3—2	5	Bw.: unverändert	Bw.: R-Marken: rotviolett B-Marken: dunkelblau
1183. Immedialindonviolett B konz. (C)	...	17	3—2	5	Bw.: Stich blauer	Bw.: wird röter
1184. Immedialkhaki D, G, GG. (C)	...	17	2—3	5	Bw.: unverändert	Bw.: fast unverändert
1185. Immedialmarron B. (C)	S-Schmelze mit Aminooxyphenazinen	17	2—3	4	Bw.: fast unverändert	Bw.: rotbraun
1186. Immedialneublau G konz. (C)	...	17 ev. Cu+Cr od. Na-perborat-Nachb.	2—3	5	Bw.: rotviolett	Bw.: rotviolett
1187. Immedialolive B, GG, 3G. (C)	...	17	3	5	Bw.: unverändert	Bw.: wenig Änderung
1188. Immedialorange C. (C)	...	17	2	5	Bw.: viel gelber	Bw.: wenig Veränderung
1189. Immedialorangebraun G. (C)	...	17	2—3	5	Bw.: wird gelblicher	Bw.: wenig Änderung

Organische Farbstoffe.

Farbstoffe	Konstitution	F. V.	Echtheiten Li.	Echtheiten Wa.	Reaktionen auf der Faser mit H_2SO_4 66° Bé	Reaktionen auf der Faser mit HNO_3 s = 1,4
1190. Immedialprune S. (C)	...	17	2	4	Bw.: fast unverändert	Bw.: orangebraun
1191. Immedialpurpur C. (C)	...	17	2—1	3	Bw.: unverändert	Bw.: stumpfes Rotbraun
1192. Immedialrotbraun 3R. (C)	...	17	2	3—4	Bw.: fast unverändert	Bw.: orangebraun
1193. Immedialschwarzbraun D konz. (C)	...	17	3—4	5	Bw.: wenig Veränderung	Bw.: fast unverändert
1194. Immedialtiefgrün G. (C)	...	17	3—4	4	Bw.: dunkelblau	Bw.: blaurot
1195. Immedialviolett C, CB, CR. (C)	...	17	2—1	3	Bw.: wenig Veränderung	Bw.: stumpfes Rotviolett, teilweise entfärbt
1196. Pyrogenblau R, RR. (J)	S-Schmelze von Indophenolen unter Druck	17, dann dämpfen	3	4—5	Bw.: fast unverändert	Bw.: stumpfes Rotviolett
1197. Pyrogenblaugrün B. (J)	...	17 ev. Cu+Cr Nachb.	4 / 4—5	3 / 3	Bw.: schwarzblau	Bw.: stumpfes Rotviolett
1198. Pyrogenbraun D, G. (J)	...	17 ev. Cu+Cr Nachb.	2 / 4	3—4 / 4	Bw.: fast unverändert	Bw.: Spur rötlicher
1199. Pyrogencatechu B, GG, RR. (J)	...	17 ev. Cu+Cr Nachb.	2—3 / 4—5	4 / 4	Bw.: unverändert	Bw.: fast unverändert
1200. Pyrogencyanin L. (J)	...	17 ev. Cu+Cr Nachb.	3 / 3	3 / 3	Bw.: unverändert	Bw: stumpfes Blauviolett
1201. Pyrogendirektblau rötlich, grünlich, RL. (J)	...	17 ev. Cu+Cr Nachb.	3 / 3	4 / 5	Bw.: fast unverändert	Bw.: stumpfes Rotviolett
1202. Pyrogendunkelgrün B, 3B. (J)	S-Schmelze mit p-Amidophenol und dessen Derivaten	17 ev. Cu+Cr Nachb.	4—5 / 5—4	3 / 3	Bw.: stahlblau	Bw.: rotviolett
1203. Pyrogengelb G, GG, R, OR, ORR, M, 3R. (J)	S-Schmelze aus verschiedenen Benzylidenverbindungen ev. unter Zusatz von Metallsalzen	17 Cu+Cr Nachb. M: mit Cl-Kalklösung nachb.	2 / 4—5	4—3 / 3	Bw.: Marke G, R, GG: Spur röter	Bw.: Marken: G, GG. Spur grüner Marke R: rotbraun

Farbstofftabelle.

Farbstoffe	Konstitution	F. V.	Echtheiten Li.	Echtheiten Wa.	Reaktionen auf der Faser mit H_2SO_4 66° Bé	Reaktionen auf der Faser mit HNO_3 s = 1,4
1204. Pyrogengelbbraun RS. (J)	...	17 ev. Cu+Cr Nachb.	2 4	4 3	Bw.: unverändert	Bw.: unverändert
1205. Pyrogengrau B, G, R. (J)	= Pyrogenblau	17 ev. Cu+Cr Nachb.	3 3	3 3—4	Bw.: wenig Veränderung	Bw.: Spur röter
1206. Pyrogengrün B, G, GG, 3G. (J)	= Pyrogendunkelgrün	17 ev. Cu+Cr Nachb.	4 5—4	B: 4 G: 2 B: 4 G: 2	Bw.: Marke B: schwärzlich Marken G: stahlblau	Bw.: Marke B: violettbraun G-Marken: rotviolett
1207. Pyrogenindigo CL, BL, 5G, GL, R, RR. (J)	Indophenole werden mit S verschmolzen (Phenyltolylamin)	17 ev. Cu+Cr Nachb.	3 3	4—3 4	Bw.: fast unverändert	Bw.: C, B, G Marken: blauviolett Marke R: rotviolett
1208. Pyrogenolive G, 3G. (J)	Ähnlich Pyrogengelb	17 ev. Cu+Cr Nachb.	2 4—3	5—4 5—4	Bw.: fast unverändert	Bw.: Stich ins Braune
1209. Pyrogenorange G, O, R. (J)	...	17 ev. Cu+Cr Nachb.	2 4—5	4 3	Bw.: fast unverändert	Bw.: rotbraun
1210. Pyrogenschwarzbraun R. (J)	...	17 ev. Cu+Cr Nachb.	2—3 4	4 4	Bw.: Spur rötlicher	Bw.: wenig Veränderung
1211. Pyrogentiefblau B. (J)	...	17 ev. Cu+Cr Nachb.	3—4 3—4	4 4	Bw.: wenig Veränderung	Bw.: stumpfes Rotviolett
1212. Pyrogentiefschwarz C, D, G, F. (J)	...	17 ev. Cu+Cr Nachb.	5 5	3 5	Bw.: violettschwarz	Bw.: stumpfes Violettschwarz
1213. Thiophenolschwarzmarken. (J)	...	17 ev. Cu+Cr Nachb.	4—5 5	5 5	Bw.: stumpfes Rotschwarz	Bw.: stumpfes Violettschwarz
1214. Thiophenolschwarzmarken flüssig. (J)	...	17	5	5	Bw.: stumpfes Rotschwarz	Bw.: stumpfes Violettschwarz
1215. Vidalschwarz. (P)	S-Schmelze mit Amidophenolen	17	5	5	...	...

Gnehm- von Muralt; Taschenbuch. 2. Aufl.

Unterscheidung von Paranitranilinrot, Türkischrot und substantiven, roten Farbstoffen.

Die gefärbte Faser wird über eine sehr kleine Gasflamme gehalten (ca. $\frac{1}{2}$ cm hoch; Entfernung 2 cm), wobei beim p-Nitranilinrot ein orangeroter Fleck entsteht. Legt man nun auf diese Stelle ein Stück weißes Papier oder Baumwolle, so sublimiert der Farbstoff darauf über; wird abgekühlt und angefeuchtet, so kehrt die ursprüngliche Farbe nicht wieder. Türkischrot wird bei dieser Behandlung schwärzlich, die meisten substantiven Rot stumpfer, wobei die Farbe beim Anfeuchten und Liegen an der Luft wiederkehrt. (Fischer: Jahresber. 1905. Bd. II, S. 503; Journ. Dyers Vol. 21, p. 296).

Unterscheidung von Griesheimerrot (mit Naphthol AS und BS), Türkischrot und den substantiven Rot nach Heermann[1]).

Eine trockene Probe der Färbung wird mit konzentrierter HCl behandelt; hierbei verändern sich Griesheimerrot und Türkischrot nicht, während die substantiven Rot meistens nach Braun umschlagen. Beim Kochen bleibt Griesheimerrot unverändert, Türkischrot wird hierbei orange und dann gelb. Die substantiven Farbstoffe ergeben meistens eine Braunfärbung. Wird nun abgekühlt und vorsichtig (kühlen!) mit NaOH übersättigt, so bleibt Griesheimerrot unverändert, während Türkischrot violett bis blauviolett wird und die substantiven Farbstoffe meistens entfärbt werden (Ausnahmen sind z. B. die Benzoechtscharlachmarken, die hierbei rot bleiben).

Wertbestimmung von Indigo.

Da der natürliche Indigo heutzutage nur noch eine untergeordnete Rolle spielt, ist hier nur die Bestimmung von künstlichem Indigo angeführt. Für die Bestimmung von natürlichem Indigo siehe Lunge: Untersuchungen Bd. III, und Mußpratts Chemie Bd. III.

Bestimmung des künstlichen Indigos (M): Man wägt genau 1 g trockenen Indigo ab, übergießt ihn mit 7 ccm konzentrierter H_2SO_4 von 66° Bé und erwärmt das Ganze auf dem Wasserbade während $\frac{1}{2}$ Stunde bei 95°. Hierauf gießt man die erkaltete Lösung in 100 ccm kaltes Wasser, filtriert in einen Litermeßkolben, wäscht heiß nach, bis daß die Flüssigkeit farblos abläuft und stellt auf 1 Liter ein. Man verdünnt nun 20 ccm dieser Lösung mit 300 ccm destillierten H_2O und titriert dieselbe mit einer Permanganatlösung von $\frac{1}{2}$ g $KMnO_4$ im Liter. Die Lösung soll zuletzt goldgelb aussehen und nicht mehr grün schimmern.

Gleichzeitig bestimmt man auch einen Typindigo von bekanntem Gehalt und rechnet aus dessen bekanntem Prozentgehalt, der bei der Titration desselben erhaltenen Anzahl Kubikzentimeter und der Anzahl Kubikzentimeter, die man bei der Bestimmung des fraglichen Produktes erhalten hat, den Prozentgehalt des letzteren aus [2]).

---

[1]) Siehe P. Heermann: Färberei- und textilchemische Untersuchungen. 4. Aufl. S. 318.
[2]) Siehe auch Heinisch: Färber-Ztg. 1918. S. 183 und 194.

Natürliche organische Farbstoffe.

Unterscheidung von Indigo und Indanthrenblau[1]).

Man betupft die Färbung mit Salpetersäure, wobei sich ein gelber Fleck bildet. Dieser Flecken wird nun mit etwas Zinnchlorürlösung (10 g $SnCl_2$, 50 ccm HCl, 50 ccm H_2O) behandelt, wobei beim Indanthrenblau die Farbe wiederkehrt, was beim Indigo nicht der Fall ist.

Um Farbstoffe auf der Faser zu bestimmen, sind von Green Tabellen ausgearbeitet worden, in welchen die Farbstoffe gruppenweise identifiziert werden[2]).

II. Natürliche organische Farbstoffe.

1. Basische Farbstoffe.

Ein in der Natur vorkommender basischer Farbstoff ist das Berberin.

2. Saure Farbstoffe.

Orseillepräparate werden hergestellt aus verschiedenen Flechtenarten, die vorzugsweise den Gattungen Roccella, Lecanora und Variolaria angehören. Das Orcin $\left[C_6H_3 {\overset{CH_3 \,(1)}{\underset{OH \,(5)}{-OH \,(3)}}} \right]$, der wichtigste Bestandteil dieser Flechten, bildet sich erst bei der chemischen Behandlung derselben als Zersetzungsprodukt der Flechtensäuren und verwandelt sich unter Einwirkung von Ammoniak (Gaswasser) und Luft in Orcein, einen prächtig roten, kristallinischen Farbstoff.

3. Substantive Farbstoffe.

a) Curcuma. Der darin enthaltene Farbstoff ist das Curcumin, $C_{21}H_{20}O_6$, das aus dem Curcumapulver (Wurzelknollen der Curcuma longa und rotunda) extrahiert wird. Dient zum Färben von Butter, Käse, Gebäck, Öl usw.

b) Orlean. Die darin enthaltenen Farbstoffe sind das Bixin, $C_{28}H_{34}O_5$ und das Orellin. Es färbt direkt Baumwolle, Seide und Wolle orangerot an. Wird auch zum Färben von Butter, Käse usw. verwendet.

c) Safflor. Es enthält als Farbstoffe: Karthamin, $C_{14}H_{16}O_7$, und Safflorgelb, $C_{24}H_{30}O_{15}$. Es wird gewonnen aus den Safflorblüten. Das wertlose Safflorgelb muß zuerst entfernt werden. Färbt Seide und Baumwolle direkt an, ist jedoch sehr unecht.

[4. Beizenfarbstoffe.

a) **Blauholz (Campecheholz, Blutholz).** Die Güte des Blauholzes ist je nach seiner Herkunft sehr verschieden. Das beste ist das Campecheholz von der Campeche-Bay, von mittlerer Güte sind Domingo-, Jamaicaund Honduras-Blauholz; die geringsten Sorten bilden Martinique- und Guadeloupe-Blauholz. Gutes Blauholz soll ca. 15% trockenes Extrakt liefern.

---

[1]) Siehe: Le teinturier pratique Tome XVII, Nr. 6. 1922.
[2]) Siehe: Journ. Soc. Dy. and Col. 1905. p. 203 und 1908; dann Zeitschr. f. Farben-Ind. 1905. S. 510 und 1908. S. 73.

Die Oxydation des ursprünglich im Blauholz vorhandenen Hämatoxylins zu dem um zwei Wasserstoffatome ärmeren Hämatein (welch letzteres erst die Farblacke bildet) wird teils vor der Verwendung des geraspelten Holzes für Farbstoffe oder Extraktgewinnung durch einen Gärungsprozeß („Fermentieren") bewirkt, teils während des Färbeprozesses selbst (bei Wolle durch Kaliumbichromat, bei Baumwolle und Seide durch ein Eisenoxydsalz) vorgenommen.

Wertbestimmung durch Probefärben. Wichtig ist es oft, den Gehalt des Blauholzes an Hämatoxylin zu kennen (Seidenfärberei). Dies kann folgendermaßen ermittelt werden: Chromoxyd ergibt nur mit Hämatein einen Farblack, nicht aber mit Hämatoxylin; ist aber noch Chromsäure vorhanden, so oxydiert diese während des Färbens das Hämatoxylin zu Hämatein und dieses verbindet sich mit dem durch Reduktion der Chromsäure entstandenen Chromoxyd. Man erhält so den Gehalt an Hämatoxylin + Hämatein [1]).

Man bereitet sich nun eine Farbenskala, indem man mit 1% Bichromat und 2% Weinstein gebeizte Wolle (1 Stunde kochend) ausfärbt mit 0,05%—0,10%,0,15%—0,20%—0,25%—0,30%—0,35%—0,40%— 0,45%—0,50% reinem Hämatoxylin (durch Umkristallisieren des Handelsproduktes erhalten).

Für die Hämateinbestimmung stellt man sich eine Vergleichsskala her, genau so wie beim Hämatoxylin, nur dieses Mal mit reinem Hämatein [Handelsprodukt; oder durch vorsichtige Oxydation von reinem, in wasserhaltigem Äther gelöstem Hämatoxylin mit Salpetersäure erhalten [2])] auf mit Fluorchrom gebeizter Wolle (3% Fluorchrom und 3% Weinstein). Da Hämatein leicht überoxydiert wird, darf hier keine mit Bichromat gebeizte Wolle angewendet werden. Auch sind reduzierende Zusätze, wie Weinstein, dem Beizbade zuzusetzen.

Die Ausfärbungen dürfen nicht zu dunkel sein, um eine richtige Abschätzung der Farbtöne zu ermöglichen. Für die Probefärbung stellt man sich je zwei Färbungen her, eine hellere und eine dunklere, einerseits auf Wolle, die mit Bichromat, und andererseits auf Wolle, die mit Fluorchrom gebeizt ist. Die Menge des hierzu erforderlichen Extraktes ist abhängig von seinem Farbstoffgehalt; gewöhnlich braucht man 0,5 und 1% festen Extrakt, 1 und 2% flüssigen Extrakt, 2,5 und 5% gutes, nicht verdorbenes Holz, 5—20% geringeres oder verdorbenes Holz. Man kocht eine größere Menge der Materialien mehrere Male mit Wasser aus, vereinigt die Lösungen, verdünnt sie mit Wasser auf ein bestimmtes Volumen und filtriert. Hiervon verwendet man für die Färbungen ein den angegebenen Mengen entsprechendes Volumen. Man geht bei gewöhnlicher Temperatur in das Färbebad ein (das nur die Blauholzlösung enthält), erhitzt innere einer Stunde zum Sieden und kocht dann noch ½ Stunde lang.

Beispiel: Es wurden 5,53 g fester Extrakt in 1 Liter Wasser gelöst. Die Wollmuster waren 5 g schwer. Zwei Muster wurden mit 5 ccm = 27,75 mg = 0,553% Extrakt gefärbt, zwei andere mit der doppelten Menge, also 1,106% Farbmaterial. Die Farbe des hellen Musters, welches mit Chromsäure und Chromoxyd gebeizt war, paßte zwischen die Muster

---

[1]) Siehe v. Cochenhausen: Zeitschr. f. angew. Chemie 1904. S. 874.
[2]) Siehe Erdmann: Journ. f. prakt. Chemie Bd. 26, S. 205.

Nr. 3 (gefärbt mit 0,15% Hämatoxylin) und Nr. 4 (gefärbt mit 0,20% Hämatoxylin) und diejenige des dunkleren, welches ebenso gebeizt war, stimmte mit Nr. 7 (gefärbt mit 0,35% Hämatoxylin) der ersten Vergleichsskala überein. Demnach hatten 1,106 Teile des Extraktes denselben Farbwert wie 0,35 Teile Hämatoxylin; der Extrakt enthielt also 31,7% Hämatoxylin + Hämatein. Da ferner die Färbung mit 1,106% Extrakt auf Wolle, welche nur mit Chromoxyd gebeizt war, zwischen die Muster Nr. 1 und Nr. 2 der zweiten Vergleichsskala fiel, so haben hierbei 1,106 Teile Extrakt denselben Farbwert wie 0,075 Teile Hämatein. Der Extrakt enthielt also 6,8% Hämatein und 31,7 — 6,8 = 24,9% Hämatoxylin. Da jedoch während des einstündigen Färbeprozesses immer ein Teil des Hämatoxylins in Hämatein übergeht, so daß ein mit Chromoxyd gebeiztes Wollmuster, das mit reinem Hämatoxylin gefärbt worden ist, trotz der Abwesenheit von Chromsäure schwachblau gefärbt ist und in der Färbung mit Nr. 1 der Hämatein-Chromoxydskala übereinstimmt, so muß die dieser Färbung entsprechende Menge Hämatein in Abzug gebracht werden, da sie erst während des Färbens entstanden ist. Es müssen demnach für 1,106 Teile Extrakt 0,05 Teile oder für 100 Teile Extrakt 4,5 Teile abgezogen werden. Der Extrakt enthält nach dieser Korrektur also in Wirklichkeit 6,8 — 4,5 = 2,3% Hämatein und 31,7 — 2,3 = 29,4% Hämatoxylin.

Verfälschungen. Die Blauholzextrakte werden mit allen erdenklichen Zusätzen wie Melasse, Dextrin, Quebrachoextrakt, Kastanienextrakt, Sumachextrakt, Querzitronextrakt, Glaubersalz, Sand, Ton, Erde, Sägespäne, ausgezogene Gerberlohe usw. verfälscht.

Aschengehalt. Melasse hinterläßt beim Veraschen einen ziemlich großen Rückstand, Quebracho- und Kastanienextrakt jedoch nur einen sehr geringen. v. Cochenhausen ermittelte folgende Zahlen: der Aschengehalt beträgt

4,5% bei einer Zugabe von 25 Teilen Melasse zu 100 Teilen Extrakt,
6,2% ,, ,, ,, ,, 50 ,, ,, ,, 100 ,, ,,
8,0% ,, ,, ,, ,, 100 ,, ,, ,, 100 ,, ,,

berechnet auf den wasserfreien Extrakt. Melassehaltige Extrakte lassen sich nur schlecht pulverisieren und backen leicht wieder zusammen. Sie liefern geschmolzene und dunkel gefärbte Aschenrückstände, währenddem die Asche von reinem Extrakt weiß, leicht und locker ist.

Bestimmung von Melasse und ähnlichen Stoffen: v. Cochenhausen fällt Hämatoxylin und Hämatein mit Eisenoxyd aus, verdampft das Filtrat zur Trockene und wägt den Rückstand, der die Melasse enthält; oder er bestimmt dieselbe nach der Inversion mit Fehlingscher Lösung. Durch das Eisenoxyd werden gleichzeitig Gerbsäure, Gallussäure und Nichtzuckerverbindungen der Melasse abgeschieden. Gute Blauholzextrakte enthalten nicht mehr als 2—2,5% nicht ausfällbare Stoffe. Zur Darstellung der Eisenoxydhydratsuspension verfährt v. Cochenhausen folgendermaßen: eine chlorammoniumhaltige Lösung von 90 g kristallisiertem Eisenalaun wird mit überschüssigem Ammoniak gefällt, das Eisenoxydhydrat abfiltriert, ausgewaschen bis zum Verschwinden der Chlorreaktion und dann durch gutes Schütteln in 1 Liter Wasser suspendiert. In je 50 ccm dieser Suspension ist 1 g Eisenoxydhydrat vorhanden. Dieses oxydiert das Hämatoxylin zu Hämatein, das als Hämateineisenoxyd ausfällt. 214 Teile Eisenoxydhydrat fällen 320 Teile Hämatoxylin aus oder 0,34 Teile Eisenoxydhydrat entsprechen 0,5 Teilen Hämatoxylin.

Ausführung: Man verdünnt eine etwa 0,5 g Trockensubstanz enthaltende Menge Extraktlösung mit Wasser auf 200 ccm, fügt 100 bis 150 ccm obiger Eisenoxydhydrat-Suspension hinzu, kocht ¼ Stunde über freier Flamme, füllt nach dem Erkalten auf 500 ccm auf, filtriert durch Faltenfilter Nr. 602 von Schleicher & Schüll, dampft in einer gewogenen Schale im Wasserbade zur Trockene, trocknet eine Stunde bei 100° und wägt den Rückstand. Hierbei entspricht ein Teil so gefundenen Zuckers zwei Teilen Melasse. Der Zuckergehalt kann nach voraufgegangener Inversion mit Fehlingscher Lösung bestimmt werden. War der Extrakt mit Melasse verfälscht, so ergibt die Analyse meistens Zuckerwerte von 20% und darüber (bezogen auf den wasserhaltigen Extrakt).

Ein anderes Verfahren, um Melasse, Dextrin, Leim usw. zu bestimmen, besteht darin, den Blauholzfarbstoff und die Gerbstoffe durch Hautpulver zu absorbieren und das nun fast farblose Filtrat auf die fraglichen Stoffe zu prüfen.

Einen Gerbsäurezusatz erkennt man durch die Schwefelammoniumreaktion. Setzt man zu einer Lösung von 5 g Trockensubstanz in 1 Liter Wasser ein Drittel des Volumens an gelbem Schwefelammonium, so fällt bei reinen Extrakten unter Dunkelfärbung der Lösung ein schwacher, brauner, flockiger Niederschlag, bei gerbstoffhaltigen sofort unter Hellfärbung ein dichter, hellgrauer, milchiger Niederschlag aus. Bei einer Lösung von ca. 1 g im Liter entsteht bei reinen Extrakten nur eine gelinde, dunkle Trübung, bei gerbstoffhaltigen dagegen eine helle, starke Trübung, die sich in kurzer Zeit zu großen, hellen Flocken zusammenballt.

Für den Nachweis von Kastanienextrakt siehe: Lunge-Berl: Untersuchungen Bd. IV, S. 1064 (7. Aufl.).

Aus Blauholz oder Blauholzextrakt hergestellte Präparate sind: Indigoersatz, Noir réduit, Direktschwarz, Kaiserschwarz, Nigrosaline, Neudruckschwarz u. a.

b) **Catechu.** Enthält als Farbstoff das Katechin, $C_{15}H_{14}O_6$, und die Catechugerbsäure. Es wird erhalten aus dem Kernholz von Akazia Catechu; dann aus dem Extrakt der Betelnuß (Gambir). Dient in der Baumwollfärberei und -druckerei und wird auf Chrom-, Eisen- oder Kupferbeize gefärbt.

Färben von Catechu auf Baumwolle: Die Ware wird ½—1 Stunde in einer Lösung von 10—20 g Catechu im Liter (eventuell unter Zusatz von 1 Teil Kupfersulfat auf 10 Teile Farbstoff) gekocht, ausgewunden, einige Stunden liegen gelassen, dann ½ Stunde in einer mäßig starken Lösung von Bichromat (2—10 g im Liter) bei 60—90° umgearbeitet, gespült und getrocknet. Die Nüance ist rehbraun.

c) Andere beizenfärbende Naturfarbstoffe sind: Rotholz, Gelbholz, Fisettholz, Sandelholz, Krapp, Cochenille, Querzitron und Wau.

5. Küpenfarbstoffe.

Hierher gehören der Indigo und der Purpur (Dibromindigo).

III. Anorganische Farbstoffe.

Für die Beurteilung der Eigenschaften und des Wertes der anorganischen Farbstoffe dient die chemische Untersuchung, sowie die Vornahme praktischer Proben. Die letztere besteht darin, daß man eine kleinere Menge des zu untersuchenden Materials mit einem Muster von bekannten Eigenschaften, dem Typ, vergleicht. Man stellt mit Typ und Probe vergleichbare Druckmuster auf Baumwolle her, oder man verdünnt beide mit der gleichen Menge eines indifferenten Körpers (Bleiweiß usw.), reibt mit Leinöl ab und vergleicht auf einer Marmorunterlage.

Blaue Farben.

1. Cyaneisenfarben.

a) **Pariser Blau** (Preußisch-, Sächsisch-, Erlanger-, Mineral-, Kali-, Raymond-, Neu-, Öl-, Wasser-, Wasch-, Louisen-, Hortensienblau). Reines Pariserblau, nach Woringer: Fe^{III}, Fe^{II}_3 [Fe^{III} $(CN)_6]_3$, ist ein tiefblauer Körper von muscheligem Bruch und mit kupferähnlichem Glanz und Strich. Es soll möglichst leicht und locker sein. In lufttrockenem Zustande enthält es über 20% Wasser; auch durch Trocknen bei höherer Temperatur ist es nicht ganz wasserfrei zu erhalten und schließt außerdem stets gewisse Mengen Ferrocyankalium ein, das sich aus dem voluminösen frisch gebildeten Niederschlag nur schwer vollkommen auswaschen läßt.

b) **Stahlblau** (Miloriblau) nach Chérix: $K_6Fe^{II}_3 Fe^{III}_4$, $Fe^{II}_6 (CN)_{36}$, matte, vierkantige Stücke; heller wie Pariserblau, weniger dicht, leicht brechbar und zerreiblich.

c) **Berlinerblau.** Dasselbe ist heller in der Farbe als Pariserblau infolge Beimengung mineralischer Stoffe (Ton, Schwerspat, Magnesia, Gips usw.).

Zum qualitativen Nachweis dieser Zusätze zerstört man nach Bolley-Stahlschmidt zuerst die Cyanverbindungen, indem man 2 g Substanz mit dem gleichen Gewichte salpetersauren und dem dreifachen Gewichte schwefelsauren Ammoniaks mengt und das Gemenge in einer kleinen tubulierten Retorte erhitzt, die mit einer Vorlage ohne alle Dichtung verbunden ist. Alle basischen Körper mit Ausnahme des Ammoniaks bleiben in der Retorte zurück. Der Rückstand wird unter Erwärmen mit schwach salzsaurem Wasser ausgezogen. Schwerspat, Gips, Ton, Sand bleiben ungelöst zurück. Die salzsaure Lösung wie der Rückstand werden nach bekannten Methoden auf ihre Bestandteile geprüft.

Quantitativ läßt sich der Gehalt des Pariserblaus an Farbstoff ermitteln, indem man dasselbe mit Kali- oder Natronhydrat kocht. Dabei wird der Farbstoff zersetzt:|

$$[Fe(CN)_6]_3Fe_4 + 12\,KOH = 3\,[Fe(CN)_6] \cdot K_4 + 4\,Fe(OH)_3.$$

Das auf dem Filter bleibende Eisenoxyd wird in Schwefelsäure gelöst, reduziert und mit Permanganat titriert; oder man ermittelt nach der Hurterschen, von Lunge und Schäppi modifizierten Methode (Lunge-Berl, Bd. I, S. 512, 6. Aufl.) das gebildete Ferrocyankalium. In beiden Fällen vergleicht man den gefundenen Gehalt an Farbstoff mit dem eines typischen Pariserblaus von großer Reinheit [1]). Die Pariserblaue sind zinkweißunecht.

d) **Turnbullblau**[2]), nach Woringer: $Fe^{II}_3\,[Fe^{III}(CN)_6]_2$, übertrifft das Pariserblau an Reinheit der Farbe; außerdem gibt seine lösliche Modifikation mit verschiedenen Metall- (namentlich Zinn-) salzen besonders schön blaue, unlösliche Verbindungen. Es ist aber lichtunecht.

Der Nachweis des Zinngehaltes geschieht durch Schmelzen des Turnbullblaus mit einem Gemisch von Soda und Salpeter, Auflösen der das Zinn als zinnsaures Natron enthaltenden Schmelze in HCl und Behandeln der nötigenfalls filtrierten Lösung mit Schwefelwasserstoff, wobei Schwefelzinn sich nach und nach ausscheidet.

Die praktische Wertbestimmung dieser Erzeugnisse geschieht in der Regel durch Zusammenreiben gleicher Teile Probe und Typ mit gleichen Mengen Bleiweiß und Vergleichung der Mischungen.

2. Kupferfarben.

Bergblau (wasserhaltiges, basisch kohlensaures Kupferoxyd, in der Natur als Kupferlasur) und **Bremerblau** (im wesentlichen aus Kupferhydroxyd bestehend) finden in der Malerei als Wasser und Leimfarben Verwendung, während sie als Ölfarben unter Bildung einer Kupferseife in Grün umschlagen (Bremergrün). Werden heutzutage nicht mehr viel gebraucht.

3. Kobaltfarben.

a) **Kobalt-Ultramarin** (Kobaltblau, Thénards Blau) wird durch Glühen von Kobaltsalzen mit Tonerde nach verschiedenen Methoden erhalten. Die Gegenwart von Arsensäure oder Phosphorsäure begünstigt die Verbindung der Tonerde mit dem Kobaltoxydul und erhöht die Schönheit der Farbe. Kobaltultramarin ist luft- und säurebeständig und findet Verwendung als Wasser-, Öl- und Porzellanfarbe.

b) **Coeruleum** (Coelin), Kobaltstannat, gemengt mit Zinnsäure und Gips (ca. 50 Teile Zinnoxyd, 18 Teile Kobaltoxydul, 32 Teile Gips), ist lichtblau und hat die wertvolle Eigenschaft, bei künstlichem Licht nicht wie die anderen Kobaltfarben violett zu erscheinen. Es wird in der Aquarellmalerei verwendet.

c) **Smalte**, kalihaltiges Kobaltsilikat, wird aus dem „Zaffer" (unreinem, aus geröstetem Kobalterz erhaltenem Kobaltoxydul) durch Zusammenschmelzen mit Quarzsand und Pottasche im Glasofen gewonnen. Sie enthält ca. 65—72% Kieselsäure, 2—7% Kobaltoxydul, 2—22% Kali und Natron und ca. ½—20% Tonerde.

Ein Gehalt des Zaffers an Nickel ist sehr nachteilig, weil dadurch die Smalte einen violetten Ton erhält; ebenso schädlich ist Wismut, welches ein grünlich braunes Glas erzeugt. Eisen in etwas größerer Menge macht die Farbe schmutzig, während dagegen Arsen für die Bildung einer schönen Farbe vorteilhaft ist.

---

[1]) Siehe auch: Ber. Bd. 36, S. 1932. 1903; dann Ch. Coffignier: Bull. Soc. Chim. Paris (3) Bd. 31, S. 391; Chem. Zentralbl. 1904. Bd. I, S. 1297. —
[2]) Siehe E. Müller und Th. Stanich: Journ. f. prakt. Chem. N. F. Bd. 79, S. 81. 1909; und ebenda Bd. 80, S. 153. 1909; ebenda: K. A. Hofmann S. 150; s. auch Rose: Die Mineralfarben. 1916.

Blaue Farben. 201

Die Smalte ist außerordentlich dauerhaft und findet zur Malerei auf gebrannte Geschirre, Fresko- und Stubenmalerei, zum Bläuen von Textilstoffen usw. Verwendung.

4. Ultramarin.

Ultramarin wird erhalten durch Erhitzen von Kaolin mit Soda und Schwefel oder Natriumsulfat, Kohle und Schwefel, eventuell unter Zusatz von Kieselgur.

Ultramarinviolett entsteht durch Erhitzen von Ultramarinblau mit 5% Salmiak während ca. 24 Stunden auf 150° oder durch gleichzeitige Einwirkung von Chlor und HCl auf Ultramarinblau bei ca. 250°.

Ultramarinrot wird aus Ultramarinviolett erhalten durch weiteren Zusatz von $16^2/_3$% HCl oder das Violett wird in einem Spezialofen mit HNO_3-Dämpfen behandelt.

Über die Prüfung der Rohmaterialien (Ton, Kieselsäure, Schwefel, Soda, Glaubersalz, Harz, Pech) sowie die Kontrolle des Betriebs siehe Lunge-Berl: Untersuchungen. Bd. IV, S. 565 (6. Aufl.).

Prüfung des fertigen Ultramarins. a) Auf Färbekraft. Man mischt 0,1 g der zu untersuchenden Sorte in einer Reibschale innig (ohne dabei stark zu drücken) mit 1 g feinst gesiebtem gebrannten Ton oder sonst einem weißen Pulver, streicht die Mischung mit einem Hornspatel auf Papier und vergleicht sie mit der Normalmischung oder der Aufmischung einer anderen Sorte. Hauptsache bei dieser Prüfung ist gutes helles, aber nicht blendendes Licht.

Man bereite sich z. B. von einer sehr farbekräftigen Sorte eine Mischung von 1 g Blau und 10 g Weiß, was man als 50% bezeichnet, und stellt nun eine Skala nach oben und unten mit je 0,5 g Weiß weniger resp. mehr her und bezeichnet diese Sätze mit 51, 52, 53, resp. 49, 48 usw.%. Mit diesen Normalsätzen vergleicht man dann neue Sorten, die in demselben Verhältnis (0,1 g Farbe zu 1 g Weiß) und mit demselben Weiß gemischt sind. Man sagt dann z. B., diese Sorte ist 54%, die andere 40% farbekräftig.

b) Auf Feinheit. Ein farbekräftiges Ultramarin ist auch äußerst fein, das feinste aber nicht immer hoch farbekräftig. Man legt eine kleine Probe auf ein mit feinster Seidengaze (Nr. 17) überspanntes Siebchen und verreibt sie mit dem Finger, wobei man etwaige gröbere Teilchen leicht herausfühlt. Oder man wägt 1 g ab, schüttelt in einer Flasche mit 200 ccm Wasser und läßt ruhig stehen. Je feiner das Blau ist, desto länger wird das Wasser blau bleiben. [Ganz gleichmäßig („amorph") gemahlene Ultramarine, nach gutem Trocknen in Wasser aufgerührt, färben dasselbe nicht mehr blau und setzen sich fest zu Boden.] Die letztere Probe gilt auch für die Verteilbarkeit des Ultramarins in Wasser.

c) Prüfung auf freien Schwefel. 1 g Substanz im Reagenzröhrchen erhitzt, darf an den kälteren Teilen desselben nur schwachen Schwefelbeschlag zeigen, andernfalls muß das Ultramarin entschwefelt werden durch vorsichtiges Erhitzen. Für Kupferdruck u. dgl. müssen die Ultramarine völlig schwefelfrei sein.

d) Prüfung auf Alaunfestigkeit. 0,1 g Substanz, versetzt man mit 10 ccm einer Lösung von 100 g Aluminiumsulfat auf 1 Liter Wasser, schüttelt öfters gut um und beobachtet die Zersetzung. Oder man läßt 0,5 g Blau mit 30 ccm obiger Lösung 2—3 Stunden stehen, filtriert, wäscht, trocknet und vergleicht die Proben durch Nebeneinanderstreichen. Dasjenige Ultramarin, das länger der Zersetzung widersteht, ist das bessere.

e) Prüfung für Kattundruck. Dieselbe bezieht sich auf das Verhalten des Ultramarins zum Verdickungsmittel, hier Eiweiß. In ein Reagenzglas mit Fuß bringt man 2 g der Probe, 2 g Eiweiß und 10 ccm warmes Wasser, rührt gut um und setzt ca. 24 Stunden lang einer Temperatur von 25—30° C aus. Diejenige Farbe, die das Eiweiß am besten konserviert und am wenigsten H_2S entwickelt, ist die beste für diesen Zweck.

f) Prüfung für Lackierzwecke. Durch Verreiben von 1 g Blau auf einer Glasplatte mit einigen Tropfen besten Leinölfirnisses und Trocknenlassen kann man beim Betrachten der Proben im durchfallenden Licht leicht die brauchbaren feurigen Sorten von den matten unterscheiden.

Die Analyse des Ultramarins siehe: Lunge-Berl, Untersuchungen, Bd. IV, S. 573 (6. Aufl.).

Gelbe Farben.

1. Chromfarben.

Hierher gehören die Bleisalze der Chromsäure: Das **Chromgelb** (neutrales Bleichromat), das **Chromrot** oder **Chromzinnober** [basisches Bleichromat $PbCrO_4 + Pb(OH)_2$] und das **Chromorange** (ein Gemenge der beiden vorigen).

Die Chromfarben (Goldgelb, Königsgelb, Kaisergelb, Amerikanergelb, Neugelb, Zitronengelb, Kanariengelb, Parisergelb, Kölnergelb, Leipzigergelb) enthalten neben Bleichromat mehr oder weniger Bleisulfat, oft auch Bariumsulfat, Kalziumkarbonat, Kalziumsulfat, Tonerde usw. Durch diese Zusätze lassen sich alle möglichen Nuancen erzielen. Die Chromfarben finden in der Zeugdruckerei, im Papier- und Tapetendruck vielfach Verwendung. Über die Darstellung s. C. O. Weber (Journ. Soc. Chem. Ind. 1891, S. 709; 1892, S. 357); Lunge-Berl: Untersuchungen Bd. IV, S. 524 (6. Aufl.).

Die Prüfung des chromsauren Kalis erstreckt sich auf den Nachweis von Kalium- und Aluminiumsulfat, Kaliumnitrat und Chlorkalium [s. Lunge-Berl: Untersuchungen, Bd. IV, S. 526 (6. Aufl.)].

Untersuchung des Chromgelb. Zur Bestimmung des Gehaltes an Bleichromat versetzt man die mit Salzsäure und Alkohol reduzierte Lösung des Salzes nach dem Erkalten mit starkem Alkohol, sammelt das ausgeschiedene Bleichlorid auf einem bei 120° getrockneten Filter, wäscht mit Alkohol aus, trocknet bei 120° und wägt. Im Filtrate wird das Chromoxyd mit Ammoniak (Vermeidung eines größeren Überschusses) gefällt. Meistens wird jedoch die maßanalytische Bestimmung der Chromsäure nach der Bunsenschen Chlormethode genügen.

Der qualitative Nachweis der Zusätze (Ton, Schwerspat, Bleisulfat, Gips, Kreide) geschieht nach Wittstein (Dingl. Bd. 210, S. 280) wie folgt:

Man übergießt in einem Glaskölbchen 1 g der Probe mit 7 g reiner Salzsäure von 1,12 spez. Gewicht. Ein dadurch entstandendes Brausen zeigt Kreide an. Man erwärmt hierauf so lange, bis der etwa verbliebene Satz völlig weiß erscheint und nicht wieder verschwindet. Nun setzt man 1 g Weingeist von 90% hinzu, fährt mit dem Erhitzen fort, bis die Farbe der Lösung rein grün geworden ist, fügt dann noch 100 ccm Wasser hinzu, filtriert und wäscht den Niederschlag so lange aus, bis die ablaufende Flüssigkeit weder auf freie Säure noch auf Sulfate mehr eine Reaktion gibt. Der Filterinhalt kann aus Schwerspat und Ton bestehen, die in bekannter Weise getrennt werden. Das Filtrat prüft man mit Chlorbarium. Bei erfolgter Reaktion auf Sulfate (Bleisulfat oder Gips) gibt man zu dem Filtrat 1 g schwefelsaures Natron, rührt bis zum Verschwinden desselben um und läßt absitzen. Ein Niederschlag zeigt Bleisulfat an. Letzteres wird eventuell abfiltriert, aus dem Filtrat das Chrom mit Ammoniak gefällt und im zweiten Filtrate auf Kalk (Gips) geprüft.

Eine Verfälschung mit Bleisulfat findet man nach Löwe auch leicht, indem man das fein gepulverte Chromgelb (oder Chromrot) mit einer mäßig starken kalten Auflösung von Natriumthiosulfat schüttelt, wodurch sich das Bleisulfat leicht löst. Im Filtrate erkennt man das Blei durch neutrales chromsaures Kali und bestimmt es quantitativ, indem man es aus dieser Lösung durch Schwefelwasserstoff ausfällt und das gereinigte Schwefelblei in bekannter Weise in Bleisulfat überführt.

Nach M. Willenz [Bull. Assoc. 1898, S. 163; Fischer: Jahresber. 1898. S. 417; Lunge, Berl: Untersuchungen, Bd. IV, S. 528 (6. Aufl.)] wird zur vollständigen Analyse der Chromfarben 1 g der feingepulverten Ware bei gelinder Wärme mit 100 ccm verdünnter Salzsäure (1:20) behandelt, die klare Flüssigkeit filtriert, der möglichst im Becherglas zu belassende Niederschlag sowie das Filter mit warmem Wasser ausgewaschen. In dem Filtrat, in welches Kalziumkarbonat und Kalziumsulfat übergegangen, bestimmt man Kalzium und Schwefelsäure. Der Rückstand wird bei gewöhnlicher Temperatur mit 50 ccm Ammoniumazetatlösung (spez. Gewicht 1,04) digeriert. Dieselbe soll neutral oder schwach alkalisch sein. Man dekantiert und wäscht mit warmem Wasser wie vorher; in Lösung geht Bleisulfat, zu dessen Bestimmung die Flüssigkeit in einer gewogenen Platinschale zur Trockene verdampft und der Rückstand nach Verjagung von Ammoniak und Essigsäure mit Schwefelsäure geglüht wird. Das bei der Behandlung mit Ammoniumazetat Unlösliche kann Bleichromat, Bariumsulfat und Tonerde enthalten. Man suspendiert in 50 ccm Wasser, fügt 25 ccm Kalilauge (112 g KOH in 1 Liter) zu und kocht etwa 10 Minuten; Tonerde und Bariumsulfat bleiben unverändert und können durch die gewöhnlichen Verfahren getrennt werden; in Lösung geht Bleichromat unter Bildung von Kaliumchromat und Kaliumplumbat.

Die Untersuchung von Chromrot und Chromorange erfordert außer den erwähnten Prüfungen die Bestimmung des basischen Bleioxydes. Eine fein gepulverte Probe wird mit Essigsäure behandelt; das basische Bleioxyd geht in Lösung, das zurückbleibende neutrale Bleichromat wird getrocknet, gewogen und basisches Bleioxyd aus der Differenz berechnet.

2. Kasseler Gelb.

(Montpelliergelb, Turners Patentgelb.) Basisches Chlorblei, von wechselnder Zusammensetzung (häufig $PbCl_2 + 7\ PbO$). Das Verhältnis des Chlorbleis zum Oxyd bestimmt man durch Lösen der Farbe unter Vermeidung von Chlorentwicklung in verdünnter Salpetersäure und sehr viel warmem Wasser und Fällen mit Silberlösung. Aus dem Chlorsilber wird das Chlorblei berechnet.

Grüne Farben.

1. Kupferfarben.

Schweinfurtergrün (Neuwieder-, Wiener-, Mitis-, Kirchberger-, Kaiser-, Papageigrün usw.). Eine Doppelverbindung von neutralem, essigsaurem Kupfer mit arsenigsaurem Kupfer: $Cu(C_2H_3O_2)_2 \cdot 3\ CuAs_2O_4$. Der Glanz und das Feuer der Farbe hängen ab von der Größe der Kristalle und vom Gehalt derselben an Essigsäure.

Reines Schweinfurtergrün löst sich vollständig in Ammoniak und Säuren; beim Erhitzen in einem Probierröhrchen mit Soda entwickelt es den Kakodylgeruch. Häufig wird es mit Gips, Schwerspat, Bleisulfat, Chromgelb usw. getönt. Solche Zusätze werden folgendermaßen nachgewiesen (s. auch Thomas B. Stillmann: Chem. News 1899, S. 251 u. 261): Aufbrausen beim Lösen in Säure weist auf kohlensaures Kupferoxyd hin. Bleibt ein unlöslicher Rückstand, so kann er Ton, Schwerspat und Gips enthalten. Wird die salzsaure Lösung mit kohlensaurem Ammon im Überschuß versetzt, so kann ein entstehender Niederschlag Tonerde, Kalk und Magnesia enthalten. Zum Nachweis von Chromgelb löst man in Salzsäure (wobei oft schon ein weißer Niederschlag entsteht, der durch viel Wasser verschwindet), verdünnt mit Wasser, setzt Schwefelsäure zu, filtriert vom schwefelsauren Bleioxyd ab, kocht das Filtrat unter Zusatz von Weingeist und fällt daraus mit Ammonkarbonat das Chromoxydhydrat (s. Bolley-Stahlschmidt: Handbuch der techn. chem. Unters. 1889, S. 352).

Kupfergehalt. Man löst in Salzsäure, versetzt mit überschüssigem Ammonkarbonat, filtriert von etwa gebildetem Niederschlag (Tonerde, Kalk, Magnesia) ab und fällt im kochenden Filtrat das Kupferoxyd mit Natronlauge.

Über mikroskopische Prüfung des Grüns siehe: Lunge-Berl: Untersuchungen. Bd. IV, S. 592 (6. Aufl.), dann Zeitschr. angew. Chemie 1888. S. 47.

Ferner finden sich im Handel:

Casselmanns Grün $CuSO_4 \cdot 3\ Cu(OH)_2 \cdot 4\ H_2O$, eine prächtige hellgrüne Farbe. Braunschweiger Grün $CuCO_3 \cdot Cu(OH)_2$, mit Permanentweiß, Schwerspat, Zinkweiß, Gips, Schweinfurtergrün getönt. Scheeles Grün (Mineralgrün) $Cu_2As_2O_6$, $2\ H_2O$.

2. Kobaltgrün

(Rinnmannsches Grün, Zinkgrün, Sächsischgrün). Die dem Kobaltultramarin entsprechende Verbindung, in welcher die Tonerde durch Zinkoxyd ersetzt ist. (Mittlere Zusammensetzung ca. 88 Teile Zinkoxyd auf 12 Teile Kobaltoxydul.) Mit HCl erhitzt, ergibt es eine rote Lösung.

3. Chromfarben.

a) **Mischungen von Chromgelb mit blauen Farben** (Berliner Blau, Ultramarin, Kupferfarben). Man übergießt mit kalter Salzsäure. Bleibt das Chromgrün unverändert, so enthält es Berlinerblau; wird es schwarz, so besteht die blaue Farbe aus Ultramarin; Ausscheidung von gelbem Bleichromat über der grünen Lösung weist auf eine blaue Kupferfarbe hin. Das aus Chromgelb und Berliner Blau erhaltene Chromgrün färbt sich mit Kalilauge in der Kälte schon gelb oder rot und beim Kochen mit Salzsäure und Alkohol blau.

b) **Guignets Grün**, $Cr_2O_3 + 2\ H_2O$ (durch vorsichtiges Kalzinieren eines Gemenges von Kaliumbichromat und kristallisierter Borsäure bei Rotglut) ist in kochender Salzsäure so gut wie unlöslich.

Es finden ferner Verwendung **Chromhydrat** (Smaragd-, Mittler-, Schnitzer-, Pannetiers-, Arnaudons-, Matthieu-Plessys-Grün) $2\ Cr_2O_3,\ 3\ H_2O$, oft in Verbindung mit Borsäure, Phosphorsäure, Arsensäure (als Ersatz für Schweinfurtergrün), sowie das wasserfreie **Chromoxyd**.

Rote Farben.

1. Eisenfarben.

a) **Caput mortuum** (Kolkothar, Englischrot, Polierrot). Das bei der Fabrikation von Oleum aus Ferrosulfat als Nebenprodukt entstehende rohe Eisenoxyd wird mit wechselnden Mengen Kochsalz bei verschiedenen Temperaturen geglüht. Dadurch und durch Vermischen dieser Produkte mit neuem Caput mortuum erhält man zahlreiche Nuancen (gelb, braun, violett).

Diese Farbe ist sehr billig und dauerhaft und von enormer Deckkraft; nachteilig ist ihr Gehalt an freier Schwefelsäure.

Sammetrot (rotbraun) ist Eisenoxyd, gefärbt durch ein Gemenge von spritlöslichem Rosanilinblau und etwas Fuchsin (Dingl. Journ. 1898, 79, Bd. 308, S. 155).

b) **Eisenmennige.** Ein Gemisch aus 75 Teilen gepulvertem Blutstein (Varietät des Raseneisensteins) und 25 Teilen geschlemmtem roten Bolus (eisenoxydhaltigem Ton). Ein gleichbenanntes Produkt wird durch Rösten und Mahlen von Pyritrückständen erhalten. Sie hat vor Kolkothar den Vorzug, keine freie Säure zu enthalten, schützt das damit bestrichene Eisen vor Rost, ist billiger als Mennige und nicht giftig wie diese.

Der Wert der Eisenmennige richtet sich nach dem Gehalt an Eisenoxyd und nach dem Brenngrade. Mit dem letzteren wächst der Gehalt an Eisenoxyd und das spezifische Gewicht und damit die Säure und Wetterbeständigkeit. Bei Abwesenheit schwerer Verunreinigungen, die sich leicht qualitativ nachweisen lassen, gibt daher das spezifische Gewicht ein Maß für den Brenngrad. Günstig ist ein Material vom spezifischen Gewicht 4,2. Feinere Verteilung beeinträchtigt die Säurebeständigkeit nicht. [S. auch H. Bauche: Z. analyt. Chemie 1898. S. 668; Fischer: Jahresber. 1898, S. 418; Lunge-Berl: Untersuchungen, Bd. IV, S. 533 (6. Aufl.)].

2. Mennige, Pb_3O_4.

Dargestellt durch Erhitzen von Massikot (Bleioxyd) im Flammofen bei Luftzutritt, durch Erhitzen von Bleisulfat mit Natronsalpeter und Soda, oder durch Rösten von reinem Bleiweiß bei oxydierender Flamme und gelinder Rotglühhitze [Orangemennige [1])].

Prüfung des Massikot (gilt auch für Bleiglätte): Lunge-Berl: Untersuchungen, Bd. IV, S. 536 (6. Aufl.): Kupfer, Wismut, Eisen und Antimon sind schädlich für die Farbe der Mennige [2]).

Massikot ist reines Bleioxyd. Es soll sich ganz in Salpetersäure auflösen; aus der salpetersauren Lösung soll Schwefelsäure alles ausfällen, so daß beim Abdampfen der vom Niederschlage abfiltrierten Flüssigkeit, nach Verdunstung der Salpetersäure und etwa überschüssig zugesetzten Schwefelsäure, nur ein ganz unbedeutender Rückstand bleiben soll. Zum Nachweis von Kalksalzen löst man in verdünnter Salpetersäure bei Vermeidung eines Überschusses, verdünnt die Lösung mit Wasser und leitet H_2S ein, bis dieselbe stark danach riecht. Nach dem Filtrieren darf durch Ammoniak und oxalsaures Ammoniak kein Niederschlag entstehen. Entweichende Kohlensäure beim Übergießen mit Säure weist auf kohlensauren Kalk oder kohlensaures Bleioxyd hin. Letzteres ist vorhanden, falls im vorhergehenden Versuche kein Kalk gefunden wurde. Die Kohlensäure bestimmt man im Kohlensäureapparat. Erdige Teile, Ziegelmehl, Rötel, roter Ocker sind entweder unlöslich in Salpetersäure oder befinden sich in der Lösung nach Abscheidung des Bleies durch Schwefelsäure; das nämliche gilt für Eisenoxyd, das manchmal in der Glätte getroffen wird. Zinnsäure bleibt in dem in Salpetersäure ungelösten Teil, ist jedoch selten in namhafter Menge in der Glätte enthalten. Kupfer weist man durch Digestion einer kleinen Probe mit Ammoniak nach; diese wird bei nur einigermaßen beträchtlichem Kupfergehalt bläulich. Glätte und Mennige, welche für die Glasfabrikation verwendet werden, müssen durchaus frei von Kupferoxyd und Eisenoxyd sein.

Nach Salzer[3]) kommt zuweilen salpetrige Säure und Gips in der Bleiglätte vor.

Prüfung der Mennige. Die qualitative Prüfung wird genau wie bei dem Massikot und der Bleiglätte ausgeführt, da die Verunreinigungen dieselben sind.

Quantitativ läßt sich der Gehalt an Pb_3O_4 einfach und genau bestimmen nach der Methode von Topf [Z. analyt. Chemie 1887, S. 296; Lunge-Berl: Untersuchungen, Bd. II, S. 95 (6. Aufl.)], einer Modifikation des Verfahrens von Diehl (Dingl. Bd. 246, S. 196). Etwa 5 g Substanz werden mit 8 g Jodnatrium, 100 ccm Wasser, 5 ccm Essigsäure und 120 g Natriumazetat versetzt und geschüttelt, bis keine dunklen Teilchen von unzersetztem Bleioxyd mehr vorhanden sind. Man bringt die Lösung auf 500 ccm und titriert 25 ccm mit $n/_{10}$ Thiosulfatlösung.

---

[1]) Siehe auch J. Milbauer: Physikalisch-chemische und technische Studien über Mennige. Chem.-Zg. Bd. 33, S. 513, 522, 950, 960, 1909 und Bd. 34, S. 138, 1341, 1910; dann G. Kaßner: Chem. Zentralblatt Ch. C. 1904. Bd. I, S. 251. —
[2]) Siehe Herting: Chem.-Zg. Bd. 27, S. 933. 1903; dann Lunge-Berl: Untersuchungen, Bd. II, S. 94 (6. Aufl.).
[3]) Pharm. Zentralbl. Bd. 29, S. 645; Zeitschr. f. anal. Chemie 1889, S. 734.

H. Forestier [Z. angew. Chemie 1898, S. 176; Lunge-Berl: Untersuchungen, Bd. IV, S. 539 (6. Aufl.)] schlägt zur Bestimmung des Pb_3O_4 Essigsäure vor:
$$Pb_3O_4 + 4\ CH_3COOH = PbO_2 + 2\ Pb(CH_3COO)_2 + 2\ H_2O.$$
1 g Mennige wird mit 10 ccm Essigsäure von 10^0 und 20 ccm destilliertem Wasser auf dem Wasserbade ½ Stunde erwärmt. Das ausgeschiedene Bleisuperoxyd wird durch direkte Wägung oder Titration bestimmt.

Bestimmung von Verunreinigungen:
Sacher (Chem.-Zg. Bd. 32, S. 62, 1908; Lunge-Berl: Untersuchungen, Bd. II, S. 95, 6. Aufl.) bestimmt die Verunreinigungen in der Mennige durch Behandeln derselben mit HNO_3 und Formaldehyd.

Die Mennige wird in einem Becherglase mit etwas Wasser versetzt, die entsprechende Menge HNO_3 zugesetzt und auf dem Wasserbade mit dem Reduktionsmittel behandelt; nach Abdampfen der HNO_3 wird der Rückstand in heißem Wasser gelöst, noch einige Zeit erwärmt, filtriert und das Ungelöste gewogen.

Die Mennige können auch mit einer Zuckerlösung und HNO_3 oder mit H_2O_2 und HNO_3 behandelt werden; nach erfolgter Lösung wird durch ein tariertes Filter filtriert und die Verunreinigungen abgewogen.

Es finden sich im Handel auch mit künstlichen Farbstoffen (Eosin- oder Azofarbstoffen) gefärbte Produkte:

,,Carminette gelb" mit ,,Eosin gelblich" gefärbte Mennige.

,,Carminette blau", mit einem blaustichigen Eosin gefärbt.

Ähnliche Produkte sind ,,Carminette blaurot, rötlichgelb, feurigrot, feurigdunkel".

,,Zinnoberimitation" oder ,,Zinnoberersatz" sind Mennige, die mit Eosinen, dann auch mit Litholrot R, Lackrot C extra, Hansarot usw. gefärbt sind.

,,Granatrot", ein feurigrotes schweres Pulver, ist mit Crocein gefärbte Mennige; eine andere Sorte besteht aus Orangemennige, die mit Ponceau RR und 3R gefärbt ist.

Zum Nachweis der künstlichen Farbstoffe behandelt man die Produkte kalt und warm mit destilliertem Wasser und Alkohol von 70%. Entsteht mit Wasser eine gefärbte Flüssigkeit, so dampft man diese auf dem Wasserbade zur Trockene, extrahiert den Rückstand mit Alkohol und destilliert, falls etwas in Lösung geht, denselben ab. Die gewonnenen Trockenrückstände werden den üblichen Reaktionen unterworfen (s. organische Farbstoffe).

[3. Zinnober, HgS.

Er kommt in ganzen, selten verunreinigten Stücken oder als pulverförmige Masse in den Handel. Am Licht wird er mit der Zeit dunkel, zuletzt schwarz. Der auf nassem Wege dargestellte Zinnober (Vermillon) besitzt mehr Feuer in der Farbe als der sublimierte, dagegen ist er weniger beständig. Der Zinnober ist löslich in Königswasser, leichter noch in Bromwasserstoffsäure. Beim Erhitzen wird er bläulich, braun und schließlich schwarz, worauf er mit blauer Flamme verbrennt und sich gänzlich verflüchtigt. Dabei bleiben Verunreinigungen wie Eisenoxyd, Ziegelmehl, Mennige, Chromrot zurück.

Analyse (Lunge-Berl Bd. IV, S. 545, 6. Aufl.): Freies Quecksilber, freier Schwefel und freies Eisen werden am besten durch Lösen von Zinnober in Kaliummonosulfid (1:1) erkannt. Die Lösung ist nach Absetzen des Eisensulfids farblos. Ist freies Hg vorhanden, so setzt es sich nach einiger Zeit am Boden des Gefäßes als grauer Schleier ab. Freien Schwefel erkennt man an der gelben Färbung der Lösung, die allerdings nach einiger Zeit zurückgeht, da der Schwefel vom Kaliummonosulfid langsam gebunden wird. Dieser kann auch auf die übliche Weise durch Digerieren mit KOH oder Extraktion mit CS_2 nachgewiesen werden, falls er kristallinisch vorliegt.

Schwefelarsen wird nachgewiesen durch Kochen mit Natronlauge, schwaches Ansäuern des Filtrates mit HNO_3 und Einleiten von H_2S.

Salmiak wird im wässerigen Auszug nachgewiesen.

Zinnoberrot ist mit Methyleosin gefärbter Zinnober.

Karminzinnober ist mit etwas feinem Englischrot gemischter Zinnober.

4. Antimonzinnober (Sb_2S_3, nach anderen $Sb_6S_6O_3$).

Er wird durch Einwirkung von Natrium- oder Kalziumthiosulfat auf Antimonchlorür und Wasser bei Siedehitze dargestellt. Karminrotes, sammetähnliches, licht- und luftbeständiges Pulver, das als Ölfarbe das reinste Rot liefert. Salzsäure, kaustische Alkalien und Kalk zerstören die Farbe. Wird heute kaum noch als Farbe verwendet.

Braune Farben.

Umbra (Umbraun, Kölnische Erde, Sizilianische Umbra, Kesselbraun) ist eine sehr gute Maler- und Anstrichfarbe, aus einer eisenoxydhaltigen, leicht abfärbenden Braunkohle bestehend. Sie kommt ungebrannt (bituminöse Stoffe enthaltend) und gebrannt zur Verwendung.

Geringwertiger als die eigentliche Umbra ist die Türkische Umbra (aus verwitterten Eisenerzen, in Thüringen) und das Kasseler Braun (eine pulverisierte und geschlemmte Braunkohle).

Schwarze Farben.

Graphit (Kohlenstoff, gemischt mit eisenhaltigem Sand). Das spezifische Gewicht beträgt 2,1—2,5. Der amorphe Graphit ist der spezifisch leichtere; er findet als Farbe Verwendung; der blätterige dient zur Fabrikation von Schmelztiegeln.

Nach H. Schwarz [Polytechn. Zentralbl. 1863, S. 1448; Lunge-Berl: Untersuchungen, Bd. IV, S. 595 (6. Aufl.)] bestimmt man den Wert des Graphits dadurch, daß man eine abgewogene Menge mit überschüssigem Bleioxyd in einem Schmelztiegel mischt, diesen gut bedeckt und zum Schmelzen des Bleioxydes erhitzt. Nach dem Erkalten wägt man den Bleiregulus und rechnet auf 207 Teile Blei 6 Teile reinen Graphit (34,5 Teile auf 1 Teil Kohle). Die Methode ist sehr genau.

Analyse nach Wittstein siehe Lunge-Berl: Untersuchungen, Bd. IV, S. 595 (6. Aufl.).

Weiße Farben.

1. Bleiweiß, $2 PbCO_3 + Pb(OH)_2$.

(Handelsprodukt: ca. $1—2\frac{1}{2}\%$ Wasser, $83\frac{1}{2}—87\%$ Bleioxyd, $11—16\%$ Kohlensäure.) Es ist in reinem Zustande blendend weiß, geruch- und geschmacklos. Über seine Darstellung siehe Lunge-Berl: Untersuchungen, Bd. IV, S. 497 (6. Aufl.).

Das Bleiweiß erhält verschiedene Zusätze. ,,Venetianerweiß'' (gleiche Teile Bleiweiß und Schwerspat oder Blanc fixe); ,,Hamburgerweiß'' (1 Teil Bleiweiß und 2 Teile Schwerspat); ,,Holländerweiß'' (1 Teil Bleiweiß und 3 Teile Schwerspat); ,,Kremserweiß'' (mit Gummiwasser vermengtes und in Täfelchen geformtes Bleiweiß); Perlweiß ist mit etwas Berliner Blau oder Indigo oder vielleicht auch blauen Teerfarben versetzt.

Die Deckkraft des Bleiweißes scheint mit dem wachsenden Gehalt an Karbonat abzunehmen, so daß eine Kohlensäurebestimmung (der fein zerriebenen und bei 100^0 getrockneten Probe) im Bunsenschen Kohlensäureapparate oder nach Lunge-Rittener ein Maß für den Wert des (unvermischten) Produktes gibt. Nach Weise variiert der Kohlensäuregehalt vom besten zu den schlechtesten Produkten zwischen $11,16—16,15\%$ [s. Lunge-Berl: Untersuchungen, Bd. IV, S. 499 (6. Aufl.)]. Ebenso beträgt der Glühverlust bei unvermischten Sorten zwischen 13 und 16%, durchschnittlich $14\frac{1}{2}\%$.

Zum Nachweis von Beimengungen (Schwerspat, Bleisulfat, Zinkweiß, Knochenasche, Witherit, Gips, Kreide, Ton) übergießt man mit verdünnter Salpetersäure; der Rückstand kann die Sulfate von Ba, Ca, Pb und Ton enthalten. In der salpetersauren Lösung wird das Blei ausgefällt und im Filtrate Zink, phosphorsaurer Kalk (Knochenasche), Barium, Kalzium nachgewiesen.

Bestimmung eines Essigsäuregehaltes siehe Lunge-Berl: Untersuchungen, Bd. IV, S. 499.

Bleigehalt. Storer [Chem. N. 1870, S. 137; Lunge-Berl: Untersuchungen, Bd. IV, S. 500 (6. Aufl.)] löst 2—3 g Bleiweiß in einem Becherglase in 100—150 ccm verdünnter Salzsäure bei $40—50^0$ und bringt sofort ein blankes Stück reines Zink hinein. Dann wird auf ein glattes Filter dekantiert, in dem ein Stückchen metallisches Zink liegt. Der Rückstand im Becherglase (aus metallischem Blei bestehend) wird rasch mit heißem Wasser ausgewaschen und in einen Tiegel gebracht. Das auf dem Filter gesammelte Blei spült man in eine Porzellanschale und vereinigt es nach Entfernung des Zinks mit dem Blei im Tiegel. Man trocknet im Leuchtgasstrom.

Basisches Chlorblei, $PbCl_2 \cdot Pb(OH)_2$, ist nicht ganz weiß, eignet sich aber namentlich für dunklere Anstriche. Es besitzt große Deckkraft.

Benutzt wird auch das basische Bleisulfat, $PbSO_4 \cdot Pb(OH)_2$, als Bleiweißersatz.

2. Zinkweiß, ZnO,

wird als Bleiweißsurrogat verwendet; es hat vor Bleiweiß den Vorzug, daß es an der Luft nicht schwarz wird. Zinkweiß ist ein weißes, lockeres, geruch- und geschmackloses Pulver. Es soll sich in Essigsäure leicht und völlig auflösen und der in der Lösung durch Ätzkali bewirkte Niederschlag soll im Überschuß des Fällungsmittels vollkommen löslich sein. Mit Schwefelammon darf es sich weder dunkel (Blei oder Eisen) noch gelblich (Kadmium) färben. Es ist bei Luftabschluß aufzubewahren, denn durch Aufnahme von CO_2 und Wasser wird es körnig und verliert an Deckkraft, läßt sich jedoch durch Ausglühen regenerieren. Den Wassergehalt, der nicht über 2—3% betragen soll, bestimmt man durch Trocknen bei sehr niederer Temperatur.

Wichtig ist die Unverträglichkeit des Zinkweißes in Mischung mit anderen Farbstoffen. Siehe darüber Church-Ostwald: Farben und Malerei, S. 353; dann A. Eibner: Über technische Prüfungsmethoden von Malerfarben und die Verwendbarkeit der neuen Pigment-Teerfarben in der Kunstmalerei, Bd. VI; dann derselbe: Farbenzg. Bd. 16, S. 1754, 1911.

Neben Zinkweiß wird zuweilen Zinkkarbonat als Anstrichfarbe benutzt.

Lithopon, Griffiths Zinkweiß ist ein Gemisch von Schwefelzink und Bariumsulfat [s. Lunge-Berl: Untersuchungen, Bd. IV, S. 505 (6. Aufl.)]; dann Zerr und Rübencamp: Handbuch d. Farbenfabr. und P. Beck: Chem. Ind. Nr. 12 und 12. (1907).

Sulfopone (D. R. P. 74591) [Lunge-Berl: Untersuchungen, Bd. IV, S. 510 (6. Aufl.)] wird erhalten durch Fällen einer Schwefelkalziumlösung mit Zinksulfatlösung bei 44° C, Erhitzen des entstandenen Gemisches von Zinksulfid und Kalziumsulfat auf 250—300°.

3. **Blanc fixe**, $BaSO_4$. (Permanentweiß, Barytweiß, Mineralweiß.) Es kommt meist als Paste mit ca. 30% Wasser in den Handel. Zeigt dieselbe Risse, so muß neues Wasser zugeknetet werden, da die Farbe sonst an Deckkraft und Feinheit einbüßt und sich schwierig mit Wasser mischt. Gewöhnliches Blanc fixe ist nur als Wasserfarbe verwendbar, da es mit Leinöl eine klumpende Masse bildet. Durch geeignete Behandlung verliert es jedoch diese unangenehme Eigenschaft.

Leimprobe nach Mirzinski (Die Erd-, Mineral- und Lackfarben 1881, S. 375). Man löst 20 g Leim in 1 Liter Wasser, macht einen kleinen Teil des zu prüfenden Blanc fixe mit diesem Leimwasser zu einer der Ölfarbe ähnlichen Konsistenz an und bestreicht damit einen Papierstreifen. Nach dem Trocknen muß es eine schön weiße, gleichförmige Decke bilden und darf sich durch mäßiges Knittern nicht abreiben lassen.

# Atomgewichte 1921.
O = 16,000.

Aluminium	Al	27,1		Neodym	Nd	144,3
Antimon	Sb	120,2		Neon	Ne	20,2
Argon	A	39,9		Nickel	Ni	58,68
Arsen	As	74,96		Niobium	Nb	93,5
Barium	Ba	137,4		Osmium	Os	190,9
Beryllium	Be	9,1		Palladium	Pd	106,7
Blei	Pb	207,2		Phosphor	P	31,04
Bor	B	10,90		Platin	Pt	195,2
Brom	Br	79,92		Praseodym	Pr	140,9
Cadmium	Cd	112,4		Quecksilber	Hg	200,6
Caesium	Cs	132,8		Radium	Ra	226,0
Calcium	Ca	40,07		Rhodium	Rh	102,9
Cerium	Ce	140,25		Rubidium	Rb	85,5
Chlor	Cl	35,46		Ruthenium	Ru	101,7
Chrom	Cr	52,0		Samarium	Sm	150,4
Dysprosium	Dy	162,5		Sauerstoff	O	16,00
Eisen	Fe	55,84		Scandium	Sc	45,10
Emanation	Em	222,0		Schwefel	S	32,07
Erbium	Er	167,7		Selen	Se	79,2
Europium	Eu	152,0		Silber	Ag	107,88
Fluor	F	19,00		Silicium	Si	28,3
Gadolinium	Gd	157,3		Stickstoff	N	14,008
Gallium	Ga	69,9		Strontium	Sr	87,6
Germanium	Ge	72,5		Tantal	Ta	181,5
Gold	Au	197,2		Tellur	Te	127,5
Helium	He	4,0		Terbium	Tb	159,2
Holmium	Ho	163,5		Thallium	Tl	204,0
Indium	In	114,8		Thorium	Th	232,1
Iridium	Ir	193,1		Thulium	Tu	169,4
Jod	J	126,92		Titan	Ti	48,1
Kalium	K	39,10		Uran	U	238,2
Kobalt	Co	58,97		Vanadium	Vd	51,0
Kohlenstoff	C	12,00		Wasserstoff	H	1,008
Krypton	Kr	82,92		Wismuth	Bi	209,0
Kupfer	Cu	63,57		Wolfram	W	184,0
Lanthan	La	139,0		Xenon	X	130,2
Lithium	Li	6,94		Ytterbium	Yb	173,5
Lutetium	Lu	175,0		Yttrium	Y	88,7
Magnesium	Mg	24,32		Zink	Zn	65,37
Mangan	Mn	54,93		Zinn	Sn	118,7
Molybdän	Mo	96,0		Zirkonium	Zr	90,6
Natrium	Na	23,0				

Nachtrag.

Verhalten der einzelnen Farbstoffklassen gegenüber Acetatseide
(siehe R. Clavel und Th. Stanisz, Rev. des Mat. Col. April- und Junihefte 1924).

Azofarbstoffe: Die Monosulfosäuren eignen sich verhältnismäßig gut zum Färben von Acetatseide. Je mehr Sulfogruppen ein Farbstoff enthält (je saurer also sein Charakter ist), desto mehr nimmt seine Affinität zur Faser ab. Azofarbstoffe wie: Pyramidolbraun BG (Benzidin → 2 Mol. Resorcin), Chrysamin G und R ergeben ziemlich gute Resultate. Das gleiche gilt für einige sehr schwer lösliche Azofarben wie Sudan G (Anilin → Resorcin), Sudan I (Anilin → β-Naphthol) u. a. m.

Ist der Farbstoff überhaupt nicht in Wasser löslich, wohl aber in Alkohol, so wird er in Alkohol gelöst, der Lösung Wasser und Seife zugegeben und die entstandene Emulsion zum Färben benutzt. Fettlösliche Farbstoffe werden mit einem geeigneten Öle emulgiert (z. B. Monopolseife, Türkischrotöl) und in einem Seifenbade gefärbt.

Küpenfarbstoffe: Indigo, sowie die meisten indigoiden Farbstoffe. eignen sich ziemlich gut zum Färben von Acetylcellulose. Zwei Faktoren haben jedoch einen ungünstigen Einfluß auf das Ziehen dieser Farbstoffe auf Acetatseide, nämlich: 1. Einführung von Halogenen in den Kern und 2. Vergrößerung des Moleküls.

Anthrachinonküpenfarbstoffe können kaum zum Färben von Acetylcellulose benutzt werden, da sie stark alkalische Bäder beanspruchen, was eine hydrolytische Spaltung der Acetylcellulose veranlassen kann.

Beizenfarbstoffe können auch Verwendung finden.

Basische Farbstoffe ziehen direkt.

Die Poren der Acetylcellulose sind sehr fein, so daß gelöste Substanzen nur schwer eindringen können.

Die **Acetylcellulose** hat auch die Eigenschaft sich in aromatischen Substanzen die NO_2-, OH-, NH_2-Gruppen enthalten, aufzulösen oder dieselben zu absobieren.

Sachverzeichnis.

Acetatseide S. 19, 22.
— Färben der S. 57.
Acetin S. 96.
Acetinblau R (B) = Nr. 32.
Acetopurpurin 8B. (A) Nr. 492.
Acetylenblau BX, 3R (J) Nr. 493.
Acetylenhimmelblau (J) Nr. 494.
Acetylrot BB, G (B) Nr. 74.
Acridinorange NO (L) = Nr. 23.
Äthylblau B (B) Nr. 75.
Äthylsäureblau RR, RRX (B) Nr. 76.
Äthylsäureviolett S4B (B) Nr. 77.
Äthylschwarz 3BN, T (B) Nr. 78.
Ätzbase 1 (M) S. 76.
Ätzblau B, G, BG (C) Nr. 79.
Ätzdruck S. 74.
Agalmagrün B (B) Nr. 80.
Agalmaschwarz (B) Nr. 81.
Alaun S. 87.
Albumin, Drucken mit S. 74.
Albuminverdickungen S. 62.
Algolfarbstoffe Nr. 1013 bis 1026.
Algolgelb WG (By) = Nr. 1128.
Alizarin Nr. 6 (M) = Nr. 833.
— Nr. 1 (M) = Nr. 815.
— Alizarin WR, RF (By) = Nr. 816.
— VG, XG (By) = Nr. 817.
— RX (M) = Nr. 816.
Alizarinblau A, F, R (M) = Nr. 818.
Alizarinbraun R, N, G (M) = Nr. 843.
Alizarincyaningrün E, G ext., K (By) = Nr. 823.
Alizarindirektblau B (M) = Nr. 84.
Alizarindirektgrün G (M) = Nr. 823.
Alizarindirektviolett R (M) = Nr. 87.
Alizarindunkelblau S (M) = Nr. 819.
Alizarinfarbstoffe (Beizenfarbstoffe) Nr. 815—837.
— (saure Farbstoffe) Nr. 82 bis 101.
Alizaringelb 3 G (By) Nr. 828.
— R (By) Nr. 829.
— G (S) = Nr. 856.

Alizaringelb RW(M) = Nr. 829.
— GG (M) (J) = Nr. 828.
Alizarinindigofarbstoffe Nr. 1027—1032.
Alizarinorange N, P, R (M) = Nr. 832.
— G, GG, R, W (By) = Nr. 832.
— RR (DH) = Nr. 832.
Alizarinrot I WS (M) Nr. 836.
Alkaliblau 6B (C) Nr. 103.
Alkaliblaumarken Nr. 102.
Alkaliechtgrün 3B, 3G (By) Nr. 104.
Alkaliechtheit S. 99.
Alkaliviolett 6B (B) (J) Nr. 105.
Aloefaser S. 6.
Alpaca S. 9.
Alphanolfarbstoffe (C) Nr. 106 bis 110.
Altrot S. 51.
Aluminiumverbindungen S. 87.
Amarant Nr. 111.
Amidonaphtholrot G (M) = Nr. 180 (2G).
Aminogenblau RN (J) Nr. 495.
Aminogenviolett R (J) Nr. 496.
Ammoniumverbindungen S. 88.
Ananasfaser S. 7.
Angorawolle S. 8.
Anilingrau B, R (C) Nr. 112.
Anilinschwarz, Färben von S. 49.
— Druck S. 72, 86.
Antherea Assama S. 10.
— Mezankooriae S. 10.
— Pernyi S. 10.
— Yamamai S. 10.
Anthracenblau Nr. 838—841.
Anthracenblauschwarz (C) Nr. 842.
— BE (C) = Nr. 901.
Anthracenbraunmarken (B) Nr. 843.
Anthracenchromatfarbstoffe (C) Nr. 844—848.
Anthracenchromfarbstoffe (C) Nr. 849—854.
Anthracengelb GG (C) = Nr. 828.
— RN (C) = Nr. 829.
— C (C) (By) = Nr. 855.
— BN (C) = Nr. 856.

Anthracenorange G (C) Nr. 857.
Anthracenrot (By) (J) Nr. 858.
Anthracensäurefarbstoffe Nr. 859—862.
Anthrachinonblau SR ext. (B) Nr. 863.
Anthrachinonviolett (B) Nr. 864.
Anthracitschwarz B (C) Nr. 113.
Anthracyaninfarbstoffe (By) Nr. 114—118.
Anthrafarbstoffe (B) Nr. 1033—1045.
Anthraflavon GC (B) = Nr. 1036.
Anthrarubin B (K) Nr. 119.
Anthraverdon G, GG (K) Nr. 120.
Anthraviol R (K) Nr. 121.
Anthrazurin (K) Nr. 122.
Antimonverbindungen S. 88.
Antimonzinnober S. 208.
Apocineenfaser S. 6.
Appreturmittel S. 26.
Asklepias S. 6.
Atomgewichte S. 211.
Attacus Atlas S. 10.
— Ricini S. 10.
Auramin O Nr. 2.
— G Nr. 3.
Azoblau Nr. 497.
Azochromblau B (K) Nr. 866.
— A (K) Nr. 865.
Azofarbstoffe Nr. 123—148.
Azoninfarbstoffe (C) S. 58.
Azophorblau S. 46.
Azophorrot S. 45.
Azophorschwarz S. 46.
Azotuchscharlach G 90 (Gr. E.) Nr. 867.
Azurblau (K) Nr. 149.

Bastfasern S. 4.
Bastseife S. 38, 94.
Battik S. 87.
Baumwollblau B, BB (B) Nr. 4.
— 3G (J) Nr. 498.
Baumwollbraun (B) Nr. 499.
Baumwollcorinth G (B) Nr. 500.
Baumwolle S. 1.
— Färben der S. 41.

Sachverzeichnis.

Baumwolle Druck S. 63.
— Unterscheidung von Lein S. 14.
— Handelsmarken S. 3.
Baumwollgelb R (B) Nr. 501.
— G, GI (B) Nr. 502.
— CH (B) Nr. 503.
— GA (A) Nr. 504.
Baumwollorange R (B) Nr. 506.
— G (B) Nr. 505.
Baumwollpurpur 5B (B) Nr. 507.
Baumwollrot D (J) = Nr. 507.
— 4B (B) (J) = Nr. 556.
Baumwollrubin (B) Nr. 508.
Baumwollscharlach (B) Nr. 150.
Baumwollschwarz (B) Nr. 509, 510.
Beizengelb 3R (B) = Nr. 829.
— 2GT (B) = Nr. 828.
— GD, GS, R (B) = Nr. 856.
— O (M) = Nr. 856.
Bengalblau BR, R (G) Nr. 5.
Benzoazurin G (By) (A) = Nr. 498.
Benzofarbstoffe (By) Nr. 511 bis 567.
Benzoechtrot FC (By)Nr. 868.
Benzolichtgelb 5GL (By) = Nr. 502.
Benzylfarbstoffe (J) Nr. 151 bis 155.
Bergblau S. 200.
Berlinerblau S. 48.
Biebricher Patentschwarz (K) Nr. 156.
— Säurefarbstoffe(K)Nr.157 bis 160.
Bismarckbraun Nr. 6.
— R Nr. 7.
Blanc fixe S. 210.
Blau C III (J) Nr. 8.
Blauholz S. 195.
Blauschwarz N (K) Nr. 161.
Bleiechtheit S. 100.
Bleiweiß S. 209.
Bleu au chrome N(P)=Nr.901.
Bombaxwolle S. 3.
Bordeaux B (M) (A) Nr. 162.
— extra (By) Nr. 163.
— G (M) (By) Nr. 164.
Bordeauxentwickler S. 44.
Brechweinstein S. 88.
Bremerblau S. 200.
Brillantalizarinblau G, R (By) Nr. 869.
Brillantalizarinbordeaux R (By) Nr. 821.
Brillantalizarincyanin 3G (By) Nr. 870.
Brillantanthrazurol G (B) Nr. 165.
Brillantazurin 5G (By) (A) Nr. 568.

Brillantbaumwollblau 6B, (K) Nr. 569.
Brillantbenzofarbstoffe (By) Nr. 571—574.
Brillantblau C, 2C (J) Nr. 9.
Brillantcarmin L. konz. (B) Nr. 166.
Brillantcochenille (C) Nr. 167.
Brillantcongofarbstoffe (A) Nr. 575—577.
Brillantcrocein MD (Gr. E.) Nr. 168.
Brillantdianilblau 6G (M) = Nr. 583.
Brillantdiazinblau B, BB (K) Nr. 10.
Brillantdoppelscharlach 3R (By) Nr. 169.
Brillantechtblau B, 3BX (By) Nr. 578.
Brillantfirnblau (J) Nr. 11.
Brillantgeranin B (By) Nr. 579.
Brillantgrün krist., Nr. 12.
Brillantindigo 4B (B) Nr. 1046.
Brillantindulin 5B (K) Nr. 13.
Brillantkitonrot B (J) Nr. 170.
Brillantkupferblau (A) Nr. 580.
Brillantlanafuchsin(C)Nr.171.
Brillantnaphtholblau (C) Nr. 172.
Brillantorange G (A) Nr. 581.
— O (M) = Nr. 199.
Brillantphosphin (J) Nr. 14.
Brillantponceaumarken (C) Nr. 173—175.
Brillantpurpurin R (A) (By) Nr. 582.
Brillantreinblau (By) Nr. 583.
Brillantsäureblau(By) Nr. 176 bis 178.
— R (K) Nr. 179.
Brillantsäurecarmin (Gr. E.) Nr. 180.
Brillantsäuregrün 6B (By) = Nr. 153.
Brillantsulfonrot (S) Nr. 181.
Brillanttuchblau (K) Nr. 182.
Brillantvictoriablau RB (J) Nr. 15.
Brillantwalkblau (C) Nr. 183.
Brillantwalkorange(C)Nr.184.
Brillantwalkrot (C) Nr. 185.
Brillantwollblau (By) Nr. 186.
British-Gelb S. 61.
Brun acide J (P) Nr. 187.
Bügelechtheit S. 100.

Cachoubraun (G) Nr. 16.
Cachou de Laval (P) Nr. 1151.
Calciumacetat S. 89.
Calciumverbindungen S. 89.
Calotropis gigantea S. 4.

Caput mortuum S. 205.
Carbazolgelb W (By) Nr. 584.
Carbazolwollgrün S (C) Nr.188.
Carbidechtschwarz (J) Nr. 585.
Carbidschwarz (J) Nr. 586.
Carminette S. 207.
Catechu S. 198.
Chardonnet-Seide S. 18, 22.
Chicagoblau 6B (A) = Nr. 570.
— B (A) (By) Nr. 587.
Chicagoorange G (G) Nr. 588.
Chicagorot (G) Nr. 589.
Chinagelb B (C) Nr. 189.
Chinagras S. 5.
Chinolingelb Nr. 190.
Chloraminechtrot F (S) Nr. 191.
Chloraminfarbstoffe Nr. 590 bis 596.
Chloraminlichtgelb 4GL (S) = Nr. 502.
Chloraminrot (S) Nr. 192.
Chlorantinfarbstoffe (J) Nr. 597—614.
Chlorantinrot 8B (J) =Nr. 492.
Chlorchrom S. 89.
Chlorechtheit S. 100.
Chloröl S. 96.
Chromacetat S. 89.
Chromalaun S. 89.
Chromanilfarbstoffe (A) Nr. 615—617.
Chromazonrot A (G) Nr. 193.
Chrombeize, alkalische S. 90.
Chrombisulfit S. 90.
Chromechtgelb R (A)=Nr.856.
Chromfarbstoffe Nr. 871—897.
Chromechtschwarz PW (J) = Nr. 901.
— FRW (J) = Nr. 908.
Chromgelb S. 48, 202.
— D (By) = Nr. 856.
Chromin GS (K) Nr. 618.
Chromogen B S. 44.
Chromorange S. 48, 202.
Chromotropo F4B (M)=Nr.866.
Chromoxyd S. 48, 205.
Chromtiefschwarz (t. M.) = Nr. 908.
Chromverbindungen S. 89.
Chrosozin Geigy S. 98.
Chrysamin G Nr. 619.
Chrysalin (G) Nr. 17.
Chrysoidin Nr. 18.
— R Nr. 19.
Chrysoin Nr. 194.
Chrysolin (G) Nr. 195.
Ciba-(Cibanon-)farbstoffe (J) Nr. 1047—1074.
Citron R (K) Nr. 196.
Claytongelb = Nr. 805.
Clematin (G) Nr. 20.
Cochenillescharlach PS(By) = Nr. 167.
Cocosfaser S. 7.
Cölestinblau B (By) Nr. 898.

Sachverzeichnis.

Cörulein Nr. 899.
— A ext., Druck S. 66.
Coir S. 7.
Columbiablau G (A) = Nr. 562.
Columbiaechtrot F (A) = Nr. 868.
Columbiafarbstoffe (A) Nr. 620 bis 634.
Columbiagelb (A) = Nr. 592.
Congoblau 3B (A) = Nr. 514.
Congofarbstoffe (A) (By) Nr. 635—639.
Congorubin (A) (By) = Nr. 508.
Cordia latifolia S. 7.
Crocein AZ (C) Nr. 197.
— G 65 (Gr. E.) Nr. 198.
Croceinorange (By) Nr. 199.
Croceinscharlach 3BX (By) (K) Nr. 200.
— 3B Nr. 201.
Cuite-Seide S. 37.
Cupraminbrillantblau RB (K) Nr. 640.
Cupranilbraun (J) Nr. 641.
Curcuma S. 195.
Curcumin S. 195.
— (G) = Nr. 283.
Cyananthrol (B) Nr. 202.
Cyananthrolgrau G (B) Nr. 203.
Cyaneisenfarben S. 199.
Cyanin B, BS (M) Nr. 204.
Cyanolfarbstoffe (C) Nr. 205 bis 210.

Dämpfen S. 59.
Damasteffekte S. 64.
Dampfanilinschwarz S. 73.
Décreusage S. 18.
Dekaturechtheit S. 100.
Dekrolin (B) S. 92.
Delphinblau B Nr. 900.
Deltapurpurin 5B (By)(A) = Nr. 507.
Dextrin S. 60, 61.
Diamantfarbstoffe (By) Nr. 901—909.
Diamantgrün G (B) = Nr. 12.
Diaminazoechtfarbstoffe (C) Nr. 642—645.
Diaminblau BX (C) = Nr. 515.
— 3B (C) = Nr. 514.
Diaminbraun M (C) = Nr. 694.
Diaminechtgelb 3G (C) = Nr. 502.
— C, B, FF (C) = Nr. 592.
Diaminechtfarbstoffe (C) Nr. 646—657.
Diaminechtrot F (C) = Nr. 868.
Diamingelb CP (C) Nr. 514.
Diamingrün B (C) = Nr. 760.
Diamin-Neron BBG (C) Nr. 659.
Diaminogenfarbstoffe (C) Nr. 660—663.

Diaminreinblau (C) = Nr. 558.
Diaminschwarz DN (C) Nr. 664.
— RO (C) = Nr. 724.
Dianilblau HG (M) = Nr. 515.
Dianilbraun MH (M) = Nr. 694.
Dianildirektgelb S (M) = Nr. 719.
Dianilechtrot PH (M) = Nr. 868.
Dianilechtscharlach 8BS (M) = Nr. 492.
Dianilgrün B (M) = Nr. 760.
Dianilrot 4B (M) = Nr. 556.
Dianilschwarz ES (M) = Nr. 725.
Dianilviolett BE (M) = Nr. 567.
Diastafor S. 97.
Diazingrün S (K) Nr. 21.
Diazinschwarz (K) Nr. 22.
Diazoechtblau (J) Nr. 665.
Diazogenfarbstoffe (K) Nr. 666 bis 671.
Diazophenylschwarz (G) = Nr. 672.
Diazoschwarz BHN (By) = Nr. 725.
Diphenylechtrot (G) = Nr. 868.
Diphenylfarbstoffe (G) Nr. 673 bis 692.
Diphenylrot 8B (G) = Nr. 492.
Diphenylschwarz (M) S. 50.
— Druck S. 73.
Direktechtrot F (J) = Nr. 868.
Direktfarbstoffe (J) Nr. 693 bis 713.
Direkttiefschwarz EW ext. (By) = Nr. 509.
— RW ext. (By) = Nr. 510.
Direktviolett O (J) = Nr. 567.
Divi-divi S. 97.
Domingofarbstoffe (L) S. 109.
Doppelponceau 4R (By) Nr. 211.
Doppelscharlach (K) = Nr. 223.
Druckerei S. 58.

Echtbasen (Gr. E.) S. 47.
Echtbeizengelb GI (B) = Nr. 855.
Echtbeizenschwarz B, T (M) = Nr. 908.
Echtblau RB spritl. (A) = Nr. 32.
Echtblauentwickler AD S. 44.
Echtbraun N (B) Nr. 212.
— G, GR (A) = Nr. 187.
Echtgelb ext. Nr. 213.
— Y (B) Nr. 214.
— R (K) Nr. 214.
— ext. (J) Nr. 215.
Echtgrün (By) Nr. 216.
Echtheitsproben S. 98.
Echtjasmin G (G) Nr. 217.

Echtlichtgelb(By) Nr. 218.
Echtlichtgrün (By) Nr. 219.
Echtlichtorange G (By) Nr. 220.
Echtmarineblau B, G (C) Nr. 221.
— (J) Nr. 222.
Echtponceau B, G, GGN (B) Nr. 223.
— L (By) Nr. 224.
Echtrot E Nr. 225.
— A Nr. 226.
Echtsäurefarbstoffe Nr. 227 bis 243.
Echtschwarzbase (Gr. E.) S.46.
Echtsulfonschwarz F, FB (S) Nr. 244.
Echttiefblau B, R (G) Nr. 245.
Echtwollblau GL, BL (Gr. E.) Nr. 246.
Echtwollbraun T (Gr. E.) Nr. 247.
Echtwollgelb (K) Nr. 248.
Echtwollgrün CB (K) Nr. 249.
Echtwollviolett 3RL (K) Nr. 250.
— B (Gr. E.) Nr. 251.
Eclipsfarbstoffe (G) Nr. 1152 bis 1163.
Ecrue-Seide S. 37.
Egalisol S. 93.
Eisen-Chamois S. 48.
Eisenfarben S. 205.
Eisenmennige S. 205.
Eisenverbindungen S. 90.
Eisfarben S. 70, 45.
— Ätzen der S. 77.
— Reservedruck S. 80.
Eisschwarz S. 46.
Elacidschwarz (Gr. E.) Nr.252.
Englischrot S. 205.
Entwickler S. 44.
Eosin GGF (C) Nr. 253.
— spritl. (M) Nr. 254.
Eosinscharlach B (C) Nr. 255.
Erie-Seide S. 10.
Erika B ext., BN (A) Nr. 714.
— G ext. GN (A) Nr. 715.
Erioalizarinblau G (G) Nr.910.
Erioazurin B (G) Nr. 256.
Erioblau (G) Nr. 257.
Eriocarmin BB (G) Nr. 258.
Eriochlorin (G) Nr. 259.
Eriochromblauschwarz R (G) = Nr. 901.
Eriochromfarbstoffe (G) Nr. 911—933.
Eriofarbstoffe (G) Nr. 260 bis 275.
Erioviridin B (G) = Nr. 153.
Erythrin RR (B) = Nr. 201.
— 7B (B) Nr. 276.
— P (B) Nr. 277.
Erythrosin extra gelbl. (B) Nr. 278.
Esparto S. 7.

Essigsaures Magnesium S. 90.
Euchrysin 3R (B) Nr. 23.
Eulan By S. 97.

Fagaraseide S. 10.
Federn, Färben von S. 58.
Ferriacetat S. 90.
Ferroacetat S. 90.
Fisetholz S. 198.
Flachs S. 4.
Flachses, Färben des S. 56.
Flavazin L (M) = Nr. 218.
Flavindulin O, II (B) Nr. 24.
Fluorchrom S. 90.
Fluorescein Nr. 279.
Formalfarben (G) Nr. 716 bis 721.
Formylblau B (C) Nr. 280.
Formylviolett S4B, 5BN (C) Nr. 281.
Fuchsin Nr. 25.
— S, SN, ST (B) Nr. 282.
Furrein (J) S. 50.
Furrole (C) S. 50.

Galläpfel S. 97.
Gallein (DH) (By) Nr. 934.
— Teig A (M) = Nr. 934.
— SW (B) = Nr. 934.
Gallocyanin Nr. 935.
— DH (DH) = Nr. 935.
— F (B) = Nr. 935.
Galloflavin W (B) Nr. 936.
Gambir S. 198.
Gambohanf S. 6.
Gelatineseide S. 19.
Gelb WR (J) Nr. 283.
Gelbentwickler S. 44.
Gelbholz S. 198.
Gentianin (G) Nr. 26.
Geranin G (By) Nr. 722.
Gerbstoffe S. 97.
Gespinstfasern, Prüfung der S. 11.
Glanzstoff S. 19.
Graphit S. 208.
Grenadin SR, SB (G) Nr. 284.
Griesheimer-Rot S. 46, 70.
— Unterscheidung von Türkischrot S. 194.
Grün B für Seide (J) Nr. 27.
— flüssig BB, 3B ext., G (J) Nr. 28.
Guineafarbstoffe (A) S. 108.
Guineagrün B (A) = Nr. 356.
— GG (A) = Nr. 325.
Guineaviolett S4B (A) = Nr. 281.
Gummiverdickungen S. 61.

Hängeanilinschwarz S. 49, 73.
Handdruck S. 58.
Hanf S. 4.
Helindonblau 3GN (M) = Nr. 1129.
Helindonbraun RR (M) = Nr. 1130.
— 5R (M) = Nr. 1131.
— G (M) = Nr. 1132.
Helindongelb 3GN (M), Druck S. 69.
Helindongrau BB (M) = Nr. 1133.
Helindongrün G (M) = Nr. 1147.
Helindonorange R (M) = Nr. 1134.
Helindonrosa BN (M) = Nr. 1135.
Helindonrot B (M) = Nr. 1137.
— 3B (M) = Nr. 1138.
Helindonscharlach S, Druck S. 69.
Helindonviolett BB, B, R (M) = Nr. 1140.
Heliotrop B, BB (K) Nr. 29.
Helvetiablau (G) Nr. 30.
Hessisch-Echtrot F (L) = Nr. 868.
Hibiskus S. 6.
Hochblauschwarz S. 40.
Humulus lupulus S. 7.
Hutgelb V (Gr. E.) Nr. 937.
Hutschwarz (C) Nr. 285.
— BF ext. (By) Nr. 286.
Hydrazingelb O, L (Gr. E.) = Nr. 443.
Hydronfarbstoffe (C) Nr. 1075 bis 1091.
— (C), Färben mit S. 54.
Hydrosulfit CL S. 92.
Hydrosulfite S. 91, 92.
Hyraldit (C) S. 92.

Immedialfarbstoffe (C) Nr. 1164—1195.
Indanthrenblau RK (By) Nr. 1013[1]).
— 5G (By) = Nr. 1015.
— Unterscheidung von Indigo S. 195.
Indanthrenbordeaux B extra = (B) Nr. 1033.
Indanthrenbraun B (B) = Nr. 1035.
Indanthrenfarbstoffe Nr. 1092 bis 1121.
— Druck S. 67.

Indanthrengoldorange 3R (B) = Nr. 1108.
— RRT (B) = Nr. 1110.
Indanthrengrau B (B) = Nr. 1037.
Indanthrengrün B (B) = Nr. 1038.
— BB (By) = Nr. 1021.
Indanthrenolive G (B) = Nr. 1039.
Indanthrenrosa BS (B) = Nr. 1111.
Indanthrenrot R (B) = Nr. 1043.
Indanthrenrotviolett RRN (B) = Nr. 1115.
Indanthrenscharlach GS (B) = Nr. 1109.
Indanthrenviolett B extra (B) = Nr. 1117.
— BN extra (B) = Nr. 1118.
Indigen D, F (By) = Nr. 32.
Indigenblau (J) Nr. 723.
Indigo rein BASF, Nr. 1122.
— MLB Nr. 1122.
— KG (K) Nr. 1123.
— MLB/6B (M) Nr. 1123.
— Druck S. 68.
— Unterscheidung von Indanthrenblau S. 195.
— rein BASF/R, -/RR Nr. 1124.
— MLB/R, RR Nr. 1124.
— Wertbestimmung von S. 194.
Indigoblau N, SGN (C) Nr. 287.
Indigocarmin (B) Nr. 288.
Indigogelb 3G Ciba (J) Nr. 1125.
Indigosol DH S. 36, 53, 69, 79.
Indigotine Ia Pulv. (B) = Nr. 288.
Indochromin T (S) = Nr. 869.
Indoinblau (B) Nr. 31.
Indomarin BL, RL (K) Nr. 289.
Indulin spritl. Nr. 32.
— NN (B) Nr. 290.
Indulinscharlach (B) Nr. 33.
Irisamin G, G ext. (C) Nr. 62.
Isochromgrün G, BF (C) Nr. 938.
Isolanblau (Gr. E.) Nr. 291.

Janusblau G, R (M) = Nr. 31.
Janusgrün B, G (M) = Nr. 21.
Jaune au chrome R (P) = Nr. 828.

---

[1]) Die Bad. Anilin- und Sodafabrik, die Höchster Farbwerke und die Firma Bayer haben sich in letzter Zeit geeinigt für ihre Küpenfarbstoffe, die eine bestimmte, gute Echtheit zeigen, den Namen „Indanthren" einzuführen. So heißen etliche Algol-(By) und Helindonfarbstoffe (M) jetzt „Indanthren" und einige Farbstoffe der BASF, die früher „Indanthren" und „Küpen" hießen, führen heute den Namen „Anthra".

Sachverzeichnis. 217

Jute S. 5.
— Färben der S. 56.
Juteschwarz (J) Nr. 34.

Kaliumverbindungen S. 90.
Kapok S. 3.
Karbinolechtgrün G, 8B (Gr. E.) Nr. 292.
Karminzinnober S. 208.
Kaschmir S. 9.
Kaschmirfarbstoffe (By) Nr. 293—295.
Kasselerbraun S. 208.
Kasselergelb S. 204.
Katanol By S. 97.
Katigenfarbstoffe (By) S. 188.
Khaki-Farben S. 48.
Kitonfarbstoffe (J) Nr. 296 bis 307.
Kobaltfarben S. 200.
Kobaltgrün S. 204.
Kobaltultramarin S. 200.
Kochechtheit S. 98.
Kolkothar S. 205.
Kolorimetrie S. 100.
Krapp S. 50.
Kresolschwarzgrün D (Gr. E.) Nr. 309.
Kresolschwarzmarken (Gr. E.) Nr. 308.
Kristallponceau 6R Nr. 310.
Kristallviolett Nr. 35.
Kryogenfarbstoffe (B) S. 188.
Kunstseide S. 18.
— Färben der S. 56.
Küpenfarbstoffe, Druck S. 67.
Küpenheliotrop R (B) = Nr. 1034.
Küpenrosa AN (B) = Nr. 1040.
— B extra (B) = Nr. 1041.
Küpenrot B (B) = Nr. 1042.
Küpenscharlach CG (B) = Nr. 1044.
Küpenviolett B, BB (B) Nr. 1045.
Kupferoxydammoniak S. 25.
Kupferrot N (M) = Nr. 854.

Lactolin S. 90.
Lanacarbon GRS (K) Nr. 311.
Lanacylblau (C) Nr. 312.
Lanacylmarineblau B (C) Nr. 313.
Lanafuchsin 6B, BBS, SB (C) = Nr. 132.
Lanfuscan (K) Nr. 314.
Lanasolfarbstoffe (J) Nr. 315 bis 321.
Lanaviol (K) Nr. 322.
Lanazurin (K) Nr. 323.
— (C) Nr. 324.
Lein S. 4.
— Färben des S. 56.
— Unterscheidung von Baumwolle S. 14.

Leiogomme S. 61.
Leukolfarbstoffe (By) Nr. 1126 bis 1128.
Leukotrop O (B) S. 76.
— W (B) S. 76.
Lichtechtheit S. 98.
Lichtgrün SF gelbl. (B) Nr. 325.
Lithopone S. 210.
Lizarol (M) S. 96.
Ludigol (B) S. 97.
Ly-Chô S. 61.

Makrochloa tenacissima S. 7.
Malachitgrün Nr. 36.
Mandarin G (By) (A) = Nr. 363.
Manganbister S. 48.
Manilahanf S. 6.
Marineblaumarken (B) Nr. 37.
Marineblau VV (S) Nr. 326.
Marseillerseife S. 94.
Martiusgelb (A) Nr. 327.
Melantherin (J) Nr. 724, 725.
Mennige S. 206.
Metachromfarbstoffe (A) Nr. 939—952.
Metachromorange R (A) = Nr. 829.
Metachromverfahren S. 34.
Metanilgelb Nr. 328.
Methylenblau B, BG (B) Nr. 38.
Methylengrün B (B) (By) Nr. 39.
Methylviolett B-Marken Nr. 40.
— 5B, 6B, 7B Nr. 41.
Methylwasserblau (B) Nr. 329.
Mi-Cuiteseide S. 37.
Mikadogelb (A) Nr. 719.
Mikadogoldgelb 8G (A) Nr. 719.
Mikadoorange G, R, RR (A) (By) (L) = Nr. 593.
Mimosa (G) = Nr. 805.
Mineralfarben S. 48.
Mohair S. 8.
Monochromfarbstoffe (By) Nr. 953—958.
Monopolschwarz S. 40.
Monopolseife S. 96.
Myrobalanen S. 97.

Nachtgrün A konz. (t. M.) = Nr. 153.
Nakofarben (M) S. 50.
Naphtalinblau (M) Nr. 330.
Naphtalingrün V (M) = Nr. 270.
Naphtalinsäureschwarz (By) Nr. 331.
Naphtaminblau 3RE (K) = Nr. 512.

Naphtaminblau 7B (K) = Nr. 558.
— BXR (K) = Nr. 515.
— 3BX (K) = Nr. 514.
Naphtaminbraun H (K) = Nr. 694.
Naphtaminfarbstoffe (K) Nr. 726—745.
Naphtamingelb L (K) = Nr. 502.
— GG, 3G (K) = Nr. 719.
Naphtaminorange TG (K) = Nr. 710.
Naphtaminreingelb G (K) = Nr. 805.
Naphtaminrot H (K) = Nr. 868.
Naphtaminviolett BE (K) = Nr. 567.
Naphtazurin BX (K) Nr. 746.
Naphthochromfarbstoffe (J) Nr. 959—963.
Naphthogenblau (A) Nr. 747.
Naphthogenreinblau 3B, 4B (A) Nr. 748.
Naphtol AS-SW S. 46.
— AS G, S. 47.
Naphthol AS, BS S. 46.
Naphtholblau G (C) Nr. 332.
Naphtholblauschwarz 12B (C) = Nr. 81.
Naphtholgelb S Nr. 333.
Naphtholgrün B (C) Nr. 334.
Naphtholschwarz (C) Nr. 335, 336.
Naphtholschwarzgrün G (C) Nr. 337.
Naphthylaminblauschwarz B, 5B (C) Nr. 338.
α-Naphthylaminbordeaux S. 77.
Naphthylamingrün T (By) Nr. 339.
Naphthylaminschwarzmarken (C) Nr. 340.
Naphthylaminschwarz 10B (By) = Nr. 81.
Naphthylblauschwarz N (C) Nr. 341.
Nassoviascharlach O (M) = Nr. 167.
Natriumhydrosulfit S. 91.
Natriumplumbit S. 12.
Natriumverbindungen S. 91.
Neolanfarbstoffe (J) Nr. 342 bis 348.
Neotolylschwarzmarken (M) Nr. 349.
Neptunblau B (B) = Nr. 176.
— BG (B) = Nr. 177.
Neptunbraun R (B) Nr. 350.
Neptungrün BR (B) = Nr. 268.
— SG (B) = Nr. 153.
Nerocyanin (K) Nr. 351.
Nerogen D S. 44.
Nerol (A) Nr. 352.

Sachverzeichnis.

Neublau R (By) (C) Nr. 42.
Neubordeaux R, RX (B) Nr. 353.
Neucoccin O (M) = Nr. 175.
Neuechtgelb R (B) Nr. 354.
Neuechtgrau (By) Nr. 43.
Neufuchsin Nr. 44.
Neugelb L (K) = Nr. 213.
Neumethylenblau GG (C) Nr. 45.
Neurot S. 51.
— 3R (By) Nr. 355.
Neusäuregrün 3BX (By) Nr. 356.
Neuseelandflachs S. 6.
Neusolidgrün BB (J) Nr. 46.
— 3B (J) Nr. 47.
Neutralblau (G) Nr. 357.
— B, R (J) Nr. 358.
Neutralgrau (A) Nr. 749.
Neutralviolett O (M) Nr. 359.
Neutralwollblau R (K) Nr. 360.
Neutralwollschwarz (C) Nr. 361.
Nickeloxydammoniak S. 25.
Nigrosin, spritl. Nr. 48.
Nilblau A (B) Nr. 49.
— BB (B) Nr. 50.
Nitranilfarbstoffe (J) Nr. 750 bis 752.
Nitratätze S. 76.
Nitratbeize S. 88.
Nitrazol C (C) S. 45.
Nitrophenylbraun (G) Nr. 753.
Nitrosaminrot (B) S. 45.
Nitroseide S. 18.
Nitrosoblau (M) S. 72, 81.

Öle S. 94.
Opalinscharlach (J) Nr. 362.
Orange GG (C) (WDC) = Nr. 220.
— G (M) (B) (A) = Nr. 220.
— II Nr. 363.
— R (S) = Nr. 829.
Orangé au chrome (P) = Nr. 829.
Orange IV Nr. 364.
— III Nr. 365.
— I Nr. 366.
Orangé de xylidine L (P) Nr. 367.
Orangeentwickler S. 44.
Oriolgelb (G) = Nr. 501.
Orseille S. 195.
Orthocerise B (A) = Nr. 854.
Oxacidrot (Gr. E.) Nr. 368.
Oxacidviolett AL (Gr. E.) Nr. 369.
Oxaminblau 4R (B) = Nr. 512.
Oxaminbraun R (B) = Nr. 694.
Oxaminechtrot F (B) = Nr. 868.
Oxaminentwickler M (B) S. 44.
— R (B) S. 44.

Oxaminfarbstoffe (B) Nr. 754 bis 766.
Oxaminreinblau 6B (B) = Nr. 570.
— 5B (B) = Nr. 558.
Oxaminschwarz RR (B) = Nr. 724.
— BHN (B) = Nr. 725.
Oxaminviolett (B) = Nr. 567.
Oxycellulose S. 13.
Oxychromfarbstoffe (Gr. E.) Nr. 964—972.
Oxycyanin (Gr. E.) Nr. 370.
Oxycyaninschwarz B, BB (Gr. E.) Nr. 371.
Oxydationsätzen S. 59.
Oxydationsschwarz S. 49, 73.
Oxydiaminorange R (C) = Nr. 711.
— G (C) = Nr. 710.
Oxydianilgelb G, O (M) = Nr. 592.
Oxyphenin (J) Nr. 767.
Oxysäureblau (Gr. E.) Nr. 372.
Oxysäureviolett R (Gr. E.) Nr. 373.

Palatinchrombraun W (B) = Nr. 850.
Palatinchromfarbstoffe (B) Nr. 973—979.
Palatinchromschwarz 6B (B) = Nr. 901.
Palatinchromviolett (B) = Nr. 854.
Palatinlichtgelb R (B) Nr. 374.
Palatinrot A (B) Nr. 375.
Palatinscharlach (B) Nr. 376.
Palatinschwarz (B) Nr. 377.
Pappreserve S. 78.
Parafuchsin Nr. 51.
Paranilfarbstoffe (A) Nr. 768 bis 770.
Paranitranilrot S. 45.
— Druck S. 71.
Paraseife S. 96.
Parasulfonbraun G, V (S) Nr. 771.
Parasulfonbronce GS (S) Nr. 772.
Parazol By S. 45.
Pariserblau S. 199.
Patentblau A (M) = Nr. 176.
— V, L, superf., konz. N (M) = Nr. 177.
Patentdianilschwarz EB konz. (M) = Nr. 509.
Patentgrün AG (M) = Nr. 153.
Patentsalz S. 89.
Pauly Seide S. 19.
Periwollblau B, G (C) Nr. 378.
Permanentweiß S. 210.
Perrotine S. 59.
Pfaublau (K) Nr. 52.

Phenylaminschwarz N (By) Nr. 379.
Phenylblauschwarz N (By) Nr. 380.
Phenylbraun C, S (P) Nr. 53.
Phosphin Nr. 54.
Pinksalz S. 94.
Pita S. 6.
Plutobraun (By) Nr. 773.
Plutoorange G (By) = Nr. 710.
Plutoschwarz (By) Nr. 774.
Polarfarbstoffe (G) Nr. 381 bis 385.
Polyphenylfarbstoffe (G) Nr. 775—781.
Ponceau pour soie (P) Nr. 386.
— R, RR (A) (B) = Nr. 173.
— 3R, 4R Nr. 387.
— 6R Nr. 388.
— 5R (K) (M) = Nr. 277.
— 4RB (A) = Nr. 201.
Präpariersalz S. 94.
Primulin Nr. 782.
Protectol Agfa S. 97.
Purpurin (B) = Nr. 833.
Pyraminorange RT (B) = Nr. 711.
Pyrazingelb GG (J) Nr. 389.
Pyrogenfarbstoffe (J) Nr. 1196 bis 1212.

Quebracho S. 97.
Quecksilbernitrat (Millon) S. 12.
Quercitron S. 198.

Radiobraun B, S (C) Nr. 390.
Radiogelb R (C) Nr. 391.
Radiorot G (C) Nr. 392.
Radioschwarz SB, ST (C) Nr. 393.
Ramie S. 5.
— Färben d. S. 56.
Rapidechtfarben (Gr. E.) S. 71.
Reduktionsätzen S. 59.
Reibechtheit S. 19.
Reinblau BKC (K) Nr. 55.
Renolbraun MB konz. (t. M.) = Nr. 694.
Renolgelb G (t. M.) = Nr. 719.
Renolorange G (t. M.) = Nr. 710.
Renolschwarz R extra (t. M.) = Nr. 509.
Reservedruck S. 77.
Resoflavin W (B) Nr. 980.
Resorcingelb (A) (K) = Nr. 194.
Rheonin (B) Nr. 56.
Rhodamin 6G (B) Nr. 57.
— B Nr. 58.
— S Nr. 59.
— G Nr. 60.
— 3B Nr. 61.
— 3G Nr. 62.

Sachverzeichnis.

Rhodanaluminium S. 88.
Rhodancalcium S. 89.
Rhodanchrom S. 90.
Rhodaneisen S. 90.
Rhodulinrot B, G (By) Nr. 63.
Ricinusöl S. 94.
Rinmanns Grün S. 204.
Roccellin = Nr. 226.
Rongalite S. 92.
Rongalit CL S. 92.
Rosanthrenfarbstoffe (J) Nr. 783—789.
Rose bengale Nr. 394.
Rosindulin BB bläul. (K) Nr. 395.
— GG (K) Nr. 396.
Rotentwickler S. 44.
Rotholz S. 198.
Rouge solide direct F (P) = Nr. 868.

Säurealizarinblauschwarz A = (M) Nr. 901.
Säurealizarinbraun B (M) = Nr. 850.
Säurealizaringelb RC (M) = Nr. 855.
Säurealizaringrau G, B (M) Nr. 397.
Säurealizarinrot B (M) = Nr. 977.
Säurealizarinschwarz SE (M) = Nr. 978.
Säurealizarinviolett N (M) = Nr. 854.
Säureanthracenbraun (By) Nr. 981.
Säureanthracenrot (By) Nr. 982.
Säureblau G, R (G) Nr. 398.
RBF (J) Nr. 399.
Säureblauschwarz B, G (G) Nr. 400.
Säurebordeaux B (S) Nr. 401.
Säurebraun G, R neu (G) Nr. 402.
— (K) Nr. 403.
Säurechromblau B(G) Nr.983.
Säurechromfarbstoffe (By) Nr. 984—989.
Säurefuchsin O (M) (L) = Nr. 282.
Säuregelb (Gr. E.) = Nr. 213.
Säuregrün konz. (G) Nr. 404.
— D konz. (M) = Nr. 325.
— G-Marken (t. M.)=Nr. 325.
Säurekresolschwarz (Gr. E.) Nr. 405.
Säuremarineblau (K) Nr. 406.
— A, KP (C) Nr. 407.
Säurepatentschwarz (K) Nr. 408.
Säurereinblau R ext. (G) Nr. 409.
Säurerhodamin (J) Nr. 410.

Säurerosamin A (M) Nr. 411.
Säureschwarz (S) Nr. 412.
— (J) Nr. 413.
— (G) Nr. 414.
Säureviolett 4BN (J) (B) Nr. 415.
— 6BN Nr. 416.
— 4BC (B) = Nr. 281.
— 7B (B) (J) Nr. 417.
— 5B (By) = Nr. 281.
Säurewalkblau B, FFR (Gr. E.) Nr. 418.
Säurewalkrot G, R (G) Nr.419.
Safflor S. 195.
Safranin Nr. 64.
Salicinfarbstoffe (K) Nr. 990 bis 1005.
Salicingelb D (K) = Nr. 856.
Salicinschwarz U, UL (K) = Nr. 901.
— D (K) = Nr. 908.
Salpetersaures Eisen S. 90.
Salzfarben S. 28.
Sambesifarbstoffe (A) Nr. 790 bis 797.
Sandelholz S. 198.
Saturngelb G (B) Nr. 420.
Saure Farbstoffe, Druck S. 82.
Schafwolle S. 7.
Scharlach (Gr. E.) Nr. 421.
Schmierseife S. 94.
Schwefelfarbstoffe, Druck S. 70.
Schwefelnatrium S. 91.
Schwefelschwarz T (A) = Nr. 1163.
Schweinfurter Grün S. 204.
Schweißechtheit S. 99.
Seide S. 9.
— Färben der S. 37.
— Bedrucken der S. 84.
— wilde S. 10.
— Untersuchungen beschwerter S. 16.
— Beschweren der S. 38.
— Parigewicht S. 37.
Seifen S. 94.
Seignettesalz S. 91.
Serodit MLB S. 79.
Setocyanin (G) Nr. 65.
Setoglaucin (G) = Nr. 47.
Smalte S. 200.
Solaminfarbstoffe (A) Nr. 798 bis 800.
Solidgelb R (J) Nr. 801.
Solidogen A (M) S. 44.
Sorbinrot BB, G (B) = Nr. 132.
Souple-Seide S. 37.
Spektroskopische Untersuchungen S. 102.
Stilbengelb 3G (B) = Nr. 593.
— G (B) = Nr. 719.
Stipa tenacissima S. 7.
Stroh, Färben von S. 58.

Substantive Farbstoffe, Druck S. 63.
Sulfonfarbstoffe (By) Nr. 422 bis 425.
Sulfoninblau (S) Nr. 426.
Sulfoninschwarz B (S) Nr. 427.
Sulfonorange G, 5G (By) Nr. 428.
Sulfonsäureblau R, G (By) = Nr. 466.
Sulfonsäurebraun (By) Nr.429.
Sulfonsäuregrün B, 2BL (By) Nr. 430.
Sulfonsäureschwarz (By) Nr. 431.
Sulfonschwarz G, R (By) Nr. 432.
Sulfonviolett G, R ext. (By) Nr. 433.
Sulfopone S. 210.
Sulforhodamin B (M) = Nr. 170.
Sumach S. 97.
Sunn S. 5.
Supraminfarbstoffe (By) Nr. 434—437.
Supranolfarbstoffe (Gr. E.) Nr. 438—441.

Tabellen von Green S. 195.
Tannin S. 97.
Tannoflavin T (S) Nr. 66.
Tartraphenin (S) Nr. 442.
Tartrazin Nr. 443.
Terracotta R (G) = Nr. 829
Tetracyanol V, SF (C) = Nr. 177.
— A (C) = Nr. 176.
Tetrapol S. 96.
Thiazinblau (M) Nr. 67.
Thiazinbraun G, R (B) Nr. 802.
Thiazinrot G (B) Nr. 803.
— R (B) Nr. 804.
Thiazolgelb Nr. 805.
Thiocarmin R (C) Nr. 444.
Thiogenfarbstoffe (M) S. 188.
Thiogenschwarz (M) Nr. 1163.
Thioindigofarbstoffe (K) Nr. 1129—1141.
Thioindonfarbstoffe (K) Nr. 1142—1150.
Thionalfarbstoffe (S) S. 188.
Thiophenolschwarz (J) Nr. 1213, 1214.
Tiefschwarz (Seide) S. 40.
Tolanechtrot (K) Nr. 445.
Toluylenfarbstoffe (By) Nr. 806—809.
Toluylenorange G (By) (A) (Gr. E.) = Nr. 710.
Tolylblau GR ext., 5R ext. (M) = Nr. 423.
— SR (M) = Nr. 466.

Tolylschwarz B, BB (M) Nr. 424.
Tournantöl S. 94.
Tragantverdickungen S. 62.
Triazolechtgelb G, GG (Gr. E.) = Nr. 592.
Triazolechtrot C (Gr. E.) = Nr. 868.
Trisulfonfarbstoffe (S) Nr. 810 bis 814.
Tropäolin O (C) = Nr. 194.
— G (C) = Nr. 328.
— OO (C) = Nr. 364.
Tuchechtblau (G) Nr. 446.
Tuchechtfarbstoffe (J) Nr. 447 bis 454.
Tuchgelb GN, R (Gr. E.) Nr. 1006.
Tuchrot B (K) (Gr. E.) Nr. 455.
— B (By) (WDC) Nr. 1007.
— G (Gr. E.) Nr. 1008.
— 3G (Gr. E.) Nr. 1009.
— 3B ext., BC (By) Nr. 1010.
Tuchscharlach (K) Nr. 1011, 1012.
Türkisblau (By) Nr. 68.
Türkischrot S. 51.
— Unterscheidung von Griesheimerrot S. 194.
Türkischrotöl S. 94.

Ultramarin S. 201.
Umbra S. 2c8.
Unischwarz (J) Nr. 456.
Untersuchung von Farbstoffen S. 101.
Uranin Nr. 279.
Ursol (A) S. 50.

Vanadiumverbindungen S. 93.
Vanduraseide S. 19.
Verdickungsmittel S. 59.
Vert au chrome D (P) = Nr. 847.
Vesuvinmarken = Nr. 6, 7.
Victoriablau 4R Nr. 69.
— R Nr. 70.
— B Nr. 71.
Victoriaechtviolett (By) Nr. 457.
Victoriamarineblau (By) Nr. 458.
Victoriareinblau B (B) Nr. 72.
Victoriascharlachmarken (M) Nr. 459.
Victoriaschwarz B (By) Nr. 460.
Victoriaviolett 4BS (S) Nr. 461.
Vicuña S. 9.
Vidalschwarz (P) Nr. 1215.
Violamin B (M) Nr. 241.
— R (M) Nr. 242.
— G (M) Nr. 411.
Violet au chrome (P) = Nr. 854.
— solide (DH) = Nr. 935.
Violett (J) Nr. 73.
Viskose S. 19.

Walkgelb (C) Nr. 462.
— G (L) = Nr. 856.
Walkorange G (By) Nr. 463.
Walkrot (C) Nr. 464.
Walzendruck S. 59.
Waschechtheit S. 98.
Wasserblaumarken Nr. 465.
Wasserechtheit S. 99.
Wau S. 198.
Weinstein S. 90.

Wolle S. 7.
— Färben der S. 31.
— Bedrucken der S. 81.
Wollblau RL (G) Nr. 466.
— RSP (J) Nr. 467.
— (By) Nr. 468.
— (B) Nr. 469.
Wolldunkelgrün NW, AZ (K) Nr. 470.
Wollechtfarbstoffe Nr. 471 bis 477.
Wollgrün S (B) (S) (J) = Nr. 208.
Wollmarineblau (Gr. E.) Nr. 478.
Wollrot G, R (B) Nr. 479.
— E, PSN, PSNR (J) Nr. 480.
Wollscharlach (K) Nr. 481.
— (B) Nr. 482.
Wollschwarz B, N4B (By) Nr. 483.
Wollviolett SL, R (K) Nr. 484.

Xylenfarbstoffe (S) Nr. 485 bis 491.
Xylenrot B (S) = Nr. 170.

Yamamai-Seide S. 10.
Yucca S. 7.

Zellulose S. 2, 13.
Zinkbisulfit S. 93.
Zinkoxyd S. 93.
— Druck S. 76.
Zinkweiß S. 209.
Zinngrundieren S. 81.
Zinnober S. 207.
Zinnoberimitation S. 207.
Zinnverbindungen S. 93.

Verlag von Julius Springer in Berlin W 9

Praktikum der Färberei und Druckerei.
Für die chemisch-technischen Laboratorien der Technischen Hochschulen und Universitäten, für die chemischen Laboratorien höherer Textil-Fachschulen und zum Gebrauch im Hörsaal bei Ausführung von Vorlesungsversuchen. Von Dr. **Kurt Braß**, a. o. Professor der Technischen Hochschule Stuttgart. Mit 4 Textabbildungen. (92 S.) 1924.
3.30 Goldmark

Grundlegende Operationen der Farbenchemie.
Von Dr. **Hans Eduard Fierz-David**, Professor an der Eidgenössischen Technischen Hochschule Zürich. Dritte, verbesserte Auflage. Mit 46 Textabbildungen und einer Tafel. (283 S.) 1924. Gebunden 16 Goldmark

Chemie der organischen Farbstoffe.
Von Dr. **Fritz Mayer**, a.o. Hon.-Professor an der Universität Frankfurt a. M. Zweite verbesserte Auflage. Mit 5 Textabbildungen. (272 S.) 1924. Gebunden 13 Goldmark

Fortschritte der Teerfarbenfabrikation und verwandter Industriezweige.
An der Hand der systematisch geordneten und mit kritischen Anmerkungen versehenen Deutschen Reichs-Patente dargestellt von Professor Dr. **P. Friedlaender**, Privatdozent an der Technischen Hochschule zu Darmstadt.

I. Teil. 1877—1887. Unveränderter Neudruck. (624 S.) 1920.   73 Goldmark
II. Teil. 1887—1890. Unveränderter Neudruck. (591 S.) 1921.   73 Goldmark
III. Teil. 1890—1894. Unveränderter Neudruck. (1053 S.) 1920.   121 Goldmark
IV. Teil. 1894—1897. Unveränderter Neudruck. (1387 S.) 1920.   161 Goldmark
V. Teil. 1897—1900. Unveränderter Neudruck. (1006 S.) 1922.   147 Goldmark
VI. Teil. 1900—1902. Unveränderter Neudruck. (1382 S.) 1920.   161 Goldmark
VII. Teil. 1902—1904. Unveränderter Neudruck. (890 S.) 1921.   100 Goldmark
VIII. Teil. 1905—1907. Unveränderter Neudruck. (1452 S.) 1921.   161 Goldmark
IX. Teil. 1908—1910. Unveränderter Neudruck. (1278 S.) 1921.   161 Goldmark
X. Teil. 1910—1912. Unveränderter Neudruck. (1430 S.) 1921.   161 Goldmark
XI. Teil. 1912—1914. Unveränderter Neudruck. (1292 S.) 1921.   161 Goldmark
XII. Teil. 1914—1916. Unveränderter Neudruck. (994 S.) 1922.   140 Goldmark
XIII. Teil. 1916—1. Juli 1921. (1185 S.) 1923.   150 Goldmark

Der Betriebschemiker.
Ein Hilfsbuch für die Praxis des chemischen Fabrikbetriebes. Von Fabrikdirektor Dr. **Richard Dierbach**. Dritte, teilweise umgearbeitete und erg. Aufl. von Chemiker Dr.-Ing. **Bruno Waeser** (Magdeburg). Mit 117 Textfig. (344 S.) 1921. Gebunden 12 Goldmark

Verlag von Julius Springer in Berlin W 9

Enzyklopädie der Küpenfarbstoffe. Ihre Literatur, Darstellungsweisen, Zusammensetzung, Eigenschaften in Substanz und auf der Faser. Von Dr.-Ing. **Hans Truttwin** in Wien. Unter Mitwirkung von Dr. R. Hauschka in Wien. (888 S.) 1920. 42 Goldmark

Die Farbenmischungslehre und ihre praktische Anwendung. Von **Karl Mayer,** Chemiker-Kolorist. Mit 17 Textfiguren und 6 Tafeln. (88 S.) 1911. 4 Goldmark

Die neueren Farbstoffe der Pigmentfarben-Industrie. Mit besonderer Berücksichtigung der einschlägigen Patente. Von Dr. **R. Staeble.** (153 S.) 1910. 6 Goldmark

Theorie und Praxis der Garnfärberei mit den Azo-Entwicklern. Von Dr. **F. Erban.** Mit 68 Textfiguren. (499 S.) 1906.
Gebunden 12 Goldmark

Die Apparatfärberei der Baumwolle und Wolle unter Berücksichtigung der Wasserreinigung und der Apparatbleiche der Baumwolle. Von **E. J. Heuser.** Mit 191 in den Text gedruckten Figuren. (308 S.) 1913.
Gebunden 8.40 Goldmark

Betriebspraxis der Baumwollstrangfärberei. Eine Einführung von **Fr. Eppendahl,** Chemiker. Mit 8 Textfiguren. (125 S.) 1920. 4 Goldmark

Die Echtheitsbewegung und der Stand der heutigen Färberei. Von **Fr. Eppendahl,** Chemiker. (27 S.) 1912. 1 Goldmark

Die Mercerisation der Baumwolle und die Appretur der mercerisierten Gewebe. Von Technischem Chemiker **Paul Gardner.** Zweite, völlig umgearbeitete Auflage. Mit 28 Textfiguren. (200 S.) 1912.
Gebunden 9 Goldmark

Verlag von Julius Springer in Berlin W 9

Die neuzeitliche Seidenfärberei. Handbuch für Seidenfärbereien, Färbereischulen und Färbereilaboratorien. Von Dr. **Hermann Ley**, Färbereichemiker, Elberfeld. Mit 13 Textabbildungen. (166 S.) 1921. 6 Goldmark

Bleichen und Färben der Seide und Halbseide in Strang und Stück. Von **Carl H. Steinbeck**. Mit zahlreichen Textfiguren und 80 Ausfärbungen auf 10 Tafeln. (278 S.) 1895. Gebunden 16 Goldmark

Die künstliche Seide, ihre Herstellung, Eigenschaften und Verwendung. Mit besonderer Berücksichtigung der Patentliteratur. Bearbeitet von Geh. Regierungsrat Dr. **K. Süvern**. Vierte, stark vermehrte Auflage. Mit 365 Textfiguren. (697 S.) 1921. Gebunden 24 Goldmark

Die mikroskopische Untersuchung der Seide mit besonderer Berücksichtigung der Erzeugnisse der Kunstseidenindustrie. Von Professor Dr. **Alois Herzog**, Dresden. Mit 102 Abbildungen im Text und auf 4 farbigen Tafeln. (204 S.) 1924. Gebunden 15 Goldmark

Betriebseinrichtungen der Textilveredelung. Von Prof. Dr. **Paul Heermann**, Berlin-Dahlem, und Ingenieur **Gustav Durst**, Fabrikdirektor in Konstanz a. B. Zweite Auflage von „Anlage, Ausbau und Einrichtungen von Färberei-, Bleicherei- und Appretur-Betrieben" von Dr. **P. Heermann**. Mit 91 Textabbildungen. (170 S.) 1922. Gebunden 7.50 Goldmark

Technologie der Textilveredelung Von Prof. Dr. **Paul Heermann**, Berlin-Dahlem. Mit 178 Textfiguren und einer Farbentafel. (574 S.) 1921. Gebunden 22 Goldmark

Mechanisch- und physikalisch-technische Textiluntersuchungen. Von Prof. Dr. **Paul Heermann**, Berlin-Dahlem. Zweite, vollständig umgearbeitete Auflage. Mit 175 Abbildungen im Text. (278 S.) 1923 Gebunden 12 Goldmark

Färberei- und textilchemische Untersuchungen. Anleitung zur chemischen Untersuchung und Bewertung der Rohstoffe, Hilfsmittel und Erzeugnisse der Textilveredelungs-Industrie. Von Prof. Dr. **Paul Heermann**, Berlin-Dahlem. Vereinigte vierte Auflage der „Färbereichemischen Untersuchungen" und der „Koloristischen und textilchemischen Untersuchungen". Mit 8 Textabbildungen. (380 S.) 1923. Gebunden 15 Goldmark

Verlag von Julius Springer in Berlin W 9

Technik und Praxis der Kammgarnspinnerei. Ein Lehrbuch, Hilfs- und Nachschlagewerk.
Von Direktor **Oskar Meyer,** Spinnerei-Ingenieur zu Gera-Reuß, und **Josef Zehetner,** Spinnerei-Ingenieur, Betriebsleiter in Teichwolframsdorf bei Werdau i. Sa. Mit 235 Abbildungen im Text und auf einer Tafel sowie 64 Tabellen. (431 S.) 1923. Gebunden 20 Goldmark

---

Neue mechanische Technologie der Textilindustrie.
Von Dr.-Ing. E. h. **G. Rohn,** Schönau bei Chemnitz. In drei Bänden nebst Ergänzungsband.

Erster Band: **Die Spinnerei in technologischer Darstellung.** Mit 143 Textfiguren. 1910. Vergriffen.

Zweiter Band: **Die Garnverarbeitung.** Die Fadenverbindungen, ihre Entwicklung und Herstellung für die Erzeugung der textilen Waren. Ein Hand- und Hilfsbuch für den Unterricht an Textilschulen und technischen Lehranstalten, sowie zur Selbstausbildung in der Faserstoff-Technologie. Mit 221 Textfiguren. (184 S.) 1917. Gebunden 5 Goldmark

Dritter Band: **Die Ausrüstung der textilen Waren.** Mit einem Anhange: Die Filz- und Wattenherstellung. Ein Hand- und Hilfsbuch für den Unterricht an Textilschulen und technischen Lehranstalten, sowie zur Selbstausbildung in der Faserstofftechnologie. Mit 196 Textabbildungen. (260 S.) 1918.
Gebunden 7 Goldmark

Ergänzungsband: **Textilfaserkunde** mit Berücksichtigung der Ersatzfasern und des Faserstoffersatzes. Ein Hand- und Hilfsbuch für den Unterricht an Textilschulen und technischen Lehranstalten, sowie für Textiltechniker, Landwirte, Volkswirtschafter usw. Mit 87 Textabbildungen. (104 S.) 1920.
Gebunden 3 Goldmark

Die chemische Betriebskontrolle in der Zellstoff- und Papier-Industrie
und anderen Zellstoff verarbeitenden Industrien. Von Dr. phil. **Carl G. Schwalbe,** Professor an der Forstl. Hochschule und Vorstand der Versuchsstation für Holz- und Zellstoff-Chemie in Eberswalde, und Dr.-Ing. **Rudolf Sieber,** Chefchemiker des Kramfors-Konzernes, Sulfit- und Sulfatzellstoff-Werke, Kramfors, Schweden. Zweite, umgearbeitete und vermehrte Auflage. Mit 34 Textabbildungen. (388 S.) 1922. Gebunden 20 Goldmark

---

Lunge-Berl, Taschenbuch für die anorganisch-chemische Großindustrie.
Herausgegeben von Professor Dr. **E. Berl** in Darmstadt. Sechste, umgearbeitete Auflage. Mit 16 Textfiguren und 1 Gasreduktionstafel. (350 S.) 1921. Gebunden 9.60 Goldmark

MIX
Papier aus verantwortungsvollen Quellen
Paper from responsible sources
FSC® C105338

If you have any concerns about our products, you can contact us on
ProductSafety@springernature.com

In case Publisher is established outside the EU, the EU authorized representative is:
**Springer Nature Customer Service Center GmbH
Europaplatz 3, 69115 Heidelberg, Germany**

Printed by Libri Plureos GmbH
in Hamburg, Germany